AF261845

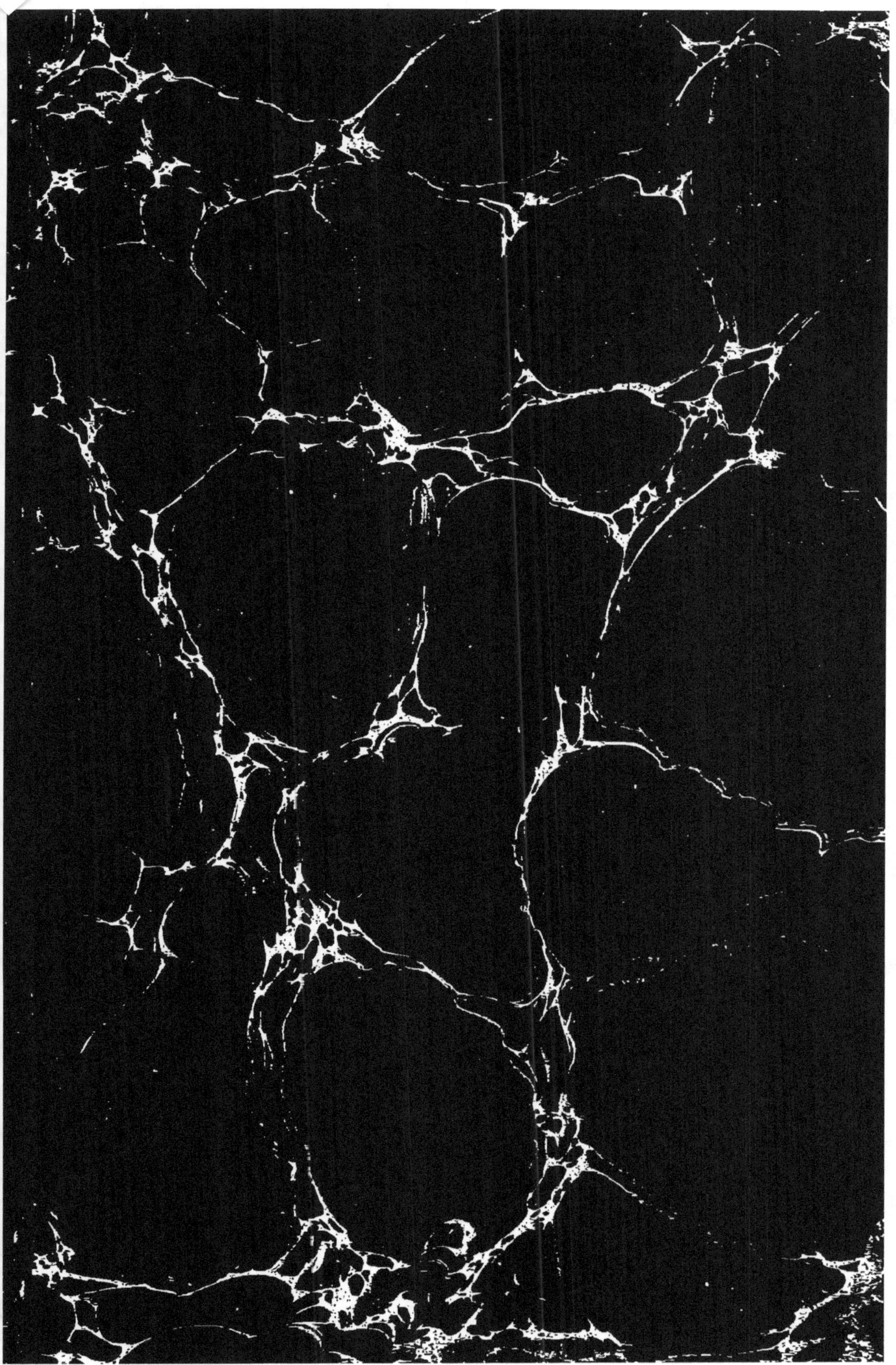

VOYAGES

DANS L'INDE

ET

EN PERSE.

PARIS. — TYPOGRAPHIE PLON FRÈRES

IMPRIMEURS DE L'EMPEREUR

RUE DE VAUGIRARD, 36.

VOYAGES

DANS L'INDE

ET

EN PERSE

PAR

LE PRINCE ALEXIS SOLTYKOFF.

PARIS

V. LECOU, ÉDITEUR

10, RUE DU BOULOI.

1853

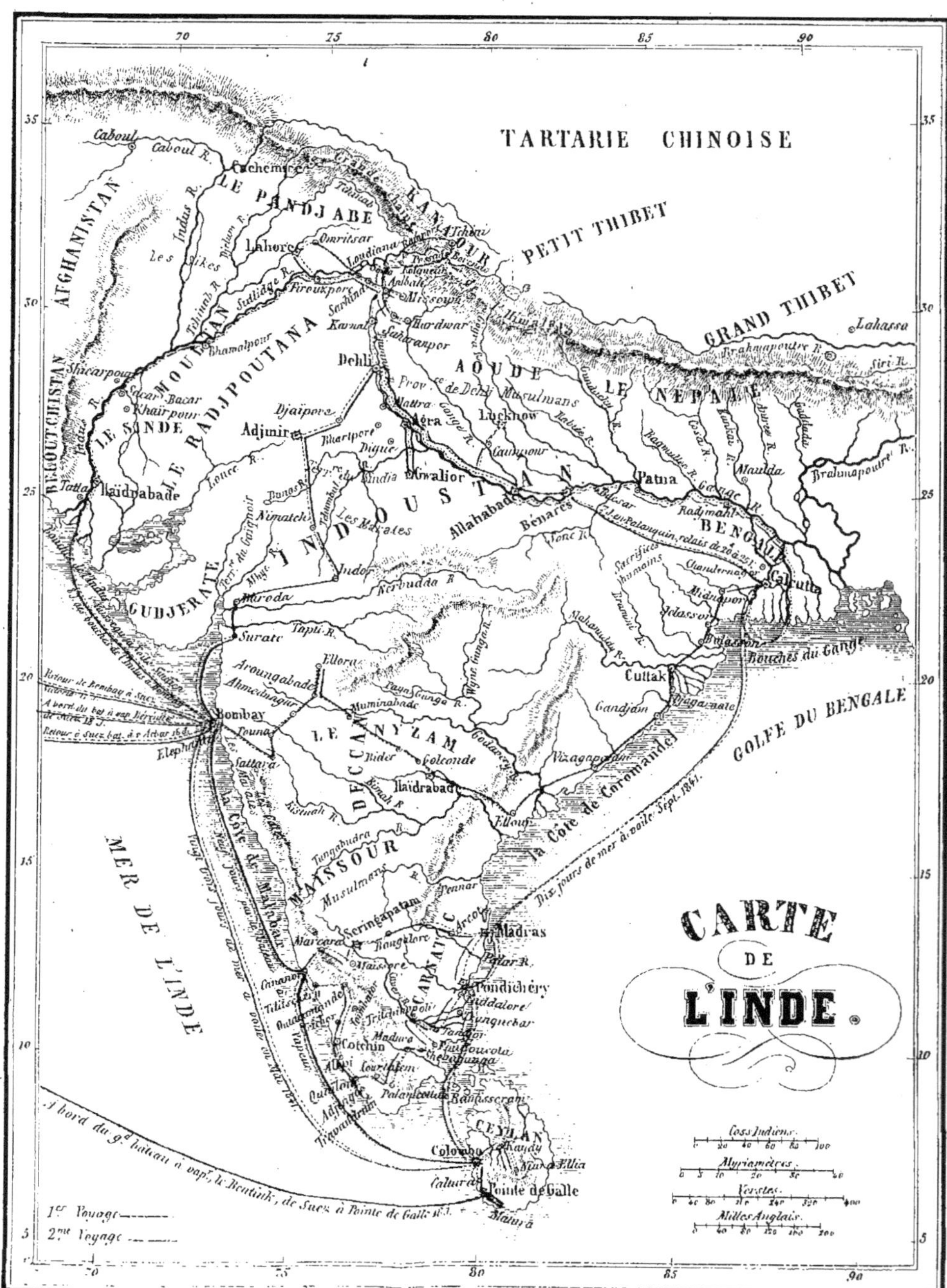

Paris, Imp. par Auguste Bry, 142. r. du Bac.

Ch. Walter lith.

VOYAGES DANS L'INDE.

PREMIER VOYAGE

1841, 1842, 1843.

AU PRINCE PIERRE SOLTYKOFF.

Malte, 2/14 février 1841.

J'ai débarqué ici ce matin. La traversée a été fort mauvaise jusqu'à Gibraltar. Ce soir même je partirai pour Alexandrie, d'où je vous donnerai de mes nouvelles. Si vous m'écrivez, envoyez vos lettres à Malte, recommandées aux soins de M. Tagliaferro, consul de Russie, ou bien à M. Bell et Cie : ce dernier est agent de Rothschild, et je lui suis adressé. Tous les deux ont mes instructions. J'ai eu une très-bonne société à bord depuis Southampton, où je me suis embarqué sur le *Great-Liverpool*. Adieu, je n'ai que le temps de cacheter.

1

AU MÊME.

A bord du bateau à vapeur *la Bérénice*. Mer Rouge.

J'ai quitté Suez hier au soir, après avoir remonté le
Nil d'Alexandrie au Caire, en deux jours, sur un petit
bateau à vapeur, et traversé le désert, du Caire à Suez,
en deux jours et demi, à cheval, avec le bagage sur trois
chameaux. Tout ce passage d'Alexandrie à Suez est admirablement organisé par les Anglais. On descend à
l'hôtel anglais à Alexandrie, et de là on vous emballe
pour le Caire, et pour Suez si vous voulez, sans que
vous ayez à vous occuper de rien; tout se présente
comme par magie, les chevaux, les chameaux, les bateaux, les chars même, recouverts de toile et traînés par
des chameaux, de petits *tahtervânes* improvisés, c'est-à-
dire une chaise placée sur deux bâtons entre deux ânes,
et recouverte d'une toile contre le soleil et le vent; mais
il n'y a pas de vent; — partout on vous offre du porter,
du *pale ale*, du *soda-water*, de la viande fraîche, du
café, du thé, des légumes, même du vin de Champagne.
Le désert à traverser du Caire à Suez est de cent quarante
kilomètres à peu près, et divisé en sept stations; Suez
est la huitième. Ces stations sont de petites maisons propres, bâties par les Anglais, où l'on mange, boit et dort
très-bien. Arrivé à Suez, on paye pour cela, tout compris, 15 livres sterling par personne, mais les domestiques ne payent que moitié. On a le choix de tous les
genres d'équipages que j'ai nommés. Me voilà donc sur

la mer Rouge, dans un excellent bateau à vapeur de la
Compagnie des Indes. Tout ce qu'on y donne est très-
bon; les cabines sont aérées et claires, et l'on est fort
bien servi. Presque tout l'équipage est composé d'Indiens, de Guèbres, de Nubiens, etc. La société est excellente. Ce sont de jeunes Anglais fort distingués, tout
à fait comme il faut, et pas roides du tout à la longue;
des négociants, des planteurs de café, de jolies jeunes
filles, pleines de gentillesse, de gaieté, de naturel, et
sans aucune pruderie; de vieux militaires anglais, vrais
bons vivants. Tout ce monde est d'une cordialité remplie
de tact et de discrétion, d'une obligeance exempte de
toute importunité, une fois que la glace est rompue,
c'est-à-dire au bout de quelques semaines. Il n'y a
qu'une ombre à ce tableau; mais quelle ombre! une plaie
d'Égypte : toute une armée de *cockroaches,* d'énormes
bêtes noires qui se sont emparées de tous les vaisseaux
de l'Inde sans qu'on puisse les en faire déguerpir, par la
raison qu'elles naissent et vivent dans le bois. C'est cette
même espèce qu'on appelle ailleurs blattes, ravets, can-
crelas.

Qui croyez-vous qu'il y ait ici parmi les passagers? Le
baron de Loëve-Weimar, qui va comme consul général
de France à Bagdad. Il avait d'abord essayé de s'y rendre par l'Arabie, mais les Bédouins en ont décidé autrement; et après avoir couru de grands risques, il s'est
résigné à faire un détour et à gagner Bagdad par Bombay, Bassora dans le golfe Persique, et le Tigre, où il
espère trouver un bateau à vapeur. Vous pouvez vous
figurer combien je suis charmé de le rencontrer ici. Pour
moi, je vais à Bombay, et là je verrai ce que je dois

faire. C'est une traversée horriblement longue, dix-huit jours au moins, peut-être vingt et même vingt-deux ; j'entends depuis Suez, que je viens de quitter, misérable endroit, ayant cependant un hôtel anglais, où l'on ne manque absolument de rien. Mais il faut espérer que cela ne durera pas plus de dix-huit jours[1]. Ces mers sont tranquilles ; nous avançons sans le moindre roulis ; il est vrai que nous sommes encore dans le golfe de Suez. Je viens de regarder mon thermomètre, il y a juste 20° Réaumur à l'ombre ou 80° Farenheit à peu près, avec un ciel pur et un vent faible et doux.

Alexandrie est un endroit assez curieux ; l'hôtel anglais de *Hill*, qui, par parenthèse, n'est pas très-bon, y est situé à côté d'un bois de palmiers. Les Arabes sont un peuple très-intelligent et serviable ; quelques-uns de ceux qui ont affaire aux Européens parlent un peu l'italien et l'anglais. Quand on va d'Alexandrie au Caire, d'abord par un canal et puis par le Nil, on ne voit que des bords plats et monotones, excepté, par-ci par-là, des villages très-pittoresques avec des mosquées et des bouquets de palmiers. On passe si près des bords qu'on en distingue très-bien les habitants.

Le Caire est un endroit magnifique, comme je n'espérais même pas le trouver. Malheureusement j'ai dû me presser pour arriver à Suez avant le départ du bateau, et à peine étais-je à bord qu'on a fait jouer les roues. Quelques minutes de plus, et il me fallait rester un mois à Suez à attendre le bateau à vapeur pour Bombay, ainsi qu'il advint à plusieurs de mes compagnons et com-

[1] Cela s'est réalisé juste ainsi.

pagnes de voyage (depuis Southampton), qui n'avaient pu profiter comme moi d'un petit bateau à vapeur que le pacha Méhémet-Ali avait offert à sir Colin Campbell sur le Nil. Tout en déplorant leur sort, nous nous en sommes consolés, car nous étions excessivement à l'étroit, même sans eux.

Je n'ai donc été au Caire que sept ou huit heures, tout juste le temps de prendre un bain, de voir les banquiers et de parcourir à la hâte sur un âne les rues et les bazars pour faire quelques petites emplettes. Mais, quoique bien superficielle, cette exploration m'a laissé une impression profonde. La foule à travers laquelle j'ai passé est d'une originalité si inconcevable que j'avais de la peine à en croire mes yeux. En général, dans l'Égypte, il y a quelque chose de si primitif et de si parfaitement intact dans les races d'hommes, les costumes et les usages, qu'on se croit vraiment transporté à trois mille ans en arrière. Je n'ai pas eu le temps d'apprendre à connaître toutes les races que j'ai vues; mais il m'en a passé de toutes couleurs devant les yeux : des hommes noirs, des hommes cuivrés, des hommes d'un brun rougeâtre; les uns avec de longues barbes, d'autres sans un poil au visage; tous aussi différents de traits que de teint. Je suis entré au marché des esclaves, où j'ai vu le singulier spectacle de filles noires et brunes à vendre, qu'on vous montre dans des réduits sombres et infects comme des étables.

Au retour, j'eus de la peine à me faire jour sur mon âne à travers cette foule étrange, dans le labyrinthe de ces rues étroites et tortueuses, jusqu'à la porte de l'hôtel Waghorne, où m'attendait une scène d'un tout autre

genre. Un grand nombre d'Anglais et d'Anglaises, vieilles
et jeunes, laides et jolies, avec des enfants de tout âge,
s'agitaient autour de leurs malles de voyage, déjeunaient
à la hâte avec des sandwiches, du porter et de l'ale,
tandis que Waghorne commandait au milieu d'un troupeau de chameaux, d'ânes, de chevaux et d'Arabes demi-
sauvages. On s'occupait à entasser avec précipitation sur
les chameaux des caisses gigantesques avec les inscriptions de Bombay, Madras, Calcutta; — enfin c'était la
malle. On attelait différentes espèces de voitures et de
charrettes, les unes d'ânes, les autres de chameaux ou
de chevaux. Le Caire, avec toutes ses merveilles, paraissait ne pas exister pour ce peuple affairé qui se ruait
vers l'Inde. Entraîné par la foule, je choisis aussi un
cheval pour moi; je confiai mon bagage à Waghorne
pour l'expédier; je lui comptai une trentaine de livres
sterling, et nous partîmes pour le désert.

Nous étions une quarantaine d'Européens, avec quatre-
vingts chameaux et toute une horde d'hommes noirs et
bruns, Arabes, Abyssiniens, Nubiens, demi-nus, affublés d'habits d'une coupe tout à fait à part et drapés
d'une manière singulière. Tout cela avançait vite dans
ce désert aride et restait serré en masse par mesure de
précaution contre les Bédouins. Quand je m'écartais un
peu pour voir l'ensemble de cette scène, elle me faisait
l'effet d'un rêve bizarre, de quelque chose comme la
chasse sauvage, *die wilde Jagd*, du moyen âge allemand. Le soir et le matin surtout, quand nous quittions
la station avant le jour, ce spectacle prenait un air mystérieux.

En sortant des murs du Caire, nous avons trouvé un

camp très-étendu de soldats d'Ibrahim Pacha, qui viennent de retourner de la Syrie, où ils ont guerroyé contre
le sultan. Plus tard, nous avons encore rencontré plusieurs autres détachements de cette armée. Ces pauvres
soldats avaient l'air malades, étaient en guenilles et montaient des chameaux deux à deux. Toute la route, depuis le Caire jusqu'à Suez, était jonchée de cadavres de
chameaux et de chevaux, ce qui nous obligeait, toutes
les cinq minutes, à nous boucher le nez avec nos mou-
choirs. C'était cette armée d'Ibrahim qui avait laissé
tous ces cadavres; et, entre autres, nous vîmes trois soldats morts, couchés symétriquement l'un à côté de l'autre, et tout nus. Ils avaient l'air de Nubiens ou d'Abyssiniens, et se ressemblaient comme des frères; — trois
malheureux jeunes gens de moins de vingt ans, presque
tout à fait noirs. Il n'y avait encore rien de défiguré
dans leurs traits; ils ne pouvaient être là que depuis la
veille. Exténués de fatigue, ces pauvres soldats avaient
été abandonnés en cet endroit; seulement on les avait
rangés en ligne, comme pour leur marquer un peu
d'égards.

En approchant de Suez, avant le lever du soleil, les
conducteurs de chameaux et la garde du pacha, que
nous avions avec nous, nous prévinrent que nous aurions bientôt à franchir le passage le plus dangereux de
ce désert, le plus exposé aux attaques des Bédouins. En
effet, aux premiers rayons du soleil, les steppes changèrent d'aspect. Des montagnes arides s'élevaient des
deux côtés de la route, et nous approchions d'un endroit
resserré. Là, tous ceux qui avaient des armes à feu s'arrêtèrent de distance en distance, regardant d'un air in-

quiet de tous les côtés et tenant leurs fusils prêts à faire
feu. Les Bédouins pourtant ne se montrèrent pas. Une
femme bédouine vint seulement se joindre à notre caravane, fumant une pipe et courant aussi vite que les chevaux et les chameaux. Elle allait à Suez, et paraissait
tenir à ne pas quitter notre troupe, craignant peut-être
de tomber entre les mains d'Arabes ennemis de sa tribu.
Elle était jeune, mais usée par la fatigue. De temps en
temps elle se jetait sur le sable pour quelques secondes,
comme une morte, afin de reprendre haleine, puis rat-
trapait la troupe en courant. Je lui donnai une orange
et une pièce de deux piastres. Ce n'était pas très-magni-
fique, mais je n'avais que cela sur moi. L'un de nous,
un Anglais, avait laissé tomber et perdu un de ses pistolets; elle le retrouva tout de suite, et l'Anglais lui
donna aussi quelque chose. Elle prenait sans remercier
et sans faire aucun signe : singularité que j'avais déjà
remarquée chez les Orientaux.

Depuis que je vous ai écrit, nous avons dîné. On nous
a servi des fruits et des plats indiens tout nouveaux
pour moi. Plusieurs domestiques que je n'avais pas vus
encore se sont montrés en toilette indienne, habillés de
blanc et coiffés de turbans d'une forme qui m'était tout
à fait inconnue. La plupart étaient des Guèbres, qui habitent les Indes, et surtout Bombay, depuis que leur
culte a été proscrit en Perse. La mer est tout à fait
calme et la chaleur augmente. Je couche sur le pont, en
plein air, comme la plupart des passagers. Tout ceci
est le bon côté de mon voyage; mais voici le mauvais.
J'ai une trentaine de livres sterling dans ma poche, et

une lettre de crédit de Stieglitz à Saint-Pétersbourg sur
Harman à Londres, qui se réduit à 28,000 francs. Cette
lettre de crédit a été adressée par Harman, à Malte, au
banquier Bell. Celui-ci l'a adressée à Alexandrie. Le
banquier d'Alexandrie l'a adressée au Caire; mais ni à
Malte, ni à Alexandrie, ni au Caire, il n'y a de banquier qui ait des affaires d'argent avec Bombay; de sorte
que ma susdite lettre de 28,000 francs n'est pas adressée
à Bombay, car, en quittant Londres, je n'avais pas le
projet d'y aller. Ce n'est qu'en route que je me suis laissé
entraîner par plusieurs de mes compagnons de voyage;
et le temps que nous sommes restés à Alexandrie et au
Caire n'a pas même été suffisant pour me procurer chez
les banquiers de l'endroit de quoi payer mon passage de
Suez à Bombay, qui est de 80 livres sterling et de 20
autres livres pour chacun de mes deux domestiques,
nourriture et boisson comprises. C'est un de mes compagnons de voyage, M. F. Villiers, fils cadet de lord
Jersey et aide de camp du général sir Colin Campbell,
qui a payé mon passage et s'est offert à me servir de ga-
rant, en cas de besoin, à Bombay pour ma lettre de
crédit auprès des banquiers anglais. Voilà ce que fait
pour moi un homme dont je n'étais pas connu, et que je
rencontre par hasard en voyage. Le banquier anglais au
Caire, tout en me refusant d'adresser ma lettre de crédit à Bombay, où il n'a pas de correspondant, m'a assuré du reste, ainsi que quelques négociants anglais qui
voyagent avec moi, que je n'aurai pas la moindre difficulté d'obtenir à Bombay les 28,000 francs en question,
en produisant madite lettre de crédit, adressée par Stieglitz à Harman, deux noms bien connus et très-consi-

dérés dans l'Inde, surtout le dernier. Voyez, mon cher ami, dans quels embarras je me suis aventuré; et, en dépit de toutes les assurances que j'ai reçues, je ne puis m'empêcher d'être inquiet. Cette lettre vous sera envoyée d'Aden, qui appartient aux Anglais, et où ils ont un dépôt de charbon de terre. Imaginez-vous que nous arriverons demain ou après-demain à la hauteur de Djedda, qui n'est pas à plus d'une journée de la Mecque. On dit cependant que quelques Anglais qui ont essayé dernièrement d'y aller de Djedda n'ont pas réussi. C'est le fanatisme des Arabes qui les en a empêchés. Nous passerons aussi très-près de la petite ville de Moka, célèbre pour le bon café auquel elle sert d'entrepôt. Je crois même que nous la verrons de notre vaisseau. C'est ainsi que dans la Méditerranée j'ai vu de très-près la ville d'Alger. Elle m'a paru ressembler à quelques parties de Naples, au quartier de Santa Lucia, par exemple, ou à Puzzuoli; seulement elle avait l'air d'être trois fois plus grande, et aux environs on voyait les maisons de campagne des Français, blanches, à toits plats, sur la pente des collines vertes.

Maintenant je vais écrire à mon intendant de m'envoyer une vingtaine de mille francs par Stieglitz et Harman ou Rothschild à Bombay, d'où je trouverai moyen de les recevoir partout où je serai. Cela ne prendra pas beaucoup de temps; de Pétersbourg à Londres, huit jours; de Londres à Alexandrie, quinze; d'Alexandrie à Bombay, vingt-trois à vingt-cinq; enfin, une cinquantaine de jours au plus.

D'après tous les renseignements que j'ai recueillis, la vie dans l'Inde est moins chère qu'en France et en An-

gleterre. Les 28,000 francs, si on me les donne, me suffiront bien pour six mois. On paye ici à bord un prix
monstrueux ; la table n'est pas mauvaise, mais les vins
malheureusement ne sont pas des vins. On vous en sert
de toutes les espèces, Champagne, Bordeaux, Sherry,
Port ; mais tout cela, hélas ! n'est qu'un simulacre trom-
peur, une *amère* dérision. Je commence à me persuader
de plus en plus que je ne suis pas sur un vaisseau, mais
bien dans un vaste nid de cockroaches, qui empoison-
nent tous mes instants, surtout la nuit. Hélas ! j'ai la
perspective de vivre pendant quinze ou seize jours encore
avec ces effroyables insectes, et assurément je ne serai
plus qu'un squelette quand j'arriverai à Bombay.

4 mars.

Toujours dans la mer Rouge, vis-à-vis de Moka à
présent ; mais on a beau me dire qu'on l'aperçoit aussi
clairement que possible, quant à moi, je ne vois rien,
quoique me piquant d'avoir la vue bonne. Nous passerons
ce soir par le détroit de Bab-el-Mandeb, et demain nous
serons à Aden ; et puis restent encore douze jours, à ce
qu'on dit, jusqu'à Bombay. Maintenant nous avons un
vent très-fort, qui vient déjà de l'Océan indien, et nous
apporte un peu de fraîcheur, mais tous ces jours-ci il a
fait une chaleur presque étouffante, surtout combinée
comme elle était avec celle de la vapeur, que le vent
contraire soufflait sur nous. Les dames se sont trouvées
mal l'une après l'autre, quoique Anglaises et fort endu-
rantes. Cela faisait vraiment peine de voir les fraîches
jeunes filles pâlir de jour en jour davantage sous cette

double influence des tropiques et de la vapeur, et leurs joues revêtir à vue d'œil cette teinte blême particulière aux Européens dans l'Inde, et qu'elles étaient probablement condamnées à garder pour le reste de leur vie.

AU MÊME.

Bombay, 18 mars 1841.

Je suis dans l'Inde, comme vous voyez. J'ai mis quarante jours depuis Londres jusqu'ici, trente-neuf depuis Southampton, dont deux seulement par terre, quoique cela s'appelle *overland route* [1]. On dit que c'est aller vite, mais cela m'a paru bien long et bien ennuyeux. Je frémis en songeant que la même corvée m'attend au retour dans un an d'ici, car je ne pourrai guère revenir avant. Je vous retrouverai alors à Pétersbourg, n'est-ce pas? Il y a déjà plusieurs jours que je suis ici; mais je me sens encore tout étourdi d'être tombé tout d'un coup dans un monde si singulier, et je ne puis rassembler assez mes idées pour vous écrire comme je le voudrais. J'en ai pourtant grande envie; mais comment vous transmettre mes impressions sans les altérer? Au milieu d'une forêt de palmiers est la grande ville de Bombay, habitée par 280,000 Indiens et Guèbres, hommes presque nus ou habillés de blanc, à la peau couleur de bronze, le visage et parfois aussi les épaules et les bras peints (au pastel),

---

[1] On fait maintenant le trajet en moins d'un jour dans des espèces d'omnibus à deux roues et sans ressorts, qui contiennent six personnes et qu'on appelle *vans.*

souvent coiffés de turbans roses, blancs, jaunes ou verts;
— des femmes demi-nues aussi, ou étrangement drapées
de gaze rouge, blanche, rose ou violette, chargées d'ornements d'argent et d'or aux pieds, aux mains, aux
bras, au cou, au nez et aux oreilles, et de fleurs d'une
odeur excessivement forte et suave dans les cheveux; —
de petits temples indiens tout grotesques, remplis de
monstrueuses idoles, entourés de groupes de fakirs décharnés, avec des ongles longs et crochus comme des
griffes d'aigle; — de vieilles femmes effrayantes à voir,
échevelées, l'œil hagard; — de vastes étangs bordés d'escaliers de pierre où l'on va laver les morts, et où il y a
toujours attroupement; — les chapelles silencieuses des
Guèbres; — les bruyantes pagodes indiennes; — une
odeur de musc répandue sur tout le pays, odeur pénible,
provenant des rats de musc, en anglais *musk-rats,* qui
pullulent dans la ville, comme sur tout le territoire de
Bombay, et y vivent sous la terre; — les sons d'une
musique barbare qui ne cesse presque jamais : voilà ce
qui frappe d'abord. En passant par les rues, on voit souvent, comme dans des cages à jour, entourées seulement
d'un filet, beaucoup de lumières; là se passent des cérémonies de noces hindoues, qui ont l'air de farces. Ce
sont de petits enfants qu'on marie, un garçon de dix ou
douze ans à une fille de cinq ou six. Ils sont tout nus,
mais chargés d'anneaux et de bracelets, barbouillés de
jaune, entourés de beaucoup de femmes et d'hommes;
tour à tour on les lave et on les rebarbouille de jaune;
puis on leur présente à plusieurs reprises de l'eau, qu'ils
prennent dans la bouche pour se la jeter mutuellement.
Ces absurdités durent trois ou quatre jours sans inter-

ruption, accompagnées d'un tintamarre de tambours et de violons, jour et nuit, qui passe toute idée. Tout est colifichet ici, excepté les forêts imposantes de palmiers. Et figurez-vous au milieu de tout cela des chaussées excellentes sur lesquelles passent et repassent d'élégants cavaliers anglais, et, dans de riches équipages, des femmes mises avec la recherche de Londres et de Paris ; côte à côte de cette poésie des temps primitifs, les raffinements de la civilisation moderne. Quand on parcourt en calèche les environs de la ville, et qu'on voit, au milieu d'arbres et de fleurs merveilleuses, les belles maisons de campagne anglaises, bâties à l'italienne, on se croit un peu à Palerme ; mais quand votre regard rencontre ces hommes nus, à longue chevelure, sur un fond de bananiers vert-clair, de sombres cocotiers ou d'aréquiers sveltes et élancés, alors votre imagination vous transporte dans les régions de l'Amérique du Sud.

Le gouverneur de Bombay a un palais superbe au milieu d'un beau jardin, appelé Parel. Quand on y arrive, on voit sur le vaste escalier extérieur des Indiens accroupis, habillés aux couleurs des armes d'Angleterre. On entre dans une salle immense et très-élevée, tout le long de laquelle, au haut du plafond, est attaché un énorme éventail avec des franges en toile qu'on agite continuellement au moyen de cordes. Les fenêtres sont couvertes de stores faits d'herbes odoriférantes et mouillées. Il y fait toujours frais, malgré la chaleur suffocante du dehors. Le gouverneur de Bombay, sir James Carnack, avait quitté Parel à cette époque pour occuper une autre maison charmante, plus champêtre, au bord de la mer, dans un lieu écarté, sur une élévation qui s'appelle Malabar-Point, où les cimes des palmiers sont sans cesse balancées par la brise fraîche de la mer. Sir J. Carnack m'a honoré d'un accueil gracieux, et m'a invité à une fête qu'il donne à l'occasion de l'arrivée de sir Colin Campbell. Il m'a offert même de loger chez lui à Parel; mais comme je tenais à être en ville, j'ai décliné cette faveur : fatale erreur que j'ai durement expiée par la suffocante chaleur et les insectes de la Ville Noire (*Black Town*).

Aujourd'hui il y a bal chez le gouverneur. Il m'a dit qu'au nombre des invités il y aurait des Guèbres et des Indiens. La société anglaise de Bombay est très-nombreuse. Il n'y a pas de bons hôtels ici[1]; voilà pourquoi je loge à l'étage supérieur d'une maison guèbre abandonnée, dont le baron Loëve-Weimar occupe le bas; nous avons pris la maison ensemble. Ce sont d'immenses salles délabrées, sans portes ni fenêtres, avec plusieurs terrasses. Les oiseaux volent dans mes chambres comme si de rien n'était, et paraissent bien décidés à ne pas changer pour moi leurs habitudes. Tout près de nous se célèbre une noce, de sorte que les tambours et les violons résonnent sans cesse nuit et jour. Miss Emma Roberts a bien raison de dire, dans son charmant ouvrage, que Bombay offre toute l'année le spectacle d'une fête continuelle; c'est vrai, mais d'une fête barbare. Le soir ordinairement il se passe aussi chez moi une scène étrange. C'est une danse de bayadères, qu'on fait venir quand on veut. Les bayadères forment une caste à part, caste très-nombreuse, dont la seule occupation est de chanter, de

---

[1] Il y en a maintenant.

danser et de mâcher du bétel, feuilles astringentes, que l'on dit bonnes pour l'estomac, et qui rougissent beaucoup la bouche. Ces danseuses sont gracieuses et gentilles, habillées d'étoffes de gaze, moitié or ou argent, et moitié rose, blanc, violet ou cerise, chargées d'anneaux et de chaînes à leurs pieds nus, ce qui produit un bruit comme celui des éperons, mais plus argentin, quand elles frappent la terre de leurs talons. Leurs mouvements sont si différents de tout ce qu'on a jamais vu, et si ravissants de grâce et d'originalité, leurs chants si lugubres et si sauvages, leurs gestes si doux, si voluptueux et si vifs parfois, la musique qui les accompagne si discordante, qu'il est bien difficile d'en donner l'idée. Elles sont toujours suivies d'hommes à l'air farouche, qui avancent et reculent derrière elles, en raclant de leur instrument et en frappant des pieds. Et quand on songe que cette danse, d'une signification inconnue, remonte probablement à l'antiquité la plus reculée, et que depuis des milliers d'années ces filles la répètent sans se rendre compte de ce qu'elles font, on s'égare dans de profondes rêveries sur les mystères de cette Inde merveilleuse. Ces filles, en très-grand nombre, et d'autres qui ne sont pas danseuses, occupent des rues entières dont les hautes maisons, de construction légère, ont une apparence un peu chinoise. Ces habitations sont éclairées le soir, la musique y résonne, et on y entre librement. Mais les maîtres actuels du pays n'apprécient nullement ces Terpsichores indiennes. C'est ainsi qu'hier, chez moi, une de ces danses mystiques a été brusquement troublée par des Anglais qui ont effarouché, en les entraînant dans une valse, ces filles délicates. Elles se sentirent tellement offensées de cette violence, qu'elles se jetèrent par terre en pleurant, et persistèrent pendant longtemps à vouloir se retirer.

Trop préoccupés des intérêts positifs, les Anglais ici ne jouissent guère de ce qu'il y a de si original dans l'Inde, je dirai de si exquis; pour eux, ce n'est que trivial et commun. En général, ils dédaignent tout ce qui diffère des idées reçues dans leur pays. C'est en vain que la nature indienne se développe à leurs yeux, gracieuse et naïve, sauvage et grandiose; en fait de *scenery*, il n'y a que celle des parcs qu'ils tolèrent ou apprécient. Près des habitations anglaises dans l'Inde, tout ce qui rappelle l'Asie est soigneusement évité. Le premier soin, en établissant un jardin ou un parc, est d'abattre tous les palmiers, d'arracher les plantes qui ont un caractère indien, et d'y substituer des *cassarinas*, arbre qui ressemble au sapin du Nord, et des pelouses de gazon qu'on entretient à grand'peine. Voilà à quel excès s'étend le patriotisme anglais. Est-ce chez eux ce sentiment mélancolique qu'on appelle *das Heimwehe* ou le mal du pays? Ces hommes, dont les sensations mêmes sont soumises à des règles invariables, méprisent la nature si merveilleuse dans sa simplicité naïve, et pourtant variée à l'infini dans ses combinaisons de lignes et de couleurs que l'artiste contemple avec un intérêt inépuisable. La grâce sans apprêt des indigènes de l'Inde est lettre close pour eux, car le naturel choque l'esprit habitué au factice; et cependant quoi de plus déplorable que la toilette grotesque qui défigure nos femmes, comparée aux admirables draperies du vêtement si primitif des Indiennes, dont la nature elle-même forme les plis!

2.

Imaginez-vous qu'on me fait la politesse de me montrer les docks, la monnaie, les machines à vapeur, les écoles et autres curiosités, la forteresse aussi. Vous figurez-vous la jouissance que j'éprouve?

Le gouvernement ici est tout à fait *patronising*. Les natifs hindous, guèbres et mahométans, n'ont qu'à songer à leurs plaisirs et à leurs pratiques religieuses, tandis qu'une police admirable veille à leur sûreté.

Je pars après-demain pour Ceylan. Le voyage (je le fais tout par mer) sera de dix jours. J'y resterai peu, un mois peut-être; de là je me rendrai à Calcutta, en passant par Madras. Ce sera aussi par mer; et la traversée entre Ceylan et Calcutta, à ce qu'on m'a dit, est de treize à quatorze jours. De Calcutta j'irai par le Gange, sur un bateau à vapeur, jusque vers Agra, mettons en quinze jours, et d'Agra à Dehli. De Dehli à Bombay, c'est un voyage par terre d'un mois ou six semaines, peut-être deux mois, selon qu'on va en palanquin, à cheval ou à dos de chameau. De retour à Bombay, j'aurai à choisir, pour revenir dans mes foyers, soit la Perse, soit le chemin que j'ai déjà fait, ou bien encore Bassora, Bagdad, Damas, Beyrouth, et puis la Méditerranée. Voilà quelles courses vagabondes j'ai combinées, en consultant beaucoup de gens. Seulement je crains que de temps à autre, au lieu de continuer mon chemin, je ne sois forcé de me retirer sur quelque hauteur, dans les montagnes, pour éviter la forte chaleur. A peine arrivé ici, j'ai eu une attaque subite, une cholérine de quelques heures; mais c'est passé. Presque tous ceux qui sont arrivés ici avec moi ont eu la même chose successivement. Les nuits sont quelquefois suffocantes, lorsqu'il n'y a pas un souffle de vent. On dit que c'est bien pis encore à Calcutta, mais que les maisons y sont en général parfaitement bien disposées pour éviter ce qu'il y a de funeste dans les chaleurs de l'Inde. Et puis je tâcherai, comme de raison, de ne pas m'y trouver dans les plus mauvais moments.

Une chose m'occupe, quoique ce ne soit encore qu'un château en Espagne; c'est, une fois arrivé à Dehli, de tenter d'aller à Lahore, et, qui plus est, à Cachemire. Voilà ce qui serait le comble de mes vœux. Il plane sur ce dernier endroit, où si peu de gens ont pénétré, un mystère étrange dont la pensée m'obsède jour et nuit. Voici le fait : J'apprends que les Anglais envoient des troupes à Lahore et à Cachemire [1] : il me paraît que de telles circonstances peuvent faire naître des occasions inattendues pour y aller. Alors je prolongerais tout ce voyage encore d'une année; mais je doute que j'en aie le courage. Le mal du pays viendra probablement me tourmenter. Le désir de me retrouver avec vous et quelques autres encore, enfin l'impossibilité d'arranger mes affaires d'argent, tout cela, je crains, fera évanouir ce vague projet. Réfléchissez, mon cher ami, à ma position, et venez-moi en aide si vous pouvez. Adieu.

P. S. Je ne vous ai rien écrit sur Aden. C'est un singulier endroit, aride et sauvage, hanté par diverses races africaines et arabes tout à fait primitives. Les Anglais y ont établi leurs magasins ou entrepôts de charbon de terre. On l'y envoie d'Angleterre par le cap de Bonne-

---

[1] J'étais mal informé.

Espérance, ce qui en explique l'excessive cherté et celle aussi de la traversée de Suez aux Indes.

Grâce à Dieu, le banquier de Bombay a accepté ma lettre de crédit, et me voici l'esprit en repos au moins pour quelque temps.

AU MÊME.

En mer, entre Bombay et Ceylan, à bord d'un vaisseau à voiles.

28 mars 1841.

Nous sommes depuis bien des jours, je ne sais plus combien, à bord d'un vaisseau marchand à voiles, près de la côte de Malabar, toujours côtoyant, avec un calme presque continuel. Voilà deux jours que nous ne pouvons perdre de vue un endroit nommé Mangalor. Il fait une chaleur énervante; on dort sur le pont, et le moins couvert possible. Le jour on a des habits par égard pour les femmes, mais d'une légèreté fabuleuse, comme on n'en fait qu'aux Indes; pantalon, chemise et veste blancs, en *grass-cloth*, espèce de batiste, et aussi transparents que le permet la décence (européenne). C'est fort heureux qu'il fasse chaud (27° Réaumur à l'ombre, et 37° au soleil), car les cabines sont pleines d'immenses cockroaches. Notre capitaine est un très-digne homme, ayant tous les égards possibles pour nous, ainsi que de très-bonne ale et du porter qu'il ne ménage pas. Ma société a beaucoup diminué. Il n'y a plus que sir Colin Campbell, avec ses enfants et sa suite, composée de gens des plus comme il faut et tous aimables compagnons. Je regrette pourtant beaucoup le baron de Loëve-Weimar, qui est resté à Bombay dans l'espoir d'y trouver un vaisseau pour se rendre à Bassora et de là à Bagdad. D'après ce que j'ai entendu dire de Ceylan, c'est une île extrêmement curieuse, couverte de montagnes et de forêts impénétrables, et remplie d'éléphants sauvages. Le climat est regardé comme le meilleur des Indes, surtout Kandy, la capitale. Je n'aurais pas dû vous en parler avant de l'avoir vue, mais c'est le *far niente* qui me fait jaser. On dit aussi qu'à Ceylan les crocodiles sont en grand nombre, ainsi que les crapauds, et, je crois, les ichneumons; sans compter des serpents de mille espèces. J'en ai vu un assez grand aujourd'hui dans la mer, un serpent d'eau, et hier, pour la première fois de ma vie, une baleine dans le lointain, avec un autre poisson monstre dont je ne me rappelle pas le nom. Ils avaient l'air de se combattre. Nous avons à bord un petit singe qu'on a attrapé dans la campagne de Bombay, ainsi qu'une petite tortue et un furet qu'on tient pour les rats, dont il y a bon nombre, à ce qu'on dit, dans les cabines; mais peu m'importe quant à moi; je n'ai rien de commun avec les cabines (la nuit au moins); je n'y vais que pour déjeuner et dîner, ayant acheté à Bombay un excellent lit pliant avec une cousinière, que j'ai confortablement établi sur le pont, et c'est là que je vous écris pendant que mes compagnons de voyage sont en bas à leur *lunch* ou second déjeuner, composé de biscuits, de sherry et d'eau-de-vie. Ces Anglais ne changent rien ici à leur détestable régime. C'est toujours le jambon, le *goose* (oie) farci, le hareng fumé, le *Cayenne-pepper*, le plumpudding, le fromage, les noisettes et l'eau-de-vie. Aussi ils ne font que prendre médecine : calomel, *Epsom-salts*, etc.; chacun a son *medi-cine-chest*, boîte à médecine, à commencer par le capi-taine, gros jeune homme de vingt-cinq ans, qui, après s'être bourré de vieux jambon et de lard, avale invaria-blement des poudres de soude avec son vin.

Je lis l'*Obermann* de Senancourt, qui me plaît beau-coup. Mais, ce qui m'occupe le plus, ce sont mes projets, qui sont assez vastes. Je ne puis pas m'empêcher de vous en parler; mais je vous demande en grâce, quand vous m'écrirez, de ne pas détruire mes illusions, de ne pas me dire que ce sont des projets absurdes, inutiles ou impos-sibles. Ces châteaux en Espagne ne sont rien moins qu'un voyage de Calcutta par le Gange à Bénarès, puis Agra, Dehli, Lahore et Cachemire. Ce dernier nom me fait tressaillir de joie; mais en même temps la crainte que ce projet ne soit une chimère à laquelle je me cram-ponne faute de mieux, me donne un pénible sentiment de honte et de découragement. Quoi qu'il en soit, j'ai grande envie de faire tout mon possible pour l'exécuter. Ne serait-il pas bien merveilleux de se trouver réellement et non pas en rêve dans ce Cachemire, cette vallée mys-térieuse de l'Hymalaya, séquestrée du reste du monde, presque inconnue? enfin il y a un grand charme à tout cela. De Cachemire, je retournerai par l'Indus et rega-gnerai Bombay, d'où j'aurai à refaire la même route que j'ai faite, par l'Égypte; ou bien je prendrai par le golfe Persique et reviendrai en Russie par Schiraz et Ispahan; ou bien encore, après avoir vu ces deux derniers endroits, je rebrousserai vers l'Égypte et vers Saint-Pétersbourg. Tout cela dépendra beaucoup de vos projets et des con-seils que vous voudrez bien me donner. Mais je crains

que vous ne preniez pas fort au sérieux mon ambition de
voyageur. Je ne nie pas, mon ami, qu'il n'y ait un peu
de vanité puérile dans ces courses et dans les récits que
je vous en fais. Un de mes plus grands plaisirs est l'idée
que vous saurez où je suis, que cela vous paraîtra singulier, que vous souhaiterez que tout s'accomplisse à mon
gré et que je revienne auprès de vous. Cette dernière
idée surtout est si agréable pour moi! Enfin, vous avez
de l'indulgence; vous n'êtes pas homme à souffler de
gaieté de cœur sur mes châteaux de cartes. S'il y a du
donquichottisme dans mon fait, vous qui êtes tolérant à
force d'avoir senti et compris tant de choses dans votre
vie, vous savez qu'en se dépouillant de ce qu'on a de
donquichottisme, on éteindrait ses dernières étincelles de
bonheur ou d'illusion. Quant à moi, je les soigne comme
un Guèbre, ayant une terreur affreuse des ténèbres et du
vide, où leur perte doit, hélas! tôt ou tard, me plonger
tout à fait; peut-être y suis-je déjà, sans oser me l'a-
vouer, comme un moribond qui cherche à se nier son ago-
nie. Mais fuyons la monotonie de ces éternelles répéti-
tions, et terminons pour le moment, jusqu'à ce que j'aie
quelque chose de mieux à écrire.

31 mars.

Je reviens à vous, mon cher ami; il faut que je me
plaigne encore du vide que j'éprouve dans l'Inde, d'être
non-seulement privé de musique, mais encore de personnes qui la comprennent. Sous ce rapport, tout un
monde de sensations est fermé aux Anglais. Chez le gouverneur de Bombay, il y avait aux dîners une musique
militaire. Mais, hélas! ce n'était qu'un simulacre; mieux

eût valu n'en avoir pas du tout assurément. Cette nuit j'ai eu des rêves décourageants de pays où la musique existe et où vivent les êtres auxquels je suis habitué et attaché. De quoi ne me suis-je pas privé pour voir l'Inde!... Nous sommes toujours sur la côte de Malabar. Nous avons passé, mais presque tout à fait hors de vue, devant plusieurs villes comme Goa, Mangalor, Cananor, Calicut, Cotchin, etc. Les Indiens de la côte nous abordent dans leurs frêles canots pour nous vendre du poisson, des crevettes, des fruits, des légumes et des oiseaux domestiques. Comme de raison, plus ils sont délicats et humbles, plus les gens de notre vaisseau les traitent avec mépris et dignité.

4 ou 5 avril.

Je ne suis pas sûr de la date; tout ce que je sais, c'est que voilà le seizième jour que je passe à bord de ce vaisseau, et ce seizième jour tire à sa fin. Nous sommes à une quinzaine de milles, dit-on, de Ceylan, mais il y a calme [1], et la chaleur est maintenant de 29° à l'ombre et de 40° au soleil. Mais je n'en suis nullement incommodé; je trouve, au contraire, que c'est fort agréable et sain. Je vois que mes camarades les Anglais préparent leurs uniformes pour faire leur entrée solennelle à Colombo, où nous irons à terre; cela me donne de l'espoir et me ranime; car pensez à l'ennui que je dois éprouver,

---

[1] Nous restâmes, après cela, encore sept jours avant de jeter l'ancre à Colombo, principale ville maritime de Ceylan, où nous débarquâmes. Nous avions mis, en tout, vingt-trois jours de Bombay à Colombo. Par un bon temps, ces vingt-trois jours se seraient, dit-on, réduits à huit ou dix.

moi profane, d'être forcément spectateur d'un whist qui dure depuis seize jours sans désemparer. Des bateaux d'une extrême légèreté et d'une construction tout à fait à part nous accostent, venant de Ceylan avec des individus d'une race nouvelle pour moi, dont je ne sais pas encore l'origine.

AU MÊME.

Ceylan, Colombo, 14 avril 1841.

Colombo, qu'on appelle une ville, n'est qu'une énorme forêt, mais une forêt semblable à un jardin. Elle est habitée par une population innombrable de Cingalis, de Malabares, de Malais et de Maures, qui vivent dans des huttes basses, à l'ombre épaisse des cocotiers, aréquiers, etc., etc. Chaque arbre est une curiosité frappante; c'est comme un jardin botanique, sur une échelle gigantesque, pour un débarqué d'Europe.

Je me promenais hier entre cinq et sept heures, accompagné de mon valet de place, Malais, dans une voiture couverte, à un cheval, à côté duquel courait un cocher cingali tout nu, avec de longs cheveux épars, comme un sauvage. Je vis deux éléphants sous un hangar, sur le fond vert des palmiers, et un troisième qui se baignait dans un étang. Des Cingalis s'empressèrent de les faire promener devant moi, et je fis un léger croquis. L'air était lourd et d'un gris sombre et rougeâtre; souvent il éclairait très-fort, et il tonnait dans le lointain. En continuant ma promenade, malgré quelques grosses

gouttes de pluie qui commençaient à tomber et rafraî-
chissaient déjà un peu l'air étouffant de chaleur, je demandai au Malais, qui baragouine l'anglais, s'il n'y avait
pas quelque chose à voir dans un bois un peu éloigné
que je lui montrai et qui me paraissait encore plus
sombre que le reste. Il me répondit que c'était déjà ce
qu'on appelle un *djungle*, qu'il ne s'y trouvait pas
d'hommes, mais des tigres et des hyènes. Plus loin, en
voyant une route solitaire et mystérieuse, je demandai
où elle menait. Il me dit que c'était la route de Kandy,
capitale de Ceylan ; mais qu'il ne me conseillait pas d'y
aller, parce que c'était un mauvais pays, bien froid [1], et
que les Cingalis y étaient moins civilisés et portaient de
grandes barbes, de longs cheveux mal peignés. Il était
déjà tard, et, en rebroussant par un autre chemin, je demandai ce qu'étaient des lumières qui brillaient çà et là
sous les palmiers. C'étaient des temples rustiques de
Bouddha, faits de bambous et de feuilles de cocotier.
Je m'approchai d'un de ces édifices, et j'y crus reconnaître, à la lueur d'une lampe d'huile de coco, la statue
grossière de *Chaghimouni,* qu'on appelle ici Bouddhou.
Je me rappelle que nos Kalmouks d'Astrakhan donnaient le nom de *Chaghimouni* à une figure semblable.
Il y en avait une autre à trompe d'éléphant. Devant moi
se tenaient deux ou trois Cingalis qui avaient l'air contents de ce que je regardais leur temple, mais qui ne pouvaient peut-être pas me permettre d'entrer. Qui sait, du
reste, si c'étaient des Cingalis? Je ne sais guère encore
distinguer les races ni les religions de ce pays.

[1] Le fait est que la position de Kandy étant plus élevée, il y
fait un peu moins étouffant.

Je viens d'être interrompu par un Malais qui a apporté des nattes à vendre, pour s'asseoir ou dormir dessus, et autres objets tressés de jonc ou de feuilles d'arbre. Il en vient très-souvent; et comme tout est ouvert ici pour ne pas intercepter l'air, ils entrent librement. Puis on m'a servi mon déjeuner, composé de riz, d'ananas et de bananes, fruit assez fade, mais bon et sain, et d'oranges toujours vert-foncé à l'extérieur, même quand elles sont tout à fait mûres. Il y a encore une espèce d'oranges énormes, grosses comme un melon d'eau de petite taille, cramoisies à l'intérieur, et d'une saveur un peu amère et aigre-douce; mais la chair n'en est pas aussi délicate que celle des petites oranges. Ce fruit s'appelle pomelo. Il y a une infinité d'autres fruits, tous plus ou moins fades et doux, sauvages, bien entendu, comme l'est l'ananas ici à Ceylan; les sangliers le mangent dans les bois. Quant à des concombres et à des choux, pour en avoir, il faudrait ici des serres froides.

Il n'y a pas longtemps que les Anglais ont pris possession de l'intérieur de l'île de Ceylan, qui était inconnu, et ils ont eu beaucoup de peine à y réussir, à cause de l'extrême épaisseur des forêts et des innombrables toiles d'araignée qui remplissent ces dédales sylvestres, où les Anglais n'avançaient qu'avec beaucoup de difficultés, et où se tenaient cachés les Cingalis pour tomber sur eux à l'improviste et les détruire. Alors on a employé les Malais, qu'on a fait venir de Java, et qui, comme des bêtes féroces, ont pénétré dans ces profondeurs, et, déchirant de leurs *criss* empoisonnés les Cingalis, ont conquis ainsi l'intérieur de Ceylan pour les Anglais. Depuis ce temps on a formé des régiments de

Malais qui sont ici. Tous ces renseignements, c'est de
mon Malais que je les tiens; mais, ce qu'il y a de positif,
c'est que les Cingalis, habitants aborigènes de Ceylan,
redoutent extrêmement les Malais.

Ma promenade n'était pas finie, et au milieu de l'obscurité générale, je voyais de temps à autre de grands
feux qui brillaient entre les arbres. C'étaient des tas
d'immondices que brûlaient les villageois. Mais un feu
nocturne, surtout dans un bois, a toujours quelque chose
qui frappe singulièrement l'imagination. Je crois que
c'est parce que des idées de brigands, de sorcières, de
bohémiens errants, etc., s'y rattachent sans qu'on s'en
doute. Je retournai au quartier où je demeure, et qui a
un caractère hollandais, car Colombo a appartenu avant
à la Hollande, et j'allai dîner chez le nouveau gouverneur de Ceylan, avec lequel je suis arrivé ici, et qui me
traite comme si j'étais de sa famille. Après le dîner, je
me rendis avec quelques amis au *mess* d'un régiment
anglais, où un officier me raconta qu'il avait tué de sa
propre main, dans une seule partie de chasse, quarante
éléphants aux environs de Kandy, dans l'intérieur de
l'île[1]. Le prétexte est que la destruction en est utile;
car ils dévastent les cultures et sont funestes même à la

[1] J'appris plus tard qu'un fameux chasseur, officier civil, employé dans l'intérieur de Ceylan, et vivant la plupart du temps
dans les djungles, a tué, dans l'espace de plusieurs années, il est
vrai, jusqu'à sept cents éléphants. Je fis connaissance avec lui peu
de jours après, et lorsque je le revis à Ceylan, quatre ans plus
tard, il en avait déjà mille et un sur sa liste. Mais le meurtre du
mille et unième lui porta malheur. Dans une première rencontre,
n'ayant réussi qu'à blesser sa victime, il en fut poursuivi à coups
de trompe, et il était perdu sans un fossé où il roula. Il en fut

sûreté personnelle des villageois, et surtout des voyageurs, étant en trop grand nombre, comparativement à la population. Les données statistiques sont si peu sûres, que les uns supposent la population de Ceylan d'un million et demi, et d'autres de cinq millions. La première version est la plus générale.

Le lendemain, au soleil couchant, je suis allé près de la mer, sous les palmiers, pour profiter de la brise; et étant entré dans une hutte, — tant pour me reposer un instant, car l'atmosphère était pesante, que par curiosité, — j'y fus accueilli par quatre filles cingalies, dont l'une n'était pas laide, mais bien triste à voir. Elle avait une certaine grâce, beaucoup de douceur, — je dirai même trop, — mais aussi quelque chose d'un singe, et offrait les marques d'une décadence prématurée, quoique sortant à peine de l'enfance. L'influence du climat et du mauvais régime produit peut-être cet énervement précoce. L'hospitalité de ces pauvres gens consiste à offrir de l'eau de coco. Les hommes cingalis ont l'air plus féminin que les femmes mêmes. Ils portent sur les hanches jusqu'au bas des jambes un linge blanc ou à fleurs, qui les enveloppe étroitement, de manière à laisser à peine aux jambes la liberté de leurs mouvements. Le corps est nu ou bien couvert d'une jaquette blanche très-fine, que

quitte pour plusieurs côtes brisées et plusieurs mois de maladie. A peine guéri, il guetta l'éléphant et le tua; mais peu de jours après, il fut tué lui-même par la foudre à un relais entre Colombo et Kandy, au moment où il allait remonter en diligence. Son nom m'a échappé. Il s'était, dit-on, amassé une petite fortune en faisant vendre en Angleterre les défenses de ses éléphants. Lorsqu'elles sont belles, elles valent jusqu'à 60 livres sterling, et les dents sont estimées aussi.

je soupçonne être une introduction hollandaise, vu sa
laideur; car tout mélange de costume européen aux draperies indiennes jure d'une manière frappante et se dé-
cèle par le manque de grâce; ou bien encore ils mettent
quelque fichu, à la manière des femmes européennes,
mais sur le corps nu, en triangle sur le dos et croisant
sur la poitrine. Les cheveux, très-longs, sont rassemblés
sur le derrière de la tête avec un et même quelquefois
deux peignes très-grands et très-hauts, en écaille élégam-
ment travaillée, ce qui produit un effet souvent très-co-
mique, surtout dans les maisons anglaises, où tous les
serviteurs sont affublés d'une espèce de livrée hollandaise
militaire, à taille haute, à pans en queue d'hirondelle et
à épaulettes, ou d'une redingote également dans le goût
hollandais antique. Or vous savez que l'antiquité hollandaise est pleine de grâce. Mais tout ceci, y compris
les coiffures à la chinoise, particulières à Colombo, autant que j'ai pu m'apercevoir, ne se rapporte qu'aux Cingalis apprivoisés. Hors de là, on voit des hommes à cheveux flottants et presque nus. Les Cingalis venant de
l'intérieur de l'île portent les cheveux séparés sur le
front et réunis en tresse ou masse derrière la tête, un
peu bas et sans peigne, ce qui est assez beau.

Les fakirs bengalis, car il y en a aussi à Ceylan, se
font de leur longue chevelure une espèce de turban
touffu qui fait un bel effet. Les jeunes Malais ont un
mouchoir attaché sur la tête en forme de turban, et
d'un côté, ou des deux, pendent de longues mèches de
cheveux bouclés et d'un noir de corbeau. Ils ont les traits
kalmouks; je l'ai observé avec surprise, et j'ai appris
qu'ils étaient d'origine mongole, mais de religion maho-

métane. Comment l'islamisme est parvenu dans ces parages lointains, je ne me chargerai pas encore de l'expliquer. Quant aux vieux Malais, ils sont horribles, ayant la bouche, ainsi que l'ont du reste toutes les autres races ici à un certain âge, comme ensanglantée par le bétel qu'ils mâchent souvent à cause de ses qualités toniques, je pense, et qui donne aux lèvres, aux dents, aux gencives et à la langue une couleur de vermillon. Cette malheureuse habitude a de plus l'inconvénient de gâter les dents, et, au bout de quelque temps, tout ce rouge devient noir. Il est très-rare de voir une jeune fille, même de dix-huit ans et moins, qui n'ait pas déjà les dents entamées par le bétel. Dans le nord de l'Inde, il n'en est pas ainsi, le bétel y étant plus rare : c'est une plante tropicale.

Les pauvres gens et les enfants qui viennent vendre de petits ouvrages en ivoire, ébène, porc-épic et feuilles de dattier, entrent tout simplement dans les chambres sans y concevoir aucun mal, et sont tout étonnés quand les domestiques s'empressent de les expulser. Vous concevez que, de mon côté au contraire, je leur fais toujours bon accueil. Ils me font tant de peine quand on les renvoie. Ils ont une expression d'innocence et de candeur, et sont si dociles, si calmes et si soumis ! Ils m'ont l'air alors, en se retirant lentement, de rêver à l'ouvrage qui leur a coûté de la peine et au peu d'attention qu'on y fait. C'est pour cela qu'après plusieurs années de patience et de vain espoir dans la compassion d'autrui, leur regard devient inquiet et terne, leurs traits se flétrissent : le bétel, dont ils font un usage fréquent pour ranimer leurs forces physiques et morales, gâte leurs

dents, et ils deviennent eux-mêmes repoussants de laideur et sans pitié pour les autres.

Celui de mes compagnons dont la société me promettait le plus de ressources ici est tout désappointé, tout
consterné. Quel pays! pas de whist, de courses de chevaux, de clubs, de maisons bien tenues, et l'on y meurt
de chaud! Pour moi, vous concevez que tout cela m'af-
fecte médiocrement. J'entends dire que les Malais sont
des Mongols venus ici comme ailleurs lors de la grande
migration des Mongols ou Mantchous, de même que les
hordes d'Attila sont venues s'établir en Hongrie et d'autres en Russie, etc.

AU MÊME.

Ceylan, Colombo, 20 avril 1841.

Il y a quelques jours, en me promenant dans les
bois, j'ai remarqué une femme malabare assez gracieuse.
Elle était vêtue de rouge et se tenait près d'une chaumière, avec plusieurs hommes. Je m'approchai de ce
groupe, attiré par la combinaison harmonieuse des lignes
et des couleurs sur le fond si vert des plantes et des arbres. Je vis dans la chaumière un homme accroupi devant une caisse, d'où il tirait, comme pour en faire la
revue, des tas d'ornements en pierreries fausses ou petits
verres de couleurs réunis en pavés sur des fonds de bois
doré, ou peints en rouge ou en bleu, et découpés en
formes curieuses; des bonnets grotesques, des masques,
des brassards, des épaulettes énormes, qui ressemblaient

à des dragons ou à des oiseaux, des colliers, des bracelets, des pendants d'oreilles monstrueux, etc. C'était
l'habitation d'une bande de comédiens malabares, et
cette femme rouge était une bayadère. Je n'eus rien de
plus pressé que de leur commander une représentation
pour le lendemain soir sur les lieux mêmes, au prix de
dix roupies. Le lendemain donc, renonçant stoïquement
au dîner anglais du gouverneur, je m'y rendis vers sept
heures, et trouvai l'endroit illuminé par des noix de coco
qui brûlaient sur des perches de bambou. On m'indiqua
ma place sur un tronc de cocotier renversé. Des hommes
nus, avec des torches allumées, tendirent devant moi
une toile blanche derrière laquelle les acteurs se rassem-
blèrent. Le tambour et les clochettes commencèrent à
battre et à sonner, et la forêt, naguère silencieuse et
morne, s'anima soudain d'une foule d'habitants des alentours. Une quantité innombrable de petits enfants et de
femmes vinrent se poser sur des nattes, et des hommes à
l'air farouche peuplèrent les intervalles noirs entre les
arbres. J'en ai le dessin, qui est, hélas! bien loin d'approcher de la sombre poésie de ce spectacle étrange. Cette
scène nocturne produisait un effet imposant à la clarté
funèbre des torches, qui permettait à l'œil de pénétrer
dans les profondes trouées des arbres, remplies d'hommes
nus, au regard triste et terne, au teint de bronze presque
verdâtre, aux cheveux longs. Mais l'imagination allait
bien au delà du regard, et s'élançait dans ces forêts immenses, solitudes impénétrables hantées seulement par
les animaux des tropiques, qui nous paraissent presque
fabuleux en Europe. Lorsque la toile fut baissée subitement, car elle fut baissée et non levée pour commencer,

je fus ébloui par la richesse et la profusion des ornements, par les formes bizarres et l'étrangeté des attitudes
qui se déployèrent tout d'un coup devant moi. Cela représentait un roi de l'antiquité indienne, magnifiquement
paré et le visage peint, rappelant certaines idoles hindoues, avec un criss à la main, qu'il faisait tournoyer
d'une façon singulière; une reine, la femme dont j'ai
parlé au commencement, tout étincelante d'or et de
fausses pierreries, qui faisait avec ses mains, ses pieds et
son corps flexible, des mouvements sinueux et rapides
comme ceux du serpent. Elle était d'une extrême maigreur, d'une jolie figure, et elle chantait d'une voix
glapissante, qui, pour nous, n'avait presque rien d'humain, et qui était tout à fait discordante avec le reste
des voix. Il y avait un ministre ou général du roi, armé
également d'un criss et tout aussi comique dans son
genre que le roi; puis un fou avec une longue barbe et
un ventre immense; puis encore un homme habillé très-
richement en femme, faisant l'épouse du ministre; enfin
un jeune garçon, fantastiquement vêtu, toujours dans le
goût des idoles, le tout représentant un épisode de l'antique mythologie hindoue. Tout cela dansait; les mouvements du roi étaient saccadés et cadraient fort peu
avec son long vêtement mythologique d'apparence pon-
tificale. L'expression de sa physionomie était vive et ra-
dieuse; il avait le visage soigneusement peint en jaune
clair pour indiquer sa caste élevée, et il déclamait d'un
ton d'emphase très-significatif. Les yeux étincelants,
tremblant de tout son corps et trépignant, il s'avançait
parfois précipitamment vers moi, avec son criss de bois
doré; puis, lorsqu'il était tout près, il s'inclinait soudain

profondément en m'appelant radja, titre de civilité qu'on accorde ici en général aux gens qui payent. Aussitôt quelques hommes nus parurent avec des criss en bois et se mirent à se battre avec beaucoup d'agilité. Cela figurait quelque invasion de barbares. Alors un autre roi accourut subitement, accoutré de la même manière que le premier, mais avec une queue de paon sur le dos et des paquets de plumes de paon dans chacune de ses mains, qu'il agitait comme un possédé en frappant tout le monde. Il arracha la couronne au premier roi et prit possession de son trône, espèce de banc de bois à pieds tors. On se mit à l'adorer. Vint ensuite une espèce de derviche ou magicien à bonnet pointu, les cheveux flottants, très-grand, le corps nu, avec de gros colliers et le visage peint d'hiéroglyphes jaunes. Enfin, à dix heures et demie du soir, je partis, et ils continuèrent à danser, à chanter et à tambouriner, toujours sous le sceptre de l'usurpateur. Un souper, composé de quelques fragments de canard et de poule, m'attendait chez moi. Ce chez moi est une espèce d'hôtel établi ici par le gouvernement anglais. La scène de la danse avait été à sept ou huit milles de Colombo. Je partageai ce frugal souper avec M. Strachan, qui m'avait accompagné à ce spectacle barbare, où il avait bien voulu me servir d'interprète comme dans mainte autre occasion. Ce jeune homme a passé plusieurs années à Ceylan et a parfaitement acquis la langue du pays.

A M. K.

Ceylan, 20 mai 1841.

Je me trouve dans une maison isolée à trente-cinq milles de Kandy, capitale de Ceylan, sur un grand lit soigneusement fermé d'une moustiquière, et dans le courant d'air d'une chambre haute et spacieuse, d'où la lumière est presque totalement exclue par les jalousies. Il règne dans cette solitude une morne tranquillité qui n'est interrompue que par le bourdonnement des insectes et le cri des perroquets et des singes; car de tous côtés s'étendent au loin de sombres forêts de cocotiers, de bambous, d'aréquiers, de djagaras, de palmaïras, de tallipots, de cafiers, de cannelliers, de diverses plantes grimpantes, etc., etc., dont l'éternelle verdure forme des labyrinthes d'ombres mystérieuses où la pensée s'égare avec crainte. Dans ces selves ténébreuses errent d'innombrables troupeaux d'éléphants sauvages; de féroces tigres hantent les djungles humides, et de hideux serpents rampent dans les buissons d'ananas sauvages. Dans cette île ombreuse, un crépuscule voile l'air chargé d'électricité. Mais les éclairs sont fréquents et jettent un étrange éclat sur les montagnes et les précipices chargés de végétation; le silence de ces lieux est souvent interrompu par le grondement du tonnerre lointain à l'approche des orages de l'équinoxe, et par le lugubre tamtam des bonzes, qui résonne dans la forêt; car souvent, dans les endroits qui semblent inaccessibles, est caché

un temple mystérieux où se pratique le bouddhisme antique dans toute son étrangeté primitive. Là, si l'imagination vous entraîne par un sentier tortueux et difficile,
sous un épais feuillage où le soleil ne pénètre jamais,
vous parvenez à l'escalier d'un temple rustique, où des
prêtres obligeants et calmes, drapés de jaune, au teint
cuivré, au visage austère, à la tête rasée, vous intro-
duisent dans une enceinte silencieuse, embaumée des
fleurs les plus rares. Dans ce sanctuaire, à la faible
lueur d'une lampe d'huile de coco, vous voyez un
Bouddha gigantesque, taillé dans le roc, et peint de vives couleurs, surtout d'orange et de jaune, couché ou
debout, occupant toute la longueur ou toute la hauteur
du temple. Ces prêtres hospitaliers, animés d'une bonté
cordiale et modeste, s'empressent de vous offrir des ra-
fraîchissements simples, proprement préparés, et qui
ne consistent qu'en végétaux. Des enfants élevés dans
ces temples ou monastères vous entourent d'attentions
naïves. Les uns agitent des éventails devant vous et
vous présentent de l'eau pour vous rafraîchir, tandis que
d'autres allument un fagot de bois et font des cigarettes
avec des feuilles vertes cueillies à l'instant dans leur jardin. D'autres encore vous offrent du bétel ou de la canne
à sucre, ou quelque fruit monstre qu'on n'a jamais rêvé.
Tout cela se passe dans le silence du respect et de la re-
tenue. L'un d'eux ayant remarqué qu'une mèche de mes
cheveux s'était écartée des autres, tira un peigne de sa
ceinture et me le présenta, sans mot dire, avec un
grand sérieux (les Cingalis accordent beaucoup d'attention à leurs cheveux, qu'ils portent très-longs). Il m'est
arrivé, en me rendant à un de ces temples, d'attraper

un coup de soleil, et je conserverai toujours une vive reconnaissance pour les secours pleins d'une obligeance réelle qu'on m'y prodigua à cette occasion. Ces prêtres de la forêt enseignent à leurs élèves la bonté et la modestie, et ils en font des hommes doux et tranquilles, comme le sont en général les Cingalis, race aborigène de Ceylan, qui passent leur vie à faire le bien dans le calme d'une vie monotone. Les hommes qui habitent cette contrée merveilleusement belle, et qui sont de cette race antique des Cingalis, ont des traits nobles, l'expression de la douceur, quelque chose de candide, le corps admirablement formé, la taille haute, les mouvements gracieux et doux, et une chevelure d'ébène qui flotte en longues ondulations sur un dos et des épaules couleur bronze mat, ou bien attachée en lourde tresse derrière la tête, les cheveux étant séparés sur le front. Leur simple vêtement est un linge blanc, rouge ou à dessins bizarres, qui enveloppe gracieusement les reins.

Quelquefois, le soir, un tintamarre inusité frappe soudain vos oreilles, un bruit sinistre et discordant d'instruments barbares ébranle les échos des forêts, le son nasillard du hautbois thibétain produit en vous un sentiment pénible, un malaise étrange, et vous voyez à la lueur rougeâtre des torches une procession d'éléphants caparaçonnés et surmontés de baldaquins, qui portent des reliques de Bouddha d'un temple à l'autre. La fumée des torches répand une odeur funèbre. Bientôt vous vous trouvez au milieu de cette marche nocturne et fantastique, vous vous sentez étourdi par le bruit du tambour et des cloches qu'agitent les monstres gigantesques en marchant près de vous. Vous êtes frappé de l'expression triste et terne des visages cingalis, auxquels le reflet du bitume allumé donne un air livide et fantasmagorique. Mais tout à coup une clarté plus vive vous éblouit. Des adigars ou chefs kandiens, en costumes mythologiques, de couleur blanche, dont l'origine se perd dans les temps fabuleux de cette île mystérieuse, s'avancent d'un pas lent et mesuré et passent comme les ombres des rois dans *Macbeth*. Puis toute la procession, s'enfonçant dans la forêt, s'évanouit comme un songe et vous laisse dans une rêverie vague, profonde, indéfinissable. Tandis que vous vous demandez si c'est une vision qui vient de troubler votre âme ou bien une réalité sublime et étrange à laquelle vous venez d'assister, les sons qui s'étaient éloignés se rapprochent. La marche fantastique revient vers le temple d'où elle était sortie, et dont l'éléphant principal monte les degrés pour être dépouillé des ornements sacerdotaux. L'entrée est obstruée; on me fait passer sous lui pour me montrer les mystères du temple. On m'en fait voir les joyaux antiques, en me citant les noms étranges des radjas de l'Inde qui firent don de chacun de ces objets d'un travail curieux quoique grossier, et les masses d'or dont est couverte la dent de Bouddha, dent sacrée qui est maintenant au pouvoir des Anglais. Une garde de féroces Malais y est apostée; ils veillent jour et nuit, prêts à déchirer de leurs criss empoisonnés quiconque voudrait la dérober, car celui qui la possède est maître des Cingalis et de Ceylan. Cependant les prêtres, voyant un étranger attentif, qui contemple avec respect leurs choses sacrées, s'empressent autour de moi. Ils veulent me faire plaisir de leur mieux et m'offrent de monter

sur l'éléphant qui vient d'être dépouillé de ses ornements. On me pose donc sur le colosse et on me promène dans une rue de Kandy, déserte à cette heure. Le
cornac est armé d'un lourd crochet de fer, car l'éléphant
est traître et dissimulé, et rien ne se trahit sur son front
toujours sombre comme les bois qu'il habite. Plus tard,
je serai dans le cas de prendre l'habitude de l'éléphant
comme nous l'avons de la voiture; car, dans les provinces septentrionales, l'éléphant est l'équipage ordinaire. A présent passons à des sujets plus attachants,
quoique plus tristes.

Dans le djungle, il y a des familles entières d'exilés
du temps des cruels rois de Kandy, des vieillards, des
enfants, des femmes demi-sauvages, qui sont presque
sans vêtements et sans autre abri que des feuilles de palmier. Cette race de seigneurs déchus est maudite, mais
se distingue par sa beauté, malgré son extrême abjec-
tion, qui n'a pu détruire les formes. La justice anglaise
les protége maintenant contre l'oppression qui pesait sur
eux depuis des siècles. J'avais rencontré souvent une de
ces femmes proscrites qui, sortant subitement des buissons, accourait pour demander de l'argent, et chaque
fois je lui avais donné ce que j'avais sur moi, car son attrait était irrésistible et elle était pauvre. Un jour cette
femme, dont je vois encore les contours et les mouvements gracieux, le regard vacillant, m'introduisit dans
sa chaumière, où, après m'avoir pris ce que j'avais d'argent, elle m'en demanda davantage. Alors, d'un air
sérieux, je lui fis comprendre que, lui ayant déjà tout
donné, j'étais devenu pauvre et n'avais plus rien. A
cette réponse, ayant fixé sur moi un regard pénétrant,

elle sortit, et revint en me présentant une poignée de pièces d'argent. Cette bonté naïve et crédule dans un être à demi sauvage est touchante. Je voulus lui rendre son trésor; mais ses trois maris, sa mère et son père vinrent me l'arracher; et comme j'étais seul, je ne pouvais guère songer à résister. Du reste, les maris, loin d'être jaloux, s'empressent, au contraire, de présenter leurs femmes à qui veut. Les pères et les mères en usent de la même manière à l'égard de leurs filles.

La splendeur pleine de grâce et de mystère de cette île magique captive l'imagination et plonge l'âme dans une rêverie délicieuse, et pourtant l'esprit se reporte sans cesse vers cette contrée froide, aux forêts de sapins, aux villes inanimées, aux couvents si tristes, aux villages si monotones, vers cette contrée qui nous est chère, parce que c'est là que nous avons éprouvé les premiers sentiments d'amitié, de reconnaissance, d'amour et de chagrin.

AU PRINCE PIERRE SOLTYKOFF.

En mer, entre Ceylan et Madras, 8 juin 1841.

J'ai fait marché avec un Portugais, natif de Ceylan, capitaine d'un petit vaisseau de trente-sept tonneaux, pour me transporter de Colombo à Madras moyennant quarante livres sterling, en s'arrêtant dans tous les lieux où je voudrai sur ma route. Mon lit est une construction savante de mon invention. Il est sur le pont, à l'abri autant que possible de la pluie, du vent et du soleil, la cabine étant infestée de cockroaches, malgré l'engagement pris par le capitaine de les tuer tous.

J'ai eu assez de Ceylan, et me suis embarqué sur ce vaisseau, qui longe en ce moment la côte de Coromandel.

D'abord je fus ballotté pendant deux jours, sans presque quitter le lit susdit, par une tempête affreuse, — c'est le temps des ouragans et des pluies, — et nous jetâmes l'ancre devant un village de Maures sur la côte de l'Inde, nommé Kalikari, où, n'ayant que des cordes à mes ancres, je ne fus pas en très-grande sûreté. La vue des hauts palmiers (*palmaria*), sur une plage de sable, me donna envie d'aller à terre; mais la chaleur, au milieu du jour, y était si violente, que j'eus des maux de cœur et des défaillances; de sorte que je me hâtai de retourner à mon bord, où le vent était frais et même si fort que les ancres tenaient à peine. Le pilote que nous prîmes là ne put nous faire sortir qu'au bout de deux jours des petits rochers où nous étions engagés. Alors je débarquai dans une petite île qui est entre Ceylan et la presqu'île des Indes, et qui s'appelle Ramisseram, où se trouve un temple où plutôt un monastère célèbre que je voulais voir. Ayant mis pied à terre dans le village de Pomben, situé sur cette île, j'y fus obligeamment accueilli par deux officiers anglais et une dame anglaise qui y sont à poste fixe. Ils me nourrirent (à bord j'ai mes provisions que je dois fournir), me logèrent et m'offrirent toutes facilités pour me rendre à ce temple, qui était à neuf milles de distance. J'y allai le lendemain matin au point du jour, en palanquin. La route, en dalles de pierre, passe par un pays sablonneux, couvert de broussailles épineuses; elle est souvent bordée de lieux de refuge en pierre pour les pèlerins (basses terrasses soutenues par des colonnes) et d'étangs carrés avec des escaliers pour se baigner.

En approchant des tours grises du monastère, je vis un éléphant posté sur la route et un autre plus loin, tous les deux couverts de housses rouges fanées, et aussitôt ils arrivèrent à ma rencontre, accompagnés d'une foule d'indigènes, et précédés par des bramines portant des fleurs de palmier arèque, et par douze ou treize danseuses hindoues, qui avançaient en dansant au son des trompettes et des timbales.

Je quittai le palanquin pour voir l'ensemble du cortége et pour recevoir les honneurs qu'on voulait bien me faire. Aussitôt je fus chargé de fleurs, chacun des bramines, qui étaient au nombre de sept, je crois, me mettant un collier, une couronne et des bracelets de ces fleurs, qui ont une odeur extrêmement forte dans le genre de celle du jasmin. J'étais un peu embarrassé de mon rôle, ayant pour témoin un peu railleur un jeune officier anglais, parti plus tard de Pomben à cheval, et qui venait justement de me rejoindre pour faire avec moi des croquis, car il peint le paysage à l'aquarelle. Peuple, musiciens, bayadères, bramines, éléphants, tout s'enfonça avec nous sous de longues et majestueuses colonnades formées de monstres mythologiques, et éclairées des teintes jaunâtres du soir comme d'un feu souterrain. Les riches joyaux du temple étaient étalés pour nous : c'étaient de grands médaillons en forme d'oiseaux les ailes étendues, des ornements de tête, des bracelets, des ceintures, grosses masses d'or gau-

chement incrustées de grandes pierres précieuses mal
taillées. Tout cela en grand nombre; et puis le palanquin dans lequel on porte les idoles dans les fêtes, et
des éléphants, des taureaux et des chevaux d'argent,
hauts d'à peu près une aune, pour je ne sais quel usage.

Mais il y avait, dans l'intérieur, des enceintes qui m'é-
taient interdites. Des lumières y apparaissaient de temps
à autre, et des filles se glissaient dans ces antres obscurs
et secrets, ou en sortaient d'un pas triste, tandis qu'à
certains intervalles la trompe des bramines s'y faisait
entendre.

Pendant trois jours j'ai habité ce séjour lugubre, errant par les vastes corridors ou parcourant les toits du
temple, toits immenses d'où l'aspect des différentes parties du monastère, des pagodes éparses et des bosquets
de cocotiers, a un caractère indien frappant. Quand je
montai sur ces toits, à peine y mis-je le pied qu'une
nuée de perroquets verts s'envola vers les bois de palmiers
qui entourent ce lieu. J'avançai, au soleil couchant, sur
la pierre blanche du toit; les coupoles et pagodes bizarres placées au-dessous de moi, ou à ma hauteur, brillaient d'un éclat d'or. Je rêvai alors que peut-être j'er-
rerais ainsi dans les jardins suspendus de Lahore. Une
sombre tour grise, haute et large, ne participait point à
la gaie lumière répandue sur les pagodes et les jardins,
et se cachait déjà dans les ombres de la nuit. Je m'y dirigeai, et lorsque je gravis ces antiques escaliers poudreux, les chauves-souris se mirent à tournoyer dans
cette morne enceinte, et les hiboux s'effarouchèrent de
ma présence. Quand je redescendis, d'abord sur le toit,
et puis par une échelle dans l'intérieur du couvent, tout

y était silence et ténèbres : seulement, par-ci par-là, une de ces filles consacrées au temple et vouées à la débauche des bramines passait et se perdait dans quelque couloir, et je ne pouvais distinguer dans l'obscurité si elle était jeune encore ou bien déjà vieillie sous la crapuleuse tyrannie des prêtres de ce lieu.

L'autre jour j'ai vu une noce. Le futur était perché sur un éléphant avec ses parents grands et petits, jeunes et vieux, tous cramponnés là-haut. On me fit entrer dans la maison, où le futur vint aussi, jeune homme de dix-huit à vingt ans. La fiancée, fille de dix-huit ans, assez jolie, quoique bien foncée de teint, presque noire, était dans un état de grossesse fort avancée, ce dont je m'étonnai seul, car il paraît que l'usage permet au futur d'anticiper sur ses droits. Tout le monde était si paré de fleurs que l'atmosphère était suffocante.

Depuis Ramisseram, que j'ai quitté à regret, j'ai vu l'île de Jaffna; en suivant la côte de Coromandel, la ville de Negapatam, appartenant aux Anglais; et une mosquée des Maures, dans un lieu appelé Nagour, avec des minarets immenses; mais je ne me suis point arrêté dans ces endroits, pour ne pas avoir la peine de jeter l'ancre et de la lever. Ce que je voyais du bord me suffisait. Puis je suis arrivé devant Tranquébar, ville danoise. Ayant aperçu de loin ses maisons régulièrement alignées et peintes, je me suis bien gardé de la visiter, et j'ai continué ma route. Enfin me voilà à Pondichéry, où je mets pied à terre.

Pondichéry est une jolie ville, qui a plutôt l'air d'être italienne que française. Je ne sais trop me rendre compte par quoi elle m'a rappelé Pompéi. Je me suis présenté chez le gouverneur, homme âgé et vénérable; j'ai eu l'honneur de dîner chez lui avec une vingtaine de Français; mais beaucoup d'entre eux étaient natifs de l'Afrique et de l'Inde. J'ai logé dans une bonne taverne. La population noire de Pondichéry est très-gracieuse. A demi vêtues sous leurs antiques draperies, les Indiennes se distinguent ici par le style noble et le pittoresque négligé de leur coiffure, par la souplesse de leur taille svelte, par la grâce ineffable de leurs mouvements, par le naturel séduisant de leurs attitudes. Tout est naïf et grave en elles. Sur leurs physionomies est répandue une teinte de tristesse vague, inconnue en Europe, et dont le charme est indicible. En les voyant apparaître sous les ombrages des bois de palmiers et de banians, je me demandais si ce n'était pas quelque évocation surnaturelle des siècles anciens. Indépendamment des Indiennes dans leurs draperies des temps primitifs, j'ai vu des Portugaises et des Hollandaises mises à l'européenne, mais toutes noirâtres, natives de l'Inde et ne parlant que l'indien.

AU MÊME.

Vélor, 26 juin 1841.

Vélor est une ancienne forteresse indienne à quatre-vingt et quelques milles de Madras. Dans cette forteresse sont détenus les femmes et les enfants de Tippo-Saïb et ce qui reste de la famille de son père, Haïder-Ali. Comme leur captivité date d'il y a quarante ans, les femmes nécessairement ne sont plus très-jeunes. Plusieurs autres familles indiennes y sont enfermées, et, dans le nombre, celle du dernier roi de Ceylan, fait prisonnier il y a vingt ans, et mort ici. Le fils est un joli enfant de quinze ans; il porte le costume royal, qui ressemble à celui d'un roi de cartes. Imaginez-vous que cette ancienne forteresse est entourée d'un fossé profond et large, rempli de crocodiles. J'en ai vu ce matin même d'énormes couchés au soleil sur un rocher au-dessus de l'eau, et d'autres se tapissant dans les herbes. Comment trouvez-vous l'idée de ces crocodiles pour empêcher les détenus de se sauver à la nage, ou bien leurs amis de venir leur porter des lettres et du secours? Je suis allé faire visite aux prisonniers avec mon hôte, le comman-dant de la forteresse, le colonel Napier, qui avait des nouvelles agréables à communiquer à plusieurs d'entre eux de la part de la compagnie des Indes. A une vieille dame très-religieuse, le nez paré d'un immense anneau, avec une perle qui y pendait comme une roupie, il ve-nait annoncer qu'elle avait la permission d'aller vivre dans le couvent de Djagarnate, du côté de Calcutta. Le commandant me dit que cette vieille était d'une famille très-respectable, et qu'elle avait dernièrement perdu une fille, qui s'était brûlée sur le bûcher de son mari. Les femmes ou concubines de Tippo ne sont pas attrayantes, et les nièces et cousines de Haïder-Ali, son père, encore moins; aussi elles ne se cachent plus, quoique maho-métanes, car Tippo et Haïder étaient musulmans, et conquérants des Hindous. Les eunuques mêmes de ces dames nous firent les honneurs auprès d'elles sans fa-çon. A quelques jeunes femmes, dont plusieurs étaient aussi parentes de ces deux héros, le commandant venait faire part qu'elles avaient la permission de quitter la prison pour aller se marier dans telle ou telle autre province. Toutes les vieilles accablaient le commandant de demandes d'augmentation de paye. Du reste, on ne tourmente point ces prisonniers. Le petit roi de Kandy a même la permission d'aller où il veut; mais il se garde d'en profiter, car il est bien entretenu, et il ne saurait où aller. Il craindrait de se rendre à Ceylan, car son père était un horrible tyran qui, même dans la prison, commettait envers ses gens des cruautés à faire frémir. Après ces visites matinales et quelques légers croquis, je me suis enfermé, pour éviter la chaleur, dans la belle et commode maison du commandant. Tout l'endroit, vu des galeries, est agréable et vert. Le soir, il y a eu musique, et bonne musique militaire sur le gazon; par un hasard des plus extraordinaires, le maître de chapelle est excellent. Et qu'entends-je tout à coup? *Lucia di Lammermoor.* Vous concevez, dans un endroit pareil, après avoir été si longtemps privé de musique, quelle volupté ce fut pour moi d'entendre ces notes divines.

Je suis resté ici deux jours, et ce soir je continuerai ma tournée.

Voici comme je passe mon temps. La nuit on me porte dans un palanquin. Le jour, ce serait trop chaud pour les porteurs et pour moi-même. Ces bons Indiens ont pour moi des soins tout maternels; il n'est pas un de mes souhaits qu'ils ne préviennent.

Jusque dans la plus basse classe, les Indiens sont plus fins et plus adroits que les Italiens. Envers les Européens, ils sont d'une soumission extrême, parce que ce sont leurs maîtres tout-puissants; néanmoins ils sont loin de se rendre le moins du monde méprisables, car il y a une certaine noblesse calme dans leur soumission. Aussi je vois que les Anglais, ceux du moins qui sont ici depuis longtemps, rendent justice à leur douce résignation, à leur grande probité, je dirai même à leur intelligence. On peut dire généralement que les Anglais n'abusent pas de leur pouvoir, et qu'ils sont équitables envers ces Indiens si dociles, qui, sauf une infraction aux lois de leur caste, souffriraient tout ce qu'on voudrait leur infliger, sans jamais se plaindre. Malgré cette douceur, les Anglais eux-mêmes sont frappés de la bravoure à toute épreuve des régiments de soldats indiens qu'on a formés ici sous la discipline anglaise. Ces soldats sont tous volontaires, des meilleures castes, et contents de leur métier. Mais quand on leur a infligé des punitions qui les déshonoraient aux yeux de leurs confrères, et qui peut-être les faisaient bannir de leur caste, il leur est arrivé souvent de se suicider. Rien de plus commun, du reste, que le suicide parmi les Hindous, sans en excepter les femmes, qui se tuent souvent par amour. Je ne saurais d'ailleurs garantir la stricte exactitude de ces détails, car ce sont les observations personnelles d'un nouveau débarqué qui ne parle pas encore la langue du pays, jointes aux récits des gens qui m'inspirent le plus de confiance.

A Arcot, entre Madras et Vélor, j'ai vu exercer un régiment de cipayes à cheval, et ils faisaient leur devoir, ce me semble, aussi bien que les hussards de la garde, du temps que le général L..... les commandait, peut-être avec moins de recherche, aussi bien que de votre temps enfin. Ils ont fait des attaques en masse et en ligne, dans le plus grand ordre, et sans le moindre accident.

Mais je ne sais pas si je vous ai rien écrit de Madras. C'est une très-grande ville, plus peuplée encore que Pétersbourg ; mais elle n'est pas très-curieuse. Les Anglais appellent la ville Noire de Madras *the city of huts*, et effectivement ce n'est qu'une immense étendue de baraques où il n'y a absolument rien à acheter : j'entends en fait de curiosités, d'objets de luxe indien. Aucune industrie agréable à l'œil ; quelques pagodes ou temples, il est vrai ; mais les pagodes font plus d'effet isolées dans un bois. Je vais en voir une demain. Les Anglais demeurent tous dans de belles campagnes, loin de la ville, et situées à de grandes distances les unes des autres, probablement afin d'avoir plus d'air, de liberté, de solitude. Pour faire deux ou trois visites, il faut toujours parcourir des espaces de dix ou quinze verstes, ce qui prend beaucoup de temps ; aussi je m'en garde bien, ne connaissant du reste presque personne encore. Je loge chez le gouverneur de la présidence de Madras, lord Elphinstone. C'est un homme extrêmement comme il faut et d'une rare bonté. Sans me connaître, il m'a reçu avec un empressement et une politesse extrêmes. J'ai à ma disposition le meilleur appartement de son palais, où règne une tranquillité absolue. On n'entend que le bruit de l'eau jetée constamment sur les nattes de vétiver mouillées, qui interceptent le vent chaud et le transforment en brise humide et fraîche. Les appartements sont donc un peu sombres, et il vous arrive par moments des bouffées d'air refroidi par l'eau, et embaumé par cette herbe, qui tient de l'odeur du bois de cyprès, de celui de sandal et du foin fraîchement fauché.

Tous les aides de camp et secrétaires du gouverneur reposent, pendant le jour, accablés de chaleur, ou bien s'occupent d'écritures. Une infinité de serviteurs indiens, vêtus de mousseline blanche et pieds nus, traversent souvent les vastes salles, mais on ne les entend pas. Dans tous les coins, des pions agitent des éventails de feuilles de palmier sur de longs bambous; et d'autres éventails gigantesques, pendus tout le long des plafonds, sont mus par une force invisible (des cordes passées dans les murs que des domestiques tirent sans cesse). Partout un vent frais circule. Il semble même que les vêtements des serviteurs indiens, draperies longues et légères, blanches comme la neige, contribuent, en flottant, à rafraîchir l'air de ce séjour silencieux, où règnent l'ordre et le calme.

Cette excursion que je fais de Madras me donne envie d'en faire une plus grande, et je suis dans l'indécision si je partirai ces jours-ci pour Calcutta, ou si je prolongerai mon séjour dans le sud, car peut-être le caractère de ces lieux-ci est-il tout différent de celui que je verrai plus loin, de sorte que je ne le retrouverai plus, et que j'aurai des regrets de ne pas l'avoir étudié ici. A Calcutta, j'espère trouver de vos lettres; ce seront les premières, comme vous savez, que je recevrai depuis que j'ai quitté l'Europe.

Cette course d'une huitaine ou dizaine de jours que je fais maintenant, je la fais sans mes domestiques. François et Théodore sont restés à Madras dans le palais du gouverneur; et, avec ces Indiens si attentifs, je ne regrette pas leur absence pour le moment, quoiqu'à la longue cela ne pourrait pas aller. Pour un domestique, il faut un palanquin, qui ne tient qu'un homme, la même dépense que pour le maître. On voyage ainsi par poste, si l'on veut, en changeant de porteurs; de cette manière on va la moitié aussi vite qu'en voiture, et on peut marcher jour et nuit; car un palanquin est une petite chambre à coucher que ses deux portes à coulisses permettent d'aérer à volonté. La dépense est à peu près d'un shilling par mille. Six hommes le portent à la fois, et six autres courent à côté pour les relayer. La nuit, il y en a un de plus qui porte une torche. Au bout d'une douzaine de milles, on les change tous; et ainsi de suite, quand on va par la poste, s'entend.

Mais souvent, quand on n'a pas de très-grandes distances à parcourir, on garde les mêmes porteurs, qu'on loue pour une course, et qui font tous les jours une trentaine de milles et plus, surtout si l'on voyage la nuit, pendant que la chaleur n'est pas si forte; et cela sans jamais se plaindre, toujours avec la même bonne volonté et s'encourageant les uns les autres par des paroles mystérieuses, pour moi du moins, d'un son étrange, et souvent par des chants monotones d'un genre tout à fait à part, qu'on ne saurait comparer à rien de ce que nous avons en Europe. Ces gens si laborieux, si doux, unis comme des frères, sont contents de leur métier, qui est celui de leur caste, leur condition de père en fils, de temps immémorial, et ils ne voudraient pour rien au monde et ne pourraient d'après leur religion faire autre chose sous peine d'infamie. Leur simple et légère nourriture se compose de riz et de galettes de froment; parfois de quelques fruits, de légumes et de canne à sucre. Leur caste leur permet de manger du mouton, mais je ne les ai encore jamais vus en manger, quoique le pourboire que je leur donne suffise toujours pour qu'ils s'en procurent.

Je reviens encore à ces crocodiles ou alligators. On m'a raconté qu'il y a de cela longtemps on en a attrapé un, et on lui a passé un anneau au bout du museau; puis on l'a mis en liberté, et quarante ans après il se promenait encore avec son anneau. Un autre, plus récemment, avait saisi un enfant; on tira sur l'animal et on le tua, mais trop tard, l'enfant était avalé. On pêcha l'alligator et on lui fendit le ventre, où l'on trouva l'enfant mort, et aussi des bracelets et des *bangles*, ou anneaux de jambes de femmes, ce qui prouvait assez qu'il avait mangé des femmes; mais quand, et si c'est par hasard ou par suite de la cruauté des anciens possesseurs de la forteresse de Vélor, ceci doit, comme de raison, rester dans le vague. Quant au commandant actuel de Vélor, le colonel Napier, je suis loin de le supposer capable de donner une pareille pâture à ses crocodiles. J'aurais pu voir beaucoup de ces immondes reptiles, si j'avais voulu m'exposer au soleil pendant le jour, car c'est principalement alors qu'ils nagent à la surface et sortent de l'eau. Nous étions cachés ce matin avec un officier anglais derrière les créneaux de la forteresse pour regarder par les embrasures un de ces horribles monstres, totalement exposé à notre vue, à très-peu de distance, dans toute sa laideur, comme un crapaud gigantesque. L'Anglais fit apporter un canard, en évitant de faire du bruit, puis il le jeta au crocodile. Mais celui-ci, effrayé par la chute du canard, et n'ayant probablement pas compris que c'était un déjeuner cruel qu'on lui envoyait, pirouetta et plongea dans l'eau en serpentant de toute la longueur de son corps, qui est comme chargé d'une armure et couleur de fer. Le pauvre canard avait horriblement peur, de sorte que l'officier eut pitié de lui et ordonna de faire ce qu'on pourrait pour le repêcher. C'est l'habitude ici, dans la canicule, de jeter aux crocodiles tous les chiens parias, c'est-à-dire sans maître, qu'on peut attraper.

AU MÊME.

Condjévéram, 27 juin au soir.

J'ai passé la nuit dernière en palanquin, et, ce matin, je suis arrivé à Condjévéram. C'est une tournée seulement que je fais, et après-demain matin je serai de retour à Madras. Condjévéram est une ville éparse dans un bois sacré, avec cinquante mille habitants (dont dix mille bramines, à ce qu'on dit ici), et contenant une infinité de pagodes. Je me suis arrêté dans une maison écartée, tout à fait propre et bien tenue, établie pour les étrangers. Le gouverneur de Madras, lord Elphinstone, sachant à peu près quand je serais ici, avait envoyé trois domestiques avec force provisions, qui m'attendaient. Je pris, avant de déjeuner, un bain qu'on m'avait préparé, comme je fais tous les jours deux fois; et puis les bramines, qui surent mon arrivée, envoyèrent à ma porte trois éléphants et une bande de danseuses et de musiciens : les danseuses pas très-jolies, quoique jeunes. Il y en avait une cependant qui était fort bien. Une mal-

heureuse petite jouait d'un instrument fait avec une noix
de cocotier, dont le son rappelait celui du hautbois et
ressemblait à la voix d'un enfant qui pleure; et, tout en
jouant, elle se tortillait d'une manière horrible, tandis
que sa mère, une grosse mégère noire, ne cessait de la
rudoyer. J'exprimai à la mère mon dégoût, en l'expul-
sant de la chambre, et je donnai quelques roupies à la
fille, tout en me disant qu'un mot à lord Elphinstone
suffirait pour modérer l'ardeur de cette vieille à instruire
la jeunesse.

Les éléphants — il y en a quatre attachés à ces pagodes — faisaient un bel effet sur le fond de palmiers
et le gazon; et ces hommes et femmes qui remplirent
mon appartement n'étaient pas sans caractère. Tout ce
monde, comme de raison, était venu là pour attraper
quelques sous. Je fus forcé de verser des roupies à pleines
mains. J'allai à un temple, puis à un autre, tous magnifiques, incomparables. L'architecture la plus grandiose, les détails les plus extravagants, une foule d'animaux fantastiques, le tout entremêlé de palmiers et de
banians énormes, et force galeries, colonnades, cours,
esplanades, remplies d'une foule de bramines, vieux,
jeunes et enfants, presque nus, rayés de jaune et de
blanc au front et sur la poitrine, les uns horizontale-
ment, servant Schiva, le destructeur, les autres perpen-
diculairement, servant Vischnou, le conservateur. Tous
adorent Brama, l'être suprême, créateur. Les bayadères
y étaient aussi et dansaient au son de leur musique
bruyante; les éléphants me suivaient partout comme des
ombres. Le tout ensemble était merveilleux, et chaque
détail d'un attrait, d'un intérêt profond.

On montrait aussi les joyaux du temple [1] faisant partie du costume des idoles qu'on promène de temps à autre sur des chars que j'ai vus et qui sont d'une grandeur énorme, en bois sculpté d'une manière étonnante, formés d'ornements d'un genre inconnu, et pullulant de petits dieux grotesques. Là encore il fallut verser des dizaines de roupies. Je n'ai, du reste, que cette dépense-là, car je suis logé et nourri pour rien par le gouvernement ou plutôt par lord Elphinstone. On devient pique-assiette dans ce pays; et il est difficile que ce soit autrement, car si lord Elphinstone n'avait pas eu la généreuse attention de m'envoyer des produits de sa splendide cuisine française et de sa cave, admirable et unique peut-être dans l'Inde, à quoi me serais-je trouvé réduit? A des noix de coco, peut-être; car, du reste, les préparations culinaires qu'on aurait pu trouver au bazar de Condjévéram, ou les mets fabuleux qu'on aurait peut-être tirés de la cuisine des bramines, sont d'un goût si opposé à ce que nous regardons comme mangeable, que tout autre qu'un Hindou ne peut pas songer à s'en nourrir. Cela se compose de fruits et de légumes, mais préparés avec des odeurs, des huiles et des sucreries à faire mal au cœur. Tantôt on croirait manger du musc à l'huile de lampe, tantôt de la pommade rance à l'œillet ou du savon de Naples. Voilà bien un pays où il faut

---

[1] Quelques Anglais m'avaient recommandé de les voir, comme la seule chose *worth seeing*, valant la peine d'être vue à Condjévéram, tout le reste n'étant que du *native dirt and beastliness;* une des nombreuses preuves du peu de confiance qu'il faut accorder à ce qu'on entend, car ces objets n'étaient que fort peu de chose comparés à l'intérêt infini du reste.

renoncer à faire comme les indigènes. J'ai assez scrupu-
leusement suivi cette règle erronée en Turquie, en Italie,
en Perse, en Géorgie, hélas! et même en Sicile; mais
ici, dans l'Inde, il n'y avait pas moyen.

On entretient à Condjévéram une quantité de singes.
On les voit en grand nombre dans les maisons, sur les
toits et dans les temples, et ils sont plus ou moins véné-
rés. La première chose que je vis en arrivant ici, ce fut
d'abord ces singes, puis un immense étang entouré d'un
élégant et vaste escalier de granit. Au bord de cet étang
cheminait un respectable éléphant. Les éléphants ont
aussi sur le front des marques horizontales ou perpendi-
culaires, suivant qu'ils sont consacrés à Vischnou ou à
Schiva. Celui-ci portait sur son dos un bramine tout
rasé, adorateur du diable, et qui tenait devant lui un
vase de cuivre rempli de feuilles vertes. Devant marchaient quelques musiciens, entre autres un petit, monté
sur une vache, avec des timbales, et qui frappait là-dessus comme un possédé, évidemment enchanté de sa be-
sogne; puis il y avait des clochettes et les deux cloches
obligées suspendues sur l'éléphant, et une espèce de cor
ou trompe. Je m'arrêtai et sortis de mon palanquin pour
contempler cette farce sérieuse et attendre qu'elle passât
devant moi. Il est plus que temps d'en finir. Adieu!

P. S. Je suis resté à Condjévéram jusqu'au soir. Il y
avait précisément une fête avec procession. Imaginez-
vous, au milieu de cette architecture étrange, à la clarté
d'une centaine de torches, l'idole colossale dorée (elle
était d'argent, je pense), paraissant tout à coup, ornée
de fleurs, sur un immense échafaudage traîné par une
foule d'hommes, et s'avançant, comme d'elle-même, au

milieu d'un peuple de bramines. Ajoutez à cela des musiciens enragés, montés sur des vaches. D'abord l'idole fit ainsi un long tour dans l'intérieur du monastère et dans ses cours spacieuses; puis elle sortit par l'immense portique surmonté d'une tour plus haute et plus large que la grande tour de Moscou, mais vieille de quatre mille ans, m'a-t-on dit, et en granit minutieusement sculpté. Elle passa ainsi dans les rues de Condjévéram et dans les bois, au milieu des cris, des chants, des prosternations et des feux d'artifice.

AU MÊME.

Tandjor, 25 juillet 1841.

Arrivé ici, j'ai fait demander la permission de me présenter au radja. On m'avait toutefois prévenu qu'il était de mauvaise humeur, par suite de quelques démêlés avec la compagnie des Indes, et qu'il s'était renfermé depuis quelques jours et ne voyait personne. Néanmoins j'ai fait une tentative, pensant que pour un être aussi rare que l'est ici un Russe, il ferait peut-être exception; et, en effet, j'ai reçu une réponse flatteuse en anglais (car il a une espèce de secrétaire semi-anglais à sa cour), portant qu'il serait prêt à me recevoir le surlendemain en grand apparat.

Le père de ce radja était tyrannisé par son oncle, qui, ayant usurpé le trône, l'avait jeté dans un cachot, où il lui faisait donner des boissons débilitantes[1]. Il y avait

---

[1] Le *pousle*, qui donne une fièvre lente et ôte peu à peu les

alors à Tandjor un prêtre missionnaire allemand, nommé Schwartz, qui venait consoler le pauvre petit radja dans sa prison, et le protégeait contre ce cruel oncle, qui, lui-même, n'osait guère ne pas respecter l'Allemand, généralement honoré dans le pays. Un jour le jeune prisonnier vint à s'échapper, et se rendit à Madras pour demander l'appui des Anglais, et la compagnie installa le jeune prince sur son trône.

Maintenant tout l'État de Tandjor est gouverné par les Anglais et leur appartient, le radja n'étant maître que dans sa forteresse et aux alentours à une portée de canon seulement, espace qui contient une dizaine de milliers d'habitants. La compagnie paye au prince près de trois millions de francs par an, c'est-à-dire la cinquième partie des revenus nets de la province. Le radja a en outre conservé ses domaines. Le père du radja actuel était un ami dévoué des Européens. Lorsque le missionnaire Schwartz mourut, le prince fut inconsolable, et lui fit ériger un beau mausolée en marbre, où l'Allemand est représenté mourant, et le radja lui tenant la main et pleurant. Ce monument se trouve dans une église chrétienne assez belle, que le même radja avait bâtie dans l'intérieur de son fort pour faire plaisir au prêtre allemand [1]. Je fus donc mené hier chez le fils de ce bon

forces morales et physiques ; on en donne une jatte tous les matins et aucune nourriture ni autre boisson jusqu'à ce que le patient l'ait avalé.

[1] On rencontre souvent chez les Hindous de ces exemples de tolérance, qui, à ce qu'il paraît, ne sont nullement contraires à leur religion, tout à fait singulière en cela. J'ai connu des radjas hindous d'une piété profonde qui ne se faisaient aucun scrupule de célébrer les fêtes religieuses de leurs serviteurs musulmans. Le

radja. Permettez-moi de raconter cela en détail, car c'est curieux.

Quand je passai sous la voûte d'entrée du fort, on tira le canon; j'entrai dans une immense cour où il y avait une grande quantité d'éléphants postés çà et là; j'en comptai dix-huit, et derrière un grillage en fer il y avait sept tigres et cinq léopards. L'un de ces tigres était une curiosité, car son poil était gris, et les raies se voyaient à peine comme le moiré dans le satin. Je m'informai combien le radja avait d'éléphants en tout dans son fort, et j'appris qu'il en avait quarante, dont quelques-uns appartenaient à ses femmes (il a trois cents femmes dans son château; c'est un païen d'origine marate, nation guerrière qui a conquis ce pays il y a moins d'un siècle et demi); d'autres sont destinés au service du temple, qui se trouve dans l'enceinte du fort et qui est magnifique. Ce sont des tours immenses en granit qui s'élèvent jusqu'aux nues, et un taureau monstrueusement gigantesque fait d'un seul bloc de pierre noire, qui m'a paru, sauf erreur, trois fois grand comme le roc de la statue de Pierre le Grand sur la place d'Isaac; et, autour du temple, des massifs de palmiers et de ces fleurs si essentielles pour les cérémonies religieuses.

J'avançai et j'entrai dans une autre cour où il y avait force soldats, qui me présentèrent les armes. Je passai de là dans une troisième où il y avait aussi des soldats, une foule de monde, de la musique, et dans le fond une colonnade antique indienne, où le radja était assis sur

Holcar, à Indor, avec toute sa famille et sa cour, s'habille en fakir musulman lors du Moharrem, et s'acquitte de diverses cérémonies mahométanes sans nullement agir en cela contre sa religion.

son trône d'ivoire, sous un dais de brocart, en habit de gaze d'or. Sur son sein et son turban à plumet, d'une forme étrange comme je n'en avais point encore vu, reluisaient de grosses pierres précieuses, et entre autres une émeraude démesurée qui brillait comme un troisième œil appendue au-dessus de son nez; c'était le turban marate. Le beau-fils du radja, jeune homme, qui était vêtu à peu près de même, se trouvait auprès de lui. Plusieurs serviteurs agitaient des éventails dorés et des paquets de plumes de paon derrière le trône pour chasser les cousins. L'encens brûlait sur les marches du trône, et un héraut proclamait à haute voix la grandeur, la puissance, les rares qualités de son maître, sa beauté, son courage, sa force, etc. Rien ne manquait à l'effet de cette scène bizarre, qui avait à la fois un caractère théâtral, antique et enfantin. Le radja, gros homme, d'une trentaine d'années, à l'air généreux, vint au-devant de moi, m'embrassa, me prit sous un bras, son beau-fils me prit sous l'autre, et ils me placèrent sur un siége, près du trône, où le radja se rassit. De chaque côté du trône étaient suspendus un arc et un carquois plein de flèches, ainsi qu'un sabre orné de pierreries; carquois, arc et flèches étaient tout d'or. Ce radja avait une expression bienveillante et agréable. Il parlait l'anglais. Je lui demandai comment il se portait, et le remerciai de l'honneur qu'il daignait m'accorder. Il me répondit que ce même jour il comptait venir me rendre visite. Alors il s'établit entre nous une de ces conversations d'un intérêt vif et profond, roulant principalement sur nos santés respectives, le plaisir réciproque que nous éprouvions à nous voir, et la chaleur de la température.

Ayant épuisé ces trois sources d'idées, je demandai à me
retirer, comme cela se fait. Alors le radja me couvrit de
fleurs de la tête aux pieds, m'aspergea d'eau de rose, et
m'oignit d'une huile noire d'une odeur excessivement
forte, que je ne saurais dépeindre que comme une quin-
tessence de bois de sandal. Puis je me retirai pour attendre chez moi l'honneur de sa visite. Un héraut avait
proclamé, pendant tout le temps que durait l'audience,
les titres et qualités du prince.

A cinq heures il vint me visiter en grand apparat. Il
était en palanquin, précédé de sept éléphants, dont deux
énormes, couverts de peaux de tigres et avec des maison-
nettes formées de peaux de tigres sur le dos; quatre de
moyenne grandeur, et le septième tout petit; plus, deux
chameaux. Des cavaliers et des fantassins arrivèrent
aussi en masse. Les cavaliers étaient vêtus de drap d'or;
ils étaient vieux, montés sur de mauvais chevaux, avec
des chabraques ouatées au lieu de selles, et des queues
de vaches du Thibet pendaient aux quatre coins des
chabraques.

Le radja Sivadji, c'est son nom, avait changé de costume ainsi que son beau-fils; ils étaient en drap d'argent. Je rendis les mêmes honneurs au radja qu'il m'a-
vait accordés chez lui, c'est-à-dire je l'embrassai sur les
deux épaules; et le prenant sous le bras, je le conduisis
depuis son palanquin jusqu'au sofa. A la fin de sa visite
je lui mis, ainsi qu'à toute sa suite, à chacun séparément, d'énormes guirlandes de fleurs d'une odeur suffocante; j'offris le bétel, je versai l'huile et l'eau de rose
sur leurs mains; je n'avais pas de cette huile noire; et je
leur mis à tous des bracelets de fleurs sur les poignets,

un collier au cou et un bouquet à la main. Le radja, qui aime beaucoup ces cérémonies, s'amusait à aider lui-même tout le temps mon inexpérience, et souriait de ma gaucherie d'un air d'aimable protection. Le lende-main il m'envoya son peintre privé pour avoir mon portrait, et ordonna aussi de faire le sien, qu'il m'en-verra plus tard. Il fallut poser toute la journée, ce qui ne me dérangea guère, parce que je me sentais paresseux et qu'il faisait une chaleur extrême dehors. Ce peintre est presque aussi bon que celui du prince de Waldeck, que nous avons connu aux eaux de Pyrmont. Il s'amusa à compter tous les poils de mon visage un à un, et me représenta avec un gros ventre pour me flatter. Mais lorsqu'il me proposa de lui laisser une mèche de mes cheveux, pour composer sa couleur en finissant le por-trait sans moi, je ne voulus jamais y consentir, étant très-susceptible sur ce point, à cause de la teinte indécise de mes cheveux ; et comme le peintre, de son côté, pro-testait qu'il ne saurait achever son ouvrage sans cette concession de ma part, notre affaire se dérangea.

Je logeais chez le résident anglais, dont la maison est hors de la ville et de la portée du canon du radja. A propos de canon, je ferai observer qu'il y a dans le fort de Tandjor un canon indien d'une dimension prodi-gieuse, mais qui est sans affût et gisant sur le sable. Pendant que je posais encore pour le peintre, un bon nombre d'éléphants arrivèrent pour emporter la paye que la compagnie des Indes donne mensuellement au radja. On chargea les éléphants de sacs d'argent et d'or.

Depuis que j'ai commencé cette lettre, me voilà déjà transporté, par une course nocturne en palanquin, dans les États d'un autre radja, qui jouit de plus d'indépendance, le radja de Poudoucota, qui a son petit pays et sa ville. C'est un tout jeune homme; je le verrai ce soir. En attendant, je suis logé dans une maison écartée fort jolie et commode, qu'il a bâtie exprès pour les Européens qui viennent le voir. *Fa un caldo stravagante.* J'ai remarqué dans ce pays qu'il y a toujours à peu près 90° Farenheit dans la chambre, malgré les stores de vétiver qu'on mouille constamment pour y rafraîchir l'air.

AU MÊME.

Poudoucota, 27 juillet 1841.

J'ai été présenté au petit radja, qui est fort gentil. Son costume ressemble à celui que portent sur les théâtres d'Europe les personnages turcs, et surtout les califes de Bagdad. En général je suis surpris de voir que la plupart de ces costumes surannés de théâtre et de mascarade, qu'on appelle turcs en Europe et que j'avais toujours supposés être de fantaisie, proviennent dans le fait de ce pays lointain. Le radja n'a que onze ans, mais il débite fort bien toutes sortes de phrases en anglais, de même que son pauvre frère, qui n'a que dix ans et qui est borgne. Ils tenaient chacun un petit sabre d'or à la main, et le radja avait de superbes ornements en émeraudes et en perles fines. Huit éléphants, qui étaient là rangés en ligne, avaient sur le dos des siéges d'argent et d'or ou dorés, d'une forme tout à fait originale. Il y avait aussi beaucoup de chevaux, très-bons et très-bien harnachés, avec des plumets sur leurs têtes. Le turban

du petit prince, surmonté d'une aigrette, était extrêmement gracieux.. Il ne cessait de m'adresser des phrases
fort à propos, que lui soufflait à demi-voix son gouverneur, un vieux Marate, se tenant debout derrière le
trône. J'avais avec moi trois Anglais, un médecin, un
militaire et un employé civil, qui est comme une espèce
de protecteur et d'intermédiaire entre la compagnie des
Indes et les deux radjas de Tandjor et de Poudoucota.
On suggéra l'idée de voir le portrait du défunt père du
prince. Alors il s'empressa de descendre de son petit
trône, nous prit par la main, nous conduisit en haut,
par des escaliers de bois, dans une chambre remplie de
portraits indiens de ses parents, et nous expliqua tout.
Puis vint la cérémonie du départ. Dans son empressement il renversa, à ma grande satisfaction, l'huile de
rose, dont il s'agissait de nous oindre. On présenta un
aspersoir, et, quand on l'ouvrit, un mince jet d'eau de
rose s'élança jusqu'au plafond pendant quelques secondes. Le petit bonhomme nous engagea à y tremper nos
mains. Puis ce fut un véritable amusement pour lui de
nous mettre de lourds colliers et des bracelets de fleurs,
et de nous distribuer des feuilles dorées de bétel. Les
cours du palais et les rues de la ville ou du village
étaient bordées sur notre passage d'une milice noire toute
nue, les uns le sabre à la main, mais le plus grand
nombre avait des piques et des fusils. Les chefs étaient à
cheval, habillés de couleurs tendres qui contrastaient
singulièrement avec leurs figures de l'autre monde. On
aurait dit des bêtes féroces ou des monstres marins vêtus
de rose; et je me rappelai les squelettes des dames pa-
lermitaines en robe de tulle et ornés de fleurs, que nous

6.

vîmes avec vous exposés dans les caveaux d'où j'eus si grande peine à vous tirer, tant vous vous y trouviez bien.

Ce soir, le radja vient me rendre ma visite; ce sera à peu près la répétition des mêmes cérémonies. Puis je dînerai avec les trois Anglais, et me mettrai dans mon palanquin entre neuf et dix heures du soir, pour être demain matin à Tritchinopoli. C'est une assez grande ville, où l'on travaille bien l'or. Les chaînes de Tritchinopoli sont venues jusqu'en Europe. Je connais là un officier anglais qui m'a écrit pour m'engager à venir loger chez lui. J'ai oublié dans le temps de vous envoyer la liste des morceaux de musique qu'on a joués à un dîner où je me suis trouvé à Ceylan, et que donnaient les officiers du 90e régiment anglais. La voici. N'est-il pas surprenant que *la Norma* et *la Sonnambula* soient parvenues si loin? mais dans quel état, grand Dieu! Je vais m'habiller pour dîner.

Le prince a été ici avec des centaines de serviteurs, porté dans un palanquin superbe, avec tous ses éléphants, des parasols d'apparat, des chevaux menés à la main, curieusement et joliment caparaçonnés, etc., etc. Il fait si chaud, que je suis aussi peu vêtu que possible en vous écrivant; et pourtant tout ce qu'il y a de portes et de fenêtres est largement ouvert, et l'appartement ne se compose guère que de portes et de fenêtres; ajoutez à cela qu'il fait nuit.

Entre autres choses curieuses, il y avait ce soir, avec le prince, des trompettes immenses, dans lesquelles on soufflait avec un zèle méritoire, et qui faisaient un bruit épouvantable; et près du palanquin royal on portait, je

ne sais trop pourquoi, un immense perroquet en bois
doré, sur un long bâton. Il paraît décidément que ces
Indiens inventent tout ce qu'ils peuvent pour faire de
l'effet.

AU MÊME.

En route entre Tritchinopoli et Madura, et plus loin.

1er août 1841.

A Tritchinopoli, j'achetai chez des artistes indigènes
de fort jolis dessins, et fort bon marché, tant sur mica
ou talc que sur papier. J'y assistai à une revue de troupes anglaises et anglo-indiennes, qu'on fit exprès pour
moi. Le général Showers, qui y commande, avait absolument voulu m'honorer de cette attention flatteuse;
puis je dînai avec le corps des officiers. Le colonel Stra-
ton, chez qui je logeai, me combla de bontés et me
donna d'utiles instructions pour la continuation de mon
voyage. Je suis à moitié chemin entre Tritchinopoli et
Madura, où je compte voir de très-beaux temples et un
palais indien très-remarquable. Je rétrograde et vais en
zigzag, afin de voir le plus possible. Pour le moment, je
me trouve dans une bonne et commode maison, bâtie et
entretenue par le gouvernement anglais. Deux serviteurs
indiens empressés, parlant un peu l'anglais, font et
donnent tout ce qu'il faut pour un voyageur, toujours
avec bonne volonté, ne demandant rien, et contents de
peu. Je suis obligé de passer ici la journée pour éviter la
chaleur. La nuit, j'ai fait en palanquin une trentaine de

milles; mais souvent on fait plus : c'est selon la manière
dont les stations se trouvent distribuées.

A Tritchinopoli, j'ai vu pour la première fois un des
officiers fumer le houka indien. Il me paraît fort étrange
de fumer ainsi, au lieu de bon tabac, du sucre candi
avec de l'essence de rose et une marmelade de fruit
qu'on appelle *plantain* (en français banane). Il paraît
que cette manière de fumer une marmelade dans le
houka est générale dans l'Inde. Le plantain est un très-
bon fruit, facile à digérer et très-sain, ayant la forme
d'un grand concombre. Jusqu'à présent j'aime beaucoup
mieux le manger que le fumer.

Il y a un village tout près d'ici. Ce matin une procession funèbre a passé à peu de distance, au son du tambour et de la trompette, avec accompagnement de chants.
C'était une femme qu'on portait sur un brancard orné de
feuilles de palmier. On allait probablement la brûler
quelque part. A Madras, on brûle toujours les cadavres.
Le gouverneur de Madras, lord Elphinstone, m'a une
fois montré l'endroit réservé pour cela, près de la mer.
Comme il y avait un feu dans le lointain, il me dit que
cela ne pouvait être qu'un de ces bûchers funéraires. La
combustion se fait avec de la fiente de vache pour les
pauvres, et du bois de sandal, je crois, pour les riches.
Mais, comme je ne suis pas particulièrement amateur
de ces choses, je n'ai pas cherché à voir cette opération
de près; je ne manquerai d'ailleurs pas d'occasions pour
cela. On dit que lorsque le vent vient du côté du bûcher
où l'on brûle les cadavres, on sent une odeur de *mutton-
chops*, côtelettes de mouton, comme si l'on passait devant une cuisine. Ceci n'a trait qu'à l'usage de brûler les

morts; mais ici, comme vous savez, on s'avise parfois de brûler aussi les vivants. La mère du petit radja de Poudoucota, avec qui je viens de faire connaissance, est une femme très-sensée et très-bonne, et qui aime extrêmement ses enfants. En dépit de cela, lorsque mourut son mari, le père du jeune radja, elle voulut absolument faire son devoir et se brûler avec le cadavre; mais, à force de prières instantes, on l'en dissuada, en lui faisant sentir combien elle était nécessaire à ses enfants. Il n'en fut pas ainsi lorsque mourut le dernier radja de Tandjor, père de celui que j'ai visité; sa femme se brûla avec un sang-froid étonnant. Tout ce qu'on put obtenir d'elle, ce fut qu'au lieu de se mettre sur le bûcher avec son mari, pour y être brûlée à petit feu, elle se précipitât dans une fosse pleine de matières enflammées qui la consumeraient aussitôt. Elle le fit, après avoir pris congé des siens et des ministres, et leur avoir recommandé ses enfants. On m'a dit, du reste, que ce n'est que dans les hautes classes que cette coutume se pratique; elle n'existe que sur les territoires des princes indigènes, étant absolument prohibée sur celui de la compagnie. On cherche aussi à la réprimer chez les autres. Lord Elphinstone avait écrit à la femme du radja de Poudoucota, quand son mari est mort, pour la prier de ne pas se brûler, et sa lettre et ses instances peuvent lui avoir servi d'excuse. Les femmes de basse caste ne se brûlent nulle part.

Je suis en route pour le Travancore, comme j'ai dit à une station. Les gens qui accompagnaient la morte ce matin reviennent en ce moment avec leurs tambours et leurs trompettes, ivres d'arac, je pense, et veulent entrer chez moi; mais deux ou trois d'entre eux, qui ne le sont pas, les en empêchent. Vous savez quelles gens ce sont : tout à fait nus, excepté un petit chiffon en guise de feuille de vigne; tout à fait noirs comme des nègres, mais avec de longs cheveux, ou bien la tête à demi rasée, avec une grande touffe tombant du haut. On les appelle Malabars ou Tamouls, je crois; et ils parlent la langue malabare ou tamoul, qui dérive du sanscrit, à ce qu'on m'a dit. Outre la distinction des peuples ici, il y a, comme vous le savez mieux que moi, celle des castes, et chaque caste se regarde elle-même comme un peuple distinct. Si l'on veut apprendre quelque chose là-dessus des membres de ces castes mêmes, on s'expose à recueillir bien des erreurs et des préjugés.

Madura, 2 août 1841.

Cet endroit est charmant. Une pagode superbe, toute blanche, s'élève au milieu d'un vaste étang, entouré de verdure, où des paons se promènent et voltigent; elle est hors de la ville. D'autres pagodes grandioses et âgées de trois mille ans, à ce qu'on suppose, sont dans la ville, qui compte environ trente mille habitants, et qui contient en outre un vieux palais des anciens radjas du pays. Une partie de ce palais est purement hindoue et une autre un peu mauresque. On dit que pour cette dernière on a employé un architecte italien, il y a deux cents ans. Un des anciens radjas de Madura, celui auquel on attribue le plus de merveilles, et dont on voit ici la statue au nez retroussé quoique allongé en même temps, aux grandes moustaches, à la croupe protubérante et aux reins bien cambrés, portait le nom baroque de Trimal-naïak. Dans le principal temple de la ville, vis-à-vis de la place la plus sacrée, il y avait plusieurs perroquets bleus, rouges, blancs et verts, suspendus dans des cages. On m'a dit qu'ils avaient été apportés en offrande, de différentes contrées de l'Inde, comme ornement, je suppose. J'ai oublié de vous dire que les singes ici, comme dans la plupart des villes, même à Tritchinopoli, à Condjévéram, et, autant que je me rappelle, même à Madras, dans quelques quartiers, vivent, sans appartenir à personne, sur les toits et dans les cours. Ceux d'en bas font la guerre à ceux d'en haut, quand ils se rencontrent, étant d'espèces, de races, ou, comme on dirait plutôt ici, de castes différentes, et chacune défendant son quartier. On pourrait supposer qu'ils viennent des bois. Cependant, près de Tritchinopoli, il n'y a pas de bois étendus, et ils y courent sur tous les toits comme des chats domestiques, mais en troupes nombreuses.

Je suis un peu contrarié ici ; on s'est trompé de route pour disposer mes porteurs de palanquin, et on me fait faire trente-huit milles de plus que je ne voulais. Mais on dit qu'on n'y peut plus rien changer, parce qu'on a eu l'attention de le faire d'avance, tandis qu'on aurait pu attendre pour cela mon arrivée. Puisque je perds tout un jour, grâce à cet arrangement, je veux le regagner ici ; et, au lieu de m'y arrêter deux jours, je n'y resterai que quelques heures.

6 août.

Depuis que je vous ai écrit, j'ai été dans un endroit appelé Palamcotta, dont le nom sonne bien, mais qui n'est pas intéressant ; et me voilà à présent à Courtalem, lieu assez élevé et montagneux, où il fait frais, beaucoup

de vent, un peu humide. Le ciel est toujours couvert, et
de temps à autre il y a un peu de pluie. Cette humide
fraîcheur fait sans doute du bien après tant de chaleur,
mais je ne dirai pas que je l'aime. Cependant elle offre
le grand avantage de pouvoir se promener tout le jour.
Il y a ici un très-beau temple, mais dont une partie a
brûlé il y a deux ans. D'ici, je vais demain, de grand
matin, bien avant le jour, à Quaïlon, à soixante milles,
par un sentier dans les montagnes couvertes de ces forêts
épaisses qu'on appelle ici djungles, et où abondent les
éléphants et autres bêtes curieuses, surtout les singes. Il
n'est même pas prudent, dit-on, de s'aventurer dans ce
chemin durant la nuit, car on risque de trouver son passage obstrué par une troupe d'éléphants, qui rôdent dans
l'ombre et se tiennent tranquilles le jour. Si on les rencontre, on ne sait trop que faire; ils sont capables d'é-
craser palanquin et tout; mais le jour on dit qu'ils ne
viennent pas sur la route. Il y a un autre danger encore, c'est que l'éléphant, qui est, du reste, un animal
assez doux, et qui n'attaque guère sans être provoqué,
est quelquefois sujet à la folie. Alors tous ses camarades
le chassent à coups de trompe et de défenses de leur
troupeau. Le malheureux animal, ainsi rejeté, devient
furieux, court en rugissant par la forêt, arrache les arbres; et malheur à tout ce qui se trouve alors sur son
passage! Un officier anglais, le colonel Havelock, secrétaire militaire de lord Elphinstone, m'a raconté qu'il a
été poursuivi une fois par un de ces éléphants furieux,
sorti tout à coup de la forêt. L'officier était à cheval, et
ne réussit à se sauver qu'en jetant derrière lui d'abord
son chapeau, puis sa redingote, que l'éléphant s'arrêta

pour écraser et mettre en pièces. Pareille chose est advenue à lord Elphinstone. Cependant, puisque d'autres vont par ce chemin, même des dames anglaises (qui d'ailleurs sont d'un courage étonnant), et comme en outre on me donnera des gens pour faire du bruit autour de moi, tirer des coups de pistolet, trompetter, tambouriner, etc., afin d'éloigner les bêtes, j'irai, car il faut bien que j'aille; d'ailleurs, c'est curieux. Et puis, si je n'allais pas par là, je serais forcé de faire un détour immense de plusieurs jours et sans intérêt vers le cap Comorin. De Quaïlon, j'irai à Travandrum, dans le Travancore, qui est fort beau, et dont, lorsque j'allais à Ceylan, je n'ai pu voir que les bords, couverts d'un voile impénétrable de palmiers. Cette expédition, par cette espèce de ménagerie, me sourit beaucoup, comme vous pouvez l'imaginer; et quant au danger d'être rudoyé par ces bêtes sauvages, je pense qu'il n'est guère plus imminent que celui de faire naufrage sur un vaisseau ou d'être brûlé dans un paquebot à vapeur. Des Anglais préparent ici une grande chasse contre ces éléphants. Ce serait bien s'ils partaient le même jour que moi; mais je doute qu'ils soient prêts demain. Dieu sait, du reste, si ce serait mieux; car probablement ils mettraient toutes les bêtes en émoi, et il y aurait plus de chances d'être attaqué. Tout ceci peut me donner l'air de vouloir faire l'intéressant et vous effrayer sur mon compte; mais comme je continuerai cette lettre pendant et après cette course, cela change la thèse. En attendant que je me sois mis en route, je parlerai d'autre chose.

A Madura, j'ai fait connaissance avec un Anglais qui était à la cour du radja de Poudoucota à l'époque de sa mort, où sa femme et ses six concubines voulurent à toute force se brûler. Ce brave homme se mit en quatre à cette occasion et finit par en dissuader la reine; mais les six concubines demandèrent à grands cris à être brûlées, disant que, si la reine avait perdu toute pudeur, elles ne voulaient pas se déshonorer. Alors, sans rien dire, il les enferma dans leur appartement et garda la clef dans sa poche jusqu'à ce que toutes les cérémonies funèbres fussent terminées. A présent, ces pauvres femmes vivent dans la misère et l'opprobre, et quand cet Anglais va à Poudoucota pour voir le radja et son petit frère borgne, auxquels il a conservé leur mère et qui l'appellent leur oncle, les concubines, qui l'entendent de derrière leur cloison (car l'aristocratie hindoue cache les femmes aussi comme les mahométans), l'accablent de reproches : « Puisque vous nous avez vouées à la honte » et à la misère, donnez-nous au moins les moyens » d'exister, » disent-elles. Car on leur donne peu à manger, et elles ont la tête rasée pour le reste de leurs jours. Ces Hindous sont mesquins et avares, je crois, et capables peut-être de bien mal tenir des êtres aussi méprisés que ces pauvres femmes. Je me rappelle d'avoir entendu des plaintes en suivant un corridor qui mène à la salle du trône du jeune radja de Poudoucota.

C'est le collecteur de la province de Madura qui veille à l'entretien du temple, pour lequel la compagnie des Indes paye une certaine somme par an. On s'est ainsi engagé partout, en prenant les pays, à entretenir les édifices religieux, à la grande indignation des missionnaires. J'ai ouï dire qu'un puissant parti s'est formé en Angleterre pour abolir cet entretien des temples païens par la compagnie. S'il réussit, comme on s'y attend, ce sera dommage sous le rapport artistique, car, comme il n'y a guère de puissance indienne très-influente, il est à craindre que les bramines, abandonnés à leurs propres moyens, ne laissent tomber les temples en ruine[1]. Aucun fonctionnaire anglais n'ose pénétrer dans les sanctuaires des temples, quoique chargé de leur entretien; même les indigènes, s'ils ne sont pas de la caste bramane, n'ont pas le droit d'y entrer. Cette prohibition est respectée même par les princes hindous. Le sanctorum n'est qu'un petit réduit sombre, où il y a des idoles plus laides encore et plus chamarrées de couleurs tranchantes que dans le reste du temple.

12 août.

J'ai traversé cette forêt sur une étendue de terrain de plus de cinquante milles. Les bêtes féroces ne se sont pas montrées; je n'en ai vu d'autre trace que des tas immenses d'immondices d'éléphants. J'ai trouvé au milieu de cette solitude un Anglais ou plutôt un Écossais; si je ne me trompe, qui a bâti là une maison de bois et y demeure avec sa femme, ses enfants et plusieurs domestiques indiens mâles et femelles. Il s'occupe à cultiver du café, de la cannelle, de la noix muscade, des clous de girofle, du cardamome, du poivre rouge, etc., trouvant que le terrain et l'ombre qui règne dans ce bois sont favorables à tous ces produits, qu'il envoie vendre en Europe et qui l'enrichissent. Il était sur son perron, se promenant autour d'une table dont la nappe était mise, car il avait

---

[1] Le parti religieux a fini par réussir, et le gouvernement ne veille plus à la conservation des temples hindous.

appris que je devais passer et m'attendait. Il m'offrit des seidlitz-powders, un bain tiède, un bon déjeuner et du vin de l'Ermitage, blanc et rouge, boisson pour laquelle je n'étais malheureusement pas disposé dans le moment, car il était de trop bonne heure. Il remplissait tous ces devoirs d'hospitalité d'un air tout à fait morne, et son regard, comme toute sa personne, était complétement triste, splénétique et soucieux. Il se plaignait que les éléphants dévastaient ses vergers. La veille, pendant la nuit, il avait été réveillé en sursaut par un violent fracas. Il se jeta à la fenêtre avec son fusil, et vit un éléphant qui s'amusait à vouloir démolir la maison. L'animal avait entortillé sa trompe autour d'une des colonnes du balcon sous lequel nous étions à prendre le thé en famille, avec l'hôte, sa femme, une Irlandaise et ses enfants; et il la secouait de toute sa force pour la déraciner, comme il aurait fait d'un arbre. Il était sur le point d'y réussir, lorsque le propriétaire vint le déranger. Il fallut néanmoins plusieurs coups de fusil pour lui faire lâcher prise. Mon hôte ajouta qu'il ne pouvait jamais laisser ses enfants s'éloigner un peu de la maison, de peur des bêtes; c'est pour cela qu'ils étaient pâles, ternes et peu animés, manquant d'exercice et de distraction suffisante.

Je crains que toutes ces descriptions ne soient monotones. Aujourd'hui nous sommes déjà au 13 ou même au 14. Je suis à Quaïlon, sur la côte de Malabar. L'air y est tempéré par les pluies récentes. Tout est d'une verdure délicieuse. Je suis hébergé dans des maisons européennes et entouré d'Européens.

Je suis revenu hier de ma course à Travandrum, capitale de ce pays, qui s'appelle Travancore, et résidence d'un radja qui est un souverain indépendant. Ce pays n'a jamais appartenu aux Hollandais ni aux Portugais, mais les uns et les autres y avaient plusieurs établissements ou comptoirs et y exerçaient une grande influence. Les Hollandais, fidèles à leurs habitudes, y ont creusé des canaux en tous sens, qui traversent les terres les plus verdoyantes, et les Portugais y ont laissé un beau souvenir, le tombeau du célèbre navigateur Vasco de Gama, qui est mort dans ces environs.

Partie par eau et partie en palanquin, je suis allé d'ici à une quarantaine de milles à peu près, à ce Travandrum. Le radja de Travancore, son frère et son premier ministre, sont complétement Européens dans leur conversation. Le radja m'a reçu sur son trône, vêtu d'une robe en mousseline blanche à paillettes d'or, avec un plumet à son léger turban orné de pierreries. L'ensemble de son costume et son air ressemblaient à ceux d'une marchande russe. Il parlait l'anglais et était d'une politesse excessive; et, chose qui me surprit, il était extrêmement embarrassé, tremblant de timidité. Cette maladie devait être bien violente en lui pour le faire trembler devant moi, qui ne savais guère moi-même quelle figure faire dans cette salle du trône. Il m'a paru n'avoir pas plus de vingt-cinq à vingt-sept ans. Son frère est plus hardi, passionné pour les usages européens et bien contrarié de sa caste nair, qui l'entrave presque en tout dans ses rapports avec nous. Le ministre ou dewan est fort instruit et tout à fait comme il faut. Ils portent tous le vrai costume indien et sont nu-pieds dans la chambre; mais leur esprit est européen, du moins en apparence. Seul, le frère du radja, que j'ai visité aussi, s'est inventé

un costume demi-hongrois qu'il porte parfois et dans lequel il est fort drôle. Il vient assister aux dîners européens, avec sa suite de gens nus, ne pouvant toucher à
rien et mâchant continuellement son bétel, dont il fait
excès. Lui et son frère, le prince régnant, me donnèrent
chacun de bonnes copies de leurs portraits faits par un
peintre autrichien, qui, à son passage ici, a peint toute
la famille royale en grand. Je fus comblé de politesses à
cette cour. On m'amena des éléphants surmontés de pavillons, pour en prendre des croquis. Le frère du radja
m'envoya aussi une quantité de plats de sa table; le
menu ne se composait que de végétaux, mais excellents,
et il vint lui-même m'expliquer et me faire goûter toutes
ces bonnes choses, servies sur des feuilles de bananier en
guise de vaisselle. Il me fit encore cadeau de deux dessins
indiens, l'un représentant *le dieu bleu avec sa nourrice
blanche*, l'autre *la prise de Ceylan par les singes de Rama*.
Et, ô sujet de regret intarissable! il me dit, mais lorsque
déjà mon bateau et mes porteurs de palanquin étaient
prêts pour me ramener à Quaïlon, qu'il aurait voulu me
faire assister à une représentation théâtrale et à une
danse : *l'Histoire d'Adam, qui, à la tête d'une armée de
singes, arrive de Ceylan à Travancore*. C'est du moins
ainsi que le prince m'exposa le sujet de cette pièce, et il
me montra les costumes qui servaient pour cela et qu'on
gardait dans son petit palais. Je n'ai jamais rien vu
d'aussi baroque que cette garde-robe fantastique. Enfin
peut-être verrai-je ces farces quelque part ailleurs. Il faut
du moins l'espérer. Je garderai toujours le souvenir des
bontés qu'on a bien voulu me témoigner dans le Travancore.

A Travandrum, comme aux autres cours indiennes, il y a des tigres et des léopards; je les ai vus dans les cages à côté des écuries.

Le résident auprès du radja de Travancore est un homme extrêmement aimable, modeste, bon et instruit. Il a dans chaque ville de ce pays une excellente maison, pourvue de meubles, de gens et de tout ce qui est nécessaire à la vie. Tout cela m'est offert avec une hospitalité sans bornes. Chacun s'empresse de m'obliger, et je n'ai absolument rien à faire qu'à répondre aux politesses. Le capitaine Ross fait ici à Quaïlon les honneurs de la maison du résident, qui se trouve à Courtalem, où je lui fis ma visite. M. Ross a la bonté de se charger de tout ce qui concerne les arrangements pour la continuation de mon voyage, afin que je puisse jouir dans un calme parfait de la fraîcheur et du comfort de cette maison. J'ai été présenté à madame Ross, jeune dame fort agréable et jolie. Leur maison a une vue admirable sur une lagune, en anglais *back-water*, et sur une forêt de cocotiers. Malheureusement je dois quitter sur-le-champ cette société si attrayante; quand on a son voyage en tête, il faut le poursuivre, sous peine de le manquer. C'est ce que les Anglais comprennent si bien, que, tout en m'offrant généreusement l'hospitalité, ils me prêtent aussi leur secours pour faciliter et accélérer mes mouvements.

AU MÊME.

Mysore (ou plutôt Maïssore), 5 septembre 1841.

La vignette qui est en tête de ce papier est de Madras, mais j'écris de Mysore. Depuis ma dernière lettre, j'ai passé huit jours sur les montagnes qui s'appellent Nil-guerries (en anglais Neelgharrees), ce qui veut dire les montagnes bleues, apparemment parce qu'elles apparaissent bleues aux Indiens des plaines; mais elles sont au contraire éternellement vertes. J'ai entendu dire d'ailleurs que *nil* veut dire indifféremment bleu et vert.

L'endroit où l'on y demeure, et où il y a beaucoup de petites maisons anglaises, s'appelle Outacamande (en anglais Ootucumund). Cela rappelle les eaux en général, et particulièrement les eaux acides de Kisslovodsk, dans le Caucase; mais c'est plus étendu. Tous ceux qui sont épuisés par la chaleur y viennent passer quelque temps pour se remettre, car la chaleur indienne agit comme le laurier-cerise ou comme l'acide prussique.

Dans cet Outacamande, j'ai logé chez un docteur anglais, un homme fort distingué, le docteur Bakey; et j'ai dû y rester huit jours, parce qu'il y a eu de la difficulté à trouver des porteurs de palanquin pour m'en aller, ces hautes et froides régions étant à peine habitées et peu fréquentées par les Indiens. Une race tout à fait à part, et très-peu nombreuse, vit dans ces montagnes; on les appelle *Toda,* et ils ne sont que pâtres de buffles.

Dans l'endroit le plus solitaire, le plus humide et le plus brumeux de ces gorges froides, lord Elphinstone, gouverneur de Madras, s'est construit un modeste cottage dont l'ameublement, les glaces à l'épreuve de la balle, destinées à garnir les fenêtres, les cheminées en marbre du meilleur goût, les étoffes anglaises lui coûtent déjà, dit-on, 4,000 livres sterling. Le thé croît dans son jardin. Je suis content d'être tombé ici, car la chaleur humide de la côte de Malabar m'avait exténué au point que je ne pouvais presque plus ni dormir, ni marcher, ni respirer. Ici, à la bonne heure! j'ai gagné un bon rhume européen comme on n'en a jamais dans les plaines tropicales.

Les vins de France qu'on apporte ici sont d'un bon marché étonnant; il n'y en a guère de plus chers qu'à une ou deux roupies la bouteille; il est vrai qu'ils ne sont guère bons. La plupart, dit-on, au lieu de venir de France, sont faits au cap de Bonne-Espérance; et puis, le climat détruit très-vite les vins délicats, et les insectes rongent les bouchons; ils rongent même les cigares, chose étrange! les fourmis le font. Les gens à gages, natifs de l'Inde, sont fort bon marché. Pour une quinzaine de francs qu'on paye à un domestique par mois, il se nourrit et s'habille très-bien, vous sert admirablement, est aussi heureux que possible, et entretient même sa famille et ses parents âgés.

Un grand avantage dans ces régions élevées est de pouvoir impunément s'exposer toute la journée à l'air et au soleil, si souvent mortels pour les blancs dans les plaines. Le médecin chez lequel j'ai logé a connu et traité le prince Nicolas Dolgorouky, notre beau-frère, lorsqu'il était en mission extraordinaire en Perse; il a aussi été en Russie, et compte faire encore beaucoup de voyages.

C'est un homme d'esprit, grand ami de l'exactitude. Un capitaine de la compagnie, nommé Macdonald, qui était malade, logeait aussi chez ce docteur. C'est également un homme d'esprit et aimable. Il est aux Indes depuis vingt-cinq ans, et veut encore, quoique très-souffrant, en rester cinq pour obtenir une pension d'à peu près 17,000 francs; car en quittant l'Inde à présent il n'en aurait que 12,000. Sa mauvaise santé l'oblige à vivre en congé sur ces montagnes depuis bien des mois, ce qui lui fait perdre une légère partie de son traitement. Autrefois il a parcouru l'Europe, et ne rêve que Paris.

Les employés civils sont mieux payés que les militaires. Dans un district, composé environ d'un million d'âmes, les deux chefs des départements administratif et judiciaire, le receveur des impôts et magistrat (*collector and magistrate*) et le juge, reçoivent à peu près le même traitement de la compagnie des Indes, quelque chose comme 70,000 francs.

Je vous ai cité ce docteur et ce M. Macdonald parce que ce sont des gens fort aimables et que j'espère revoir. Dans l'Inde, comme partout, vous jugez bien que la médiocrité prévaut. On est si heureux de se trouver avec des gens instruits et spirituels, et leurs paroles sont si douces pour un voyageur qui est souvent seul !

On m'a tenu à Outacamande jusqu'au soir, tandis que j'avais cru partir le matin. La raison en est qu'il y avait de nouveau une forêt sur le tapis, par laquelle, si j'étais parti le matin, j'aurais passé de nuit. Or les autorités m'avaient prévenu que les éléphants, dans cette forêt, étaient en grand nombre, que c'était précisément la saison où ils circulaient le plus, qu'il était presque certain que pendant la nuit le chemin en serait obstrué, et que les porteurs refuseraient de s'y aventurer. Toutes ces circonstances m'ont fait rester une journée de plus à Outacamande.

J'ai voulu dessiner, mais il y a beaucoup de moustiques qui volent autour de moi et m'en empêchent; je me suis donc décidé à reprendre la plume.

Le résident anglais de Mysore est absent. Je loge dans sa maison, qui est grande et belle et avec une immense espèce de jardin.

Il y a deux de ses employés ici. L'un est juge; il reste couché depuis neuf heures du matin jusqu'à six heures du soir, dans un vaste salon à côté de ma chambre, et entouré d'un tas d'Indiens qui lui font des rapports inouïs les uns contre les autres.

Mysore est une ville assez grande et assez curieuse; le climat en est bon, car elle est élevée à deux mille pieds au-dessus de la mer. Le pays est administré par les Anglais, qui l'ont conquis sur Tippo-Saïb, et qui y ont réinstallé le descendant des anciens radjas, sous la tutelle du gouvernement anglais. Le radja ayant très-mal administré ses États et s'étant criblé de dettes, a été obligé de laisser gérer les affaires de son pays par des commissaires, nommés par le gouvernement suprême de l'Inde.

Je suis d'abord allé voir la grande voiture d'apparat du radja, qui est comme un immense pavillon tout doré et peint, sur quatre roues gigantesques, traîné par six éléphants. Mais elle ne paraît en public qu'une fois par an, lors d'une grande fête. J'ai vu la voiture et les éléphants séparément.

Le radja possède une grande quantité d'éléphants. Je me suis informé du tigre noir qu'on m'avait dit se trouver dans sa ménagerie; mais il était mort, et l'on ne me fit voir que la cage où il avait été. Du reste, j'apprends ici que les tigres noirs ne sont nullement une rareté. Vous concevez que je ne m'intéresse à ces animaux que parce qu'ils font partie de la cour des radjas, étant éminemment courtisan de mon naturel auprès des radjas. On me fit voir les appartements du palais, des chambres basses surchargées d'ornements baroques et de colifichets, — un grand nombre de petites et grandes idoles à corps d'homme et à tête d'éléphant; des statues de femmes en bois, peintes et parées de pierreries plus ou moins fausses; avec cela une odeur étouffante de fleurs dans les chambres, sans parler d'autres senteurs que le respect humain ne me permet pas de qualifier. Le radja ne parut pas. Ce n'est pas l'usage peut-être. On me fit descendre et passer par la cour pour aller visiter les vaches du radja, — vaches sacrées. Dans la cour il y avait une girafe empaillée. On me montra dans une longue écurie plus de cent bêtes à cornes, tout ce qu'il y a de mieux, toutes avec des bosses [1]. Quelques-unes des vaches avaient les cornes couvertes d'argent, et des chaînes de même métal au cou. On tient aussi une partie des vaches sur le perron du palais, où on leur met une quantité de végétaux, ce qui ne contribue guère à la propreté de l'entrée royale. J'y ai vu une femme qui, profitant d'un moment propice, se lavait les mains à la source jaillissante qui sortait de dessous la queue de

---

[1] Il n'y en a pas sans bosses dans l'Inde, du moins je n'én ai jamais vu, durant les trois années que j'y ai passées.

l'animal, les frottant avec des marques visibles de satisfaction et d'amour-propre. L'urine de vache est regardée
comme ce qu'il y a de plus pur et de plus purifiant. Dans
certains cas, les bramines qui ont enfreint les lois de
leur caste au point d'encourir la peine d'en être exclus
peuvent se réhabiliter en se soumettant à ce genre de
purification, tant à l'intérieur qu'à l'extérieur, comme
on fait des eaux minérales.

On me prévint que le soir il y aurait des amusements
sur la place du palais. Je m'y transportai donc après dîner, vers dix heures, et j'y trouvai une scène baroque :
une foule d'êtres étranges, des torchés allumées, deux
éléphants chargés de tambours sur lesquels des hommes
frappaient, et une vive clarté d'un côté de la place, vis-à-
vis de l'appartement du fils du radja. Je m'acheminai
vers ce point, et je vis des acteurs masqués, dans des
costumes barbares, semblables à ceux que voulait me
faire voir le radja de Travancore, et dont il m'a donné
un dessin. Ces acteurs représentaient une histoire de
vampire. Il y avait un être noir avec des dents postiches
et des défenses crochues comme celles des sangliers, qui
était couché sur un autre et lui suçait le sang. Je m'approchai autant que je pus (il y avait une chaîne tendue),
et je vis sous l'habit déchiré de la victime une imitation d'os, de sang et d'artères déchirées. Après cela, le
cannibale se coucha et s'endormit. Un gros homme avec
sa femme vinrent, en témoignage de regrets, exécuter,
en chantant, une danse lugubre autour du mort et du
meurtrier, ayant l'air de prendre des mesures contre ce
dernier, auquel ils ne firent pourtant rien. La femme
s'endormit aussi. Alors le cannibale se réveilla et parut

saisi de remords à l'aspect du cadavre. Il se jeta sur lui avec désespoir, et lui prodigua toutes sortes de respects. Mais son goût pour le sang se ralluma, et il commença à tournoyer autour de la femme en grinçant de ses mâchoires postiches, se frottant l'estomac et se préparant à un nouveau repas. Il exprimait son appétit farouche par des trépignements de volupté et des éclats de rire sauvages. Déjà il avait posé ses griffes sur la poitrine de sa victime, et il en approchait sa gueule sanglante, lorsqu'un cri se fit entendre du balcon royal. C'était le signal de cesser la représentation, et, à l'instant même, on tira un rideau sur le balcon et on éteignit les lampes. Les acteurs s'arrêtèrent tout court, et éteignirent aussi leurs flambeaux. Les éléphants se retirèrent lentement, toute la foule se dissipa, et je retournai à la maison dans mon palanquin par les rues désertes de Mysore. Je pensais à la vie monotone et triste de la famille du radja dans ces appartements bas et étouffants, à ces récréations lugubres que je venais de voir, à tout ce paganisme barbare. Je songeai que peut-être, dans les temps païens de la Russie, le genre de vie de nos princes avait de l'analogie avec celui des radjas indiens. Les rues étaient sombres et mornes; la tristesse me gagna.

J'ai retrouvé à Mysore la végétation tropicale que j'avais perdue et regrettée dans les montagnes. Là l'épaisse verdure se compose d'une espèce de chênes verts et de rhododendrons avec des fleurs d'un ponceau magnifique. Les rhododendrons y sont des arbres grands comme des chênes. Mais vous n'êtes pas amateur de botanique.

Cananore, sur la côte de Malabar, 10 septembre.

Après Mysore, je suis allé par cette redoutable forêt de bambous; mais d'éléphants, je n'en ai pas vu.

A travers de très-beaux et très-vastes paysages, je suis arrivé à Tilitschéry sur la côte de Malabar, amas de huttes et de bazars rustiques au milieu d'une nature charmante, habités par des hommes presque nus et des femmes belles et nues aussi jusqu'à la ceinture. A présent me voilà à Cananore, qui est dans le même genre, mais avec beaucoup de militaires. D'ici j'irai à un endroit qu'on appelle Marcara, nouvellement conquis par les Anglais et peu connu; de sorte que je ne sais pas trop ce que j'y verrai, mais cela se trouve sur ma route. J'ai si mal pris mes mesures pour ma correspondance, n'ayant pas prévu ce séjour prolongé dans le Midi, que je ne reçois aucune nouvelle. De vous, je n'ai eu qu'une seule lettre datée de Paris depuis que je suis aux Indes, ou plutôt depuis que j'ai quitté Londres. Mais dernièrement j'ai fait d'autres dispositions, et s'il y a des lettres pour moi à Bombay ou à Calcutta, je suis sûr de les avoir, dans une douzaine de jours, à Bangalore, où je serai dans une huitaine, après avoir vu Marcara et Séringa-patam.

Bangalore, 20 septembre.

Tout le pays des Kourgs, que je viens de traverser, ne m'a présenté qu'une forêt tropicale montagneuse de la plus grande beauté. J'y ai voyagé la nuit avec une peine extrême, mon palanquin porté par vingt hommes, ainsi que celui de mon domestique, et la plupart du temps n'ayant pour chemin que le lit des torrents. Le matin, j'ai vu des paons sauvages dans un fourré de lianes et de broussailles. A Marcara, capitale des Kourgs, se trouve un ancien palais hindou avec deux éléphants de pierre à l'entrée. Le djungle gagne de plus en plus sur cet édifice abandonné, de même que sur le reste de la ville, où réside et commande un très-brave officier, nommé Lehardy. Le radja de ce peuple à la fois bon et guerrier a été détrôné et 'est aujourd'hui relégué à Bénarès.

AU MÊME.

A bord du *Séringapatam*, vaisseau marchand, entre Madras et Calcutta.

9 octobre 1841.

Après un voyage maritime de quatre à cinq jours, depuis que j'ai quitté Madras, sur un grand et beau vaisseau marchand, nous sommes arrivés, par une chaleur excessive, à l'une des nombreuses bouches du Gange, celle qui s'appelle *Hougli*. A l'entrée est l'île aux Tigres, inhabitée et couverte d'une épaisse forêt. Le capitaine me dit qu'un de ses camarades s'étant imprudemment mis à l'ancre trop près de cette île, des tigres sont venus la nuit à la nage et ont dévoré quelques matelots.

Les terres du Bengale se montrent des deux côtés, plates et boisées, d'un vert très-vif. Des bateaux de Bengalis nous accostent et apportent des vivres, ainsi que des journaux et des annonces de Calcutta. Tout le monde se jette dessus pour apprendre des nouvelles de la Chine, ou pour savoir ce qui se vend à Calcutta en fait d'équipages, de chevaux, les prix de l'indigo, de l'opium, etc. On braque des lorgnettes sur les vaisseaux qui entrent comme nous dans la rivière ou en sortent, et sur quelques cadavres humains qui flottent à la surface de l'eau. Vous savez qu'ici, au lieu d'enterrer les morts, on les jette dans le Gange, à moins qu'on ne les brûle.

Nous passons devant une pagode en ruines et tout à fait isolée dans la forêt. Cependant il s'y célèbre tous les ans une fête qui attire des centaines de milliers d'hommes, de sorte qu'un camp immense s'y forme en peu d'instants. J'ai ouï dire qu'à cette fête il est d'usage de faire des sacrifices humains, que des mères jettent leurs enfants dans la rivière pour les noyer. Mais depuis que le gouvernement anglais a pris racine dans ce pays, la police anglaise ne plaisante pas, et saisit ces infanticides pour les livrer aux juges, qui les traitent tout bonnement comme des meurtrières, de même que ceux qui conduisent des femmes au bûcher. Dans tous les pays de l'Inde qui n'appartiennent pas aux Anglais, cette pratique est en vigueur comme par le passé. Bien des gens prétendent que les veuves qu'on mène au bûcher ont été, au préalable, enivrées d'opium, du moins lorsque leur courage faiblit. Mais c'est par exception, je veux le croire; car il me répugne de diminuer le mérite de ces malheureuses victimes.

Voilà que nous approchons de Calcutta; nous sommes remorqués par un bateau à vapeur. Des deux côtés de la rivière se dessinent les jolies maisons de campagne des riches Anglais, d'une architecture italienne et simple. Depuis l'embouchure de la rivière jusqu'à Calcutta, il

n'y a pas plus de deux cents milles, et on ne fait ce trajet qu'en deux, trois et même quatre jours; car il faut
envoyer chercher le bateau à vapeur, et on ne marche pas
la nuit. Hier au soir il est arrivé un accident. Un petit
bateau bengali, où il y avait quatre Indiens, était attaché par une corde à notre vaisseau, et nous nous en ser-
vions pour les envois. Tout à coup, comme nous tour-
nions très-vite, le petit bateau s'est trouvé si près du
vaisseau, qu'il a chaviré. Trois des Indiens se sont
accrochés au vaisseau, mais le quatrième a été rapidement emporté par le courant. Cependant il nageait très-
bien, et le seul danger qu'il courût, c'était d'être happé
par un crocodile ou un requin; mais on a bien vite
envoyé un bateau et on l'a repêché.

Nous venons de jeter l'ancre à Calcutta. C'est le cas
de dire comme vous quand vous êtes arrivé à Londres :
« J'y suis. » Il faut vaquer au débarquement. Jusqu'à
présent cela ressemble à Pétersbourg plus qu'à autre
chose : une rivière large comme la Néva, des rangées
d'édifices européens à de grands intervalles, le terrain
plat et beaucoup de vaisseaux. *Ma che calore, che sudata!*

Me voilà enfin installé à Calcutta, à l'hôtel *Spence.*
J'ai envoyé aussitôt chez le banquier Bagshaw et Cie
chercher des lettres, car je vous avais prié d'adresser les
vôtres à Leckie et Cie à Bombay, en chargeant ces derniers de m'expédier tout ici à Calcutta, chez Bagshaw
et Cie; mais il n'y a rien. J'ai adressé depuis bien des
mois les mêmes prières à Élisabeth, j'ai donné les mêmes
instructions à mon intendant; et il n'y a rien du tout.
Au nom du ciel, qu'est-ce que cela veut dire?

AU MÊME.

Calcutta, 12 octobre 1841.

Je viens de recevoir vos lettres de Baden. Je me sens tout ranimé, j'avais besoin de quelques paroles d'amitié. Je vous remercie.

Vous me dites que vous m'avez envoyé de votre propre argent 10,000 francs, et que mon intendant m'en a envoyé du mien, vous ne savez pas combien; mais le fait est que je n'ai rien reçu ni rien entendu : pas une réponse de Russie à mes instances les plus vives, à mes recommandations les plus assidues par chaque poste, à mes explications les plus exactes, aux adresses les plus détaillées; et je n'ai plus que 3,000 francs! Calcutta est d'une cherté qui passe toute idée.

Je me porte bien, excepté que l'excessive chaleur m'abat. En marchant, quelquefois je me sens étourdi.

J'ai été au théâtre hier, théâtre anglais, comédie et drame. Les acteurs sont très-bons, et la salle est jolie, bien éclairée, garnie d'éventails immenses qui vont tout le temps au plafond.

La promenade de tous les soirs, au bord de la rivière, est très-animée, et s'étend sur un espace d'un mille au moins. Elle rappelle celle du 1er mai à Saint-Pétersbourg, sauf qu'on n'y voit guère de piétons; elle ne dure qu'une heure, au moment où le soleil se couche. On y a de la musique. Hier on jouait *la Norma, mira Norma,* et pas trop mal.

La ville est belle : ce sont des palais, entre lesquels il

y a de grands espaces entourés de grilles de fer ou de balustrades en pierre, avec des pelouses de gazon. On évite les arbres pour ne pas intercepter les souffles du vent, qui sont rares.

Le palais du gouverneur général est comme un grand fragment du palais d'hiver de Saint-Pétersbourg ; les autres sont de style italien simple, avec des terrasses et de vastes galeries fermées par des jalousies et soutenues par de légères colonnes élancées. Partout règne la propreté.

L'hôtel Spence, où je loge, est vaste et grandiose. Devant mes fenêtres, sur la pelouse et aussi sur les terrasses, se promènent de grands oiseaux qu'on appelle philosophes, et que je n'avais jamais vus ; ils sont fort étranges.

J'ai dîné chez le gouverneur général hier, un grand dîner. On ne resta pas longtemps à table. Après dîner, on s'empressa de descendre l'immense escalier. Un grand nombre de voitures à cochers et coureurs galonnés s'avançaient en désordre sous les voûtes du palais, où toute la société fut vite placée pêle-mêle, et emmenée au théâtre dans un tourbillon de poussière. Dans cette cohue, les uniformes rouges richement brodés d'or et les panaches blancs et ondoyants des aides de camp du gouverneur se distinguaient à la funèbre clarté des torches portées par les coureurs, et les parures des dames brillaient d'un éclat fantastique.

Quand on quitte les palais où habitent les fashionables d'ici et qu'on s'enfonce dans la ville (car le beau quartier est à l'extrémité, comme à Londres), on entre dans des rues plus étroites, mais propres aussi, fort animées, où sont les bazars des indigènes, population presque nue, moins noire que celle de Madras, et avec de longs cheveux.

Une grande fête hindoue s'apprête et durera deux semaines, je crois : des idoles qu'on jette dans la rivière, au milieu d'une cohue tumultueuse.

P. S. Je viens de recevoir une invitation à dîner d'une fort belle dame que j'avais rencontrée chez lord Auckland, mistress Princep. Son mari est un homme très-distingué et très-aimable, un des premiers dignitaires de la compagnie des Indes ; sa maison passe pour la plus élégante de Calcutta. L'ameublement en est d'une simplicité recherchée. Selon la mode d'ici, on ne se permet point d'ornements inutiles dans les appartements. La fraîcheur est le but principal. Un meuble qui ne serait pas d'une stricte nécessité paraîtrait intercepter l'air, qu'on fait circuler artificiellement avec un soin si laborieux. Voilà pourquoi le vide règne dans les palais de Calcutta.

AU MÊME.

Calcutta, 15 octobre 1841.

Je voudrais vous dire quelque chose de bon sur cette capitale de l'Inde ; mais la chaleur est affreuse, le pays est bas et humide ; il n'y a pas d'air pour respirer, et les fonctions s'arrêtent. Tous les Anglais, excepté les Hercules et les esprits forts, quittent leur lit à cinq heures, *nel crepuscolo*, lorsque le ciel est encore d'un rose délicieux, et les arbres lointains d'un lilas vaporeux, et vont respirer au bord de la rivière, en cabriolet, en

voiture ou à cheval au pas; car l'exercice est pern
cieux, et quelques minutes après six heures du matir
déjà le soleil est si fort et la chaleur si accablante, qu'o
en a mal au cœur; on rentre, et les poncas s'agitent dar
les chambres pour donner un air factice.

Le soir, après cinq heures, les beaux équipages repr
raissent sur le Corso, au bord du Gange, et des figur(
pâles sont étendues dans ces voitures. La vie des Angla
ici n'est qu'un combat constant contre la mort, av(
leurs habitudes, car ce n'est pas le cas des natifs d
pays, qui ne font usage ni de viande ni de vin. Ils n
mangent que des choses légères, du riz, de l'arrow-root
du sagou, des légumes, des fruits, du laitage, des ga
lettes de froment, et ne boivent que de l'eau de riz, d
l'eau de coco, du petit-lait, etc. Ils bravent le soleil ave
leur turban blanc et sans turban aussi, car le peuple es
tout à fait sans turban et le corps nu; mais ce n'est pa
seulement l'habitude, c'est la différence de nature; le
enfants anglais qui naissent dans l'Inde souffrent beau
coup du soleil, et on est presque toujours dans le cas d
les renvoyer en Angleterre, plus particulièrement pou
leur santé que pour leur éducation. — Le fait est que su
les Européens le soleil agit d'une manière effrayante.

Hier, en entrant dans un bateau pour aller voir a
bord de la rivière le plus beau jardin botanique qui exist
au monde, je sentis, malgré la pureté de l'air du soir
une mauvaise odeur, et en jetant un coup d'œil autou
de moi, je vis sur l'eau un cadavre hindou qui heurtai
de la tête le bateau. On y voit constamment flotter de
cadavres, de façon que la mort perd singulièrement d
son effroi.

Plusieurs enfants de Tippo-Saïb sont ici. J'ai demandé à les voir ce matin, m'étant trouvé par hasard devant leur maison, en me promenant hors de la ville dans une voiture de louage; mais on m'a dit que ce n'était pas l'heure, et que ce serait pour une autre fois.

Je parcours ainsi la ville et les environs de Calcutta avec quatre Indiens, un cocher, un domestique de place et deux coureurs, qui tantôt courent à côté et en avant de la voiture pour écarter les passants par leurs cris, tantôt s'accrochent derrière si on le leur permet pour se reposer; font aussi les commissionnaires, si l'on veut, et soignent les chevaux quand on s'arrête.

Les natifs sont civilisés à Calcutta. Il y en a un qui vient de m'envoyer une invitation par écrit pour des *notchs* ou danses indiennes, qu'il donnera dans cinq ou six jours et qui dureront trois soirées de suite.

J'ai vu ce matin un Hindou, également civilisé, qui s'occupe de commerce; il passe pour un des plus riches particuliers de l'Inde, en fait d'indigènes; il compte dans peu de temps aller avec un Anglais visiter l'Europe, et commencer par Naples pour s'acclimater au fur et à mesure. Cet Hindou s'appelle Dwarkanot-Tagor, et l'Anglais, M. Parker, fort bon et aimable garçon, — homme marié, du reste. — Vous entendrez parler de ces messieurs.

Qu'ai-je donc encore à vous dire? Rien, je crois. Il y a Bénarès, la merveilleuse, qui est près d'ici et qui me tend les bras; mais il faut attendre. Adieu.

Les chacals hurlent toute la nuit dans les rues de Calcutta, ce qui me semble assez extraordinaire. Je les entends de l'hôtel Spence, qui est dans le quartier le plus fashionable, à côté du palais du gouverneur et de plusieurs autres, ainsi que des plus beaux magasins de bronzes, nouveautés et parfumeries. Il y a une poésie sinistre dans ces hibous à quatre pieds qu'on nomme les chacals. Leurs cris sont lamentables et lugubres, et on se les imagine dans les déserts les plus tristes. Volney, dans ses *Ruines,* fait mention des chacals pour exprimer la solitude. Ce passage avait frappé notre frère Vladimir, et depuis ce temps les chacals me sont restés dans l'imagination entourés d'un mystère sinistre.

22 octobre.

Mon cher ami, je vous ai importuné de mes lamentations relativement à l'argent; mais je viens de recevoir, il y a deux heures, une lettre de Harman, avec une lettre de change de 9,600 roupies et quelque chose, c'est-à-dire au delà de 20,000 francs, somme qu'il a reçue de Stieglitz.

J'ai été en visite chez un M. Pétiot, qui est venu ici faire des spéculations commerciales; c'est un homme très comme il faut et fort aimable. A Chandernagor il y a un laisser-aller agréable, qui contraste avec la gravité anglaise. C'est une petite ville, sur un terrain de six ou sept lieues de tour, si je ne me trompe, animée et assez gaie. Il y a quarante mille habitants indiens, sujets français. Les fêtes dont je vous ai parlé commencent ici peu à peu; et les riches Indiens donnent des notchs ou danses de bayadères, auxquelles ils invitent les Européens. A Chandernagor, j'ai été à deux de ces danses. La salle était bien éclairée; au milieu, une balustrade entourait les quatre ou cinq danseuses avec leurs musiciens, le maître de la maison avec sa famille, ses convives de distinction et les curieux européens; et derrière la grille se tenait une masse de peuple, car tout le monde est admis, à ce qu'il paraît, ce qui me semble très-noble. Cette masse se compose de gens presque nus, couleur de bronze, avec des figures calmes et douces, et des traits qui n'ont presque jamais rien de vulgaire et sont souvent fort distingués. Au bout de la salle était l'idole de la déesse Dourga, en l'honneur de laquelle la fête avait lieu. Cette déesse est sculptée en bois peint, un peu colossale, chamarrée d'or et d'argent, et vivement éclairée. Le vêtement des bayadères, en gaze de différentes couleurs, est fort curieux. Une des danseuses avait l'air de se donner plus d'importance, et pendant le repos elle fumait un houka d'argent, dans une attitude assez fière, sur le plancher. Son pantalon de gaze rose, collant d'en haut, et s'élargissant beaucoup vers le bas jusqu'à former comme une jupe, avait des coutures garnies de minces galons par derrière, trois sur chaque jambe, aboutissant en pointe vers le haut, à droite et à gauche. Son musicien était un beau jeune homme, habillé d'une gaze extrêmement fine, tout à fait collante, avec un petit bonnet également transparent, et une chevelure immense et magnifique, à peu près comme celle de nos diacres. Quant aux femmes, elles étaient toutes petites, délicates, et avaient les dents noires quoiqu'elles fussent encore très-jeunes.

27 octobre.

Toutes les lettres sont déjà distribuées, à ce que j'entends dire; mais il n'y en a pas pour moi. Je n'attendrai

9

plus la prochaine poste, car ce serait attendre un mois
J'irai à Bénarès par le premier paquebot. Malheureusement cette course est de vingt jours au moins, parce
qu'on va contre des courants. Mais j'espère que les cabines sont commodes, et on descend à terre tous les jours
si l'on veut.

Revenu de Chandernagor à Calcutta, j'ai été à plusieurs notchs ou réunions chez quelques richés Indiens.
C'étaient de vastes cours qu'on avait arrangées en chambres à s'y méprendre, en les couvrant d'un plafond
chargé de lustres et la terre d'un tapis de toile. Presque
toutes les danseuses étaient laides. Il n'y en avait qu'une
de passable, et encore lui auriez-vous probablement refusé ce mince éloge, tant elle était petite.

A ces réunions je fis connaissance avec plusieurs radjas, seigneurs indiens. Ils s'efforcent de connaître les
usages anglais, et quelques-uns adoptent un fort vilain
costume de fantaisie, et vont à la promenade conduisant
leur cabriolet. Mais il y avait là un jeune homme pittoresque qui portait le costume de Dehli, et affectait, au
contraire des autres, d'être tout à fait oriental, quoique
ses frères donnassent aussi dans les usages européens.
Ce radja, Krichna-Bahadour, parle cependant très-bien
l'anglais. Il a vingt ans, une très-jolie figure, de longs
cheveux comme un diacre, une belle taille svelte, une
robe de gaze dans l'ancien goût persan, et un pantalon
d'une étoffe extrêmement légère, d'une ampleur excessive vers le bas et si long qu'il couvre les pieds, traîne
et empêche même un peu de marcher.

Les notchs ont duré trois nuits, après quoi on s'est
occupé des idoles, en l'honneur desquelles elles avaient

été données; colosses en bois peint, faits exprès pour la circonstance, dans chaque maison. C'étaient la déesse Dourga, femme rose avec dix bras; une autre déesse blanche à sa gauche qui répond, à ce que m'ont dit les Indiens civilisés, à Minerve; une autre déesse encore, bleu de ciel[1]; un dieu jaune à tête d'éléphant, et un homme vert-foncé à moustaches et favoris (les favoris sont d'usage antique dans l'Inde), à l'air méchant, terrassé, dévoré par un lion fabuleux à cornes, et embroché par-dessus le marché par une pique argentée que la déesse Dourga lui plonge secourablement dans sa poitrine ensanglantée, pendant que le lion lui mange l'estomac. Tout cela était entouré d'un immense demi-cercle, composé de tous les petits dieux de l'Olympe hindou. Le quatrième soir donc on a porté toutes ces idoles escortées d'une foule considérable, et avec un terrible vacarme de timbales et de trompettes de tout genre vers le Gange[2], Ganga en indien, et on les y a précipitées. Je me trouvais là en voiture pour jouir du spectacle. Dans la foule, un jeune homme basané, avec une figure en museau, passa à cheval, en redingote étroite à châle de drap d'or et en casquette de velours brodée d'or et à gland d'or. Mon domestique, mahométan, qui était sur le siége, se retourna vite vers moi, et me dit que c'était le petit-fils de Tippo-Saïb; mais que ce n'était pas le meilleur, car ils sont plusieurs frères. Quelques minutes après il

----

[1] Ces divinités sont représentées à peu près nues, et c'est leur chair qui est bleu de ciel, rose, jaune, verte ou lilas.

[2] Les Anglais appellent le bras du Gange qui passe à Calcutta Hougli, mais les Indiens le nomment Ganga, parce que c'est la même eau (sacrée pour eux).

me montra une calèche où il y avait trois personnes en costume oriental blanc, dont il me dit que l'un était le *bon* petit-fils de Tippo, probablement celui qui paye le mieux. « Il parle anglais, » me dit-il ; et en même temps il descendit du siége pour l'accoster, avec cette familiarité qui existe en Orient entre toutes les classes, malgré l'esclavage, et revint en me disant que Tépou (comme il le prononçait) désirait de me voir, et me priait de faire avancer ma voiture vers la sienne. Je fis donc connaissance avec lui. Il portait le costume asiatique et les cheveux longs, ce qui lui donnait un air moyen âge. Le père de ces princes n'a pu supporter la réclusion, et à peine amené ici à Calcutta, après la mort de Tippo-Saïb, il s'est brûlé la cervelle. Ils étaient d'abord à Vélor, d'où on les transporta à Calcutta, après le massacre de la garnison anglaise de Vélor. A présent ils vont où ils veulent, je pense, car je crois me rappeler d'avoir vu un des frères à Londres. Depuis lors ce prince, avec qui j'avais fait connaissance, est venu me voir pour m'engager à prendre avec moi un compagnon de voyage, un mahométan, quelque seigneur déchu. J'ai décliné, comme de raison, poliment.

AU MÊME.

Calcutta, 7 novembre 1841.

La poste pour l'Europe ne part qu'une fois par mois, et j'ai envie de vous écrire tous les jours. Ce matin, j'ai eu des nouvelles des 10,000 francs que vous avez eu la bonté de m'envoyer. J'espère les recevoir d'ici à cinq ou six jours, car après je m'embarque pour Bénarès; il y a place pour moi dans le bateau à vapeur, mais je ne m'en vais pas sans laisser des ordres précis au sujet des lettres qui m'arriveraient.

Avant-hier j'ai été passer quelques heures chez celui qui a bien voulu se charger d'être mon agent, l'Indien européanisé, Dwarkanot-Tagor, dans sa maison de campagne hors la ville. Avant dîner on s'est promené dans le jardin, à dos d'éléphant, pour gagner de l'appétit. Après dîner l'orgue nous a joué du Meyerbeer et du Donizetti; mais les chacals faisaient un tel vacarme autour de la maison qu'on ne pouvait presque rien entendre. Leur hurlement est comme des cris d'enfants en détresse. Le maître de la maison paraissait embarrassé de ce contre-temps, n'ayant aucune idée de l'étrange poésie de la chose pour moi, Européen.

9 novembre.

Une année encore à peu près nous sépare. Le doute n'entre pas dans ma tête. Ce sera un bonheur de vous revoir. Je serai dans quatre jours en route pour Bénarès, si le bateau part comme il l'a annoncé. Mon bagage a pris les devants par un autre paquebot, car il y a peu de place dans celui des passagers, qui, du reste, est commode; ce n'est pas précisément un bateau à vapeur, mais une grande barque avec de bonnes cabines claires et aérées, remorquée par un paquebot. La traversée est de dix-huit ou dix-neuf jours, je crois [1].

Je me promène souvent aux bords du Gange à Cal-

---

[1] Elle en a duré vingt-trois.

cutta. C'est une scène animée qui s'étend sur une distance
de plusieurs milles. On y voit une foule d'Indiens qui se
baignent. L'un de ces jours, il y avait là un pauvre
jeune homme exténué de maladie, maigre comme un
squelette, couché sur le sable près de l'eau, et son ami
veillait tristement à côté de lui. Tout près de là était un
bramine d'un certain âge, à la mine sévère, qui venait
de se peindre le visage, les épaules et la poitrine avec
soin, et se mirait dans une petite glace, assis sur une estrade en bois. Sur une autre estrade plus grande et couverte de feuillage et de nattes sur des bâtons en guise de
parasols, il y avait toute une société de bramines, dont
l'un, excessivement gros, qui se faisait laver. Puis il y
avait des fakirs barbouillés de craie, cheveux et barbe
en désordre, quoique tressés. Parfois aussi les cheveux
étaient entortillés sur la tête en forme de turban monstrueux et couverts d'une poudre rousse ou blanche. Un
malheureux vieillard moribond s'était fait apporter en
palanquin pour essayer de se ranimer par la fraîcheur
de l'air ; l'œil hagard et l'excessive maigreur indiquaient
l'approche de la mort. Un jeune homme, plein de force
et de grâce, sortant de l'eau, étalait sa riche chevelure
et laissait sécher son corps de bronze aux derniers
rayons du soleil couchant. On portait un mort à la maison mortuaire. Le toit en était occupé par une troupe
innombrable de cormorans ; et des vautours et autres
oiseaux tournoyaient dans l'air ou se promenaient à
l'entour de ce triste réceptacle. Une troupe de femmes
bramines, sveltes et souples, descendaient vers la rivière pour faire leur ablution du soir, couvertes de leurs
fines draperies de mousseline rose, verte ou lilas. Plus

avant, on brûlait des cadavres sur un bûcher, et l'odeur de ces corps se répandait au loin sur ce rivage animé de tant de scènes diverses.

Hier j'ai revu le jeune homme malade, assis et paraissant ranimé; j'en fus surpris, car l'autre jour il était couché sans mouvement et semblait presque mort. Je lui donnai une roupie, ce qui parut lui faire plaisir. Son ami, peut-être était-ce son frère, n'était plus avec lui; il avait rempli sa tâche honorable, satisfait le besoin de son âme, et était retourné à son train de vie habituel. Un bramine, venant de se baigner avec son singe, s'en allait fièrement, l'animal sur l'épaule; tous deux avaient le front peint en rouge. Par intervalles, passe une voiture du temps du roi Dagobert, remplie de radjas ou seigneurs indiens, jeunes et vieux, grands et petits, de ces seigneurs obscurs qui demeurent dans les quartiers infects de cette étrange capitale. Ceux-là sont nus, avec d'immenses chevelures en désordre, ou bien parés de turbans de théâtre à plumets et de robes fanées de gaze ou de brocart. Les domestiques nus ou drapés de torchons sont cramponnés sur l'antique voiture et aux ressorts, et d'autres courent à côté.

Il y a ici un Français, M. de Riche, qui vient de faire un voyage à Bénarès en barque, et qui, au retour, a fait naufrage dans le Gange, je ne sais trop comment, par l'inadvertance des bateliers ou par le manque de cordes pour traîner la barque dans un mauvais passage. Il a perdu ses dessins, son journal et tout ce qu'il avait avec lui. Mon cher, ce papier transparent[1] doit vous ennuyer beaucoup, je crains.

[1] Appelé *over-land paper*, parce qu'on s'en sert par économie

13 novembre.

A côté de la morgue, il y a une autre maison, avec une cour qui donne sur la rivière. Là on brûle les morts. J'y suis entré ce matin. Il y avait une forte odeur de cuisine, et je vis deux bûchers en flammes; mais je ne pus rien distinguer d'humain parmi les tisons, quoique mon domestique noir, en se tenant le nez, m'indiquât des ossements par-ci par-là; quant à moi, je le répète, je ne pus rien distinguer, et, trouvant inutile de m'approcher encore davantage, je cédai aux instances de mon domestique, qui est mahométan, et quittai cet endroit impur. Il y avait là un groupe de croque-morts hindous, assis, qui me disaient, en plaisantant, quelque chose que je n'ai pas compris, comme de raison, ne connaissant aucune de leurs mille et une langues ou dialectes. Depuis que je suis dans l'Inde, j'ai déjà rencontré une dizaine de langues différentes : à Ceylan, le cingali; à Madras, le tamoul et le télégou; dans les provinces méridionales centrales, le canari; sur la côte de Malabar, le malialem, et ici, à Calcutta, le bengali et l'hindoustani.

Mon bateau à vapeur a remis son départ jusqu'au 18 de ce mois, ce qui me contrarie assez; mais ce qu'il y a de bon, c'est que l'air s'est rafraîchi. Le matin, à six ou sept heures, il y a 16 degrés Réaumur à l'ombre, et le jour 21 et 22. Les Indiens grelottent le matin, enveloppés de leurs voiles transparents, ceux qui en ont, et se chauffent les mains sur des bûchers. Pourtant ils continuent à se baigner dans la rivière et les étangs matin et

pour les lettres qui vont par l'*over-land mail*, c'est-à-dire par Suez, et dont le port est fort cher.

soir, hommes et femmes. Cette pratique religieuse est très-sévèrement observée. Je viens de faire cesser le mouvement perpétuel de l'éventail suspendu au plafond.

L'autre jour, je dînais seul dans ma chambre, et mes gens européens, François et Théodore, dans la chambre à côté, comme de coutume, car c'est l'usage dans cet hôtel, comme en général dans l'Asie, que les domestiques reçoivent les plats après leurs maîtres. Comme il se trouva précisément qu'il n'y avait là personne en fait de noirs, excepté celui qui balançait l'éventail au-dessus de la table, un tout jeune homme, de la caste dgentou, je lui dis de porter un plat aux gens; mais, à mon grand étonnement, quoique toujours très-humble, il me refusa de le faire, et cela avec un sourire fort étrange, presque goguenard. Dans mon embarras, je lui fis signe de sortir de la chambre; mais après j'ai pensé que ce pauvre garçon étant de la secte dgentou, la viande que nous mangeons devait être pour lui ce que seraient pour nous des lambeaux de chair humaine, et que c'était déjà de sa part une grande concession, criminelle peut-être, que d'assister à nos affreux repas.

Adieu! Il faut que je finisse; vous devez être fatigué de lire, surtout sur ce papier fin.

P. S. Voici, à titre d'épisode, l'histoire d'un bramine en présence d'un roast-beef. Un bramine, fort spirituel et fort européen, venait souvent voir un Anglais qui l'avait pris en amitié, et qui se plaisait à contester les principes de la caste bramine. L'Indien se prêtait de très-bonne grâce à ces discussions religieuses, et montrait une grande tolérance dans ses discours. Un jour qu'il vint, sans s'en douter, à l'heure du repas de l'Anglais, celui-ci résolut de joindre la pratique à la théorie, et de tenter la conversion par la séduction. Prenant le bramine par le bras, « Mon cher, lui dit-il, il est temps que vous » mettiez tout votre *nonsense* de côté. Vous êtes trop sage » pour y persister encore ; d'ailleurs, avec moi, ne crai- » gnez pas de vous compromettre en ôtant le masque. » Pendant ce temps ils marchaient vers la salle à manger. « Venez tout bonnement manger une tranche de bœuf » avec moi. » Lorsque ces dernières paroles résonnèrent aux oreilles du bramine, il se trouvait déjà en présence d'un roast-beef fumant. Cette vue et ces paroles lui cau- sèrent un tremblement convulsif ; son regard devint fixe ; il ne put proférer un mot, et tomba sans connaissance.

A dater de ce jour, on ne le revit plus dans la société européenne.

AU MÊME.

Entre Calcutta et Bénarès, sur le Gange.

3 décembre 1841.

Me voilà depuis quinze jours à bord de cette barque remorquée par un bateau à vapeur, et Bénarès est en- core loin. On espère y être dans neuf jours.

En quittant Calcutta, nous avons d'abord été pendant plusieurs jours dans des rivières étroites, formant le delta du Gange, entre des îles marécageuses, couvertes d'im- pénétrables forêts ou broussailles, inhabitées par les hommes. Tous les soirs on jetait l'ancre dans ces soli- tudes, pour la nuit, de peur des bancs de sable, comme partout sur le Gange. Les jeunes officiers qui sont à bord, se rendant à leurs régiments, essayèrent de faire en bateau une promenade nocturne près du rivage, et l'un d'eux tira un coup de fusil auquel répondirent des milliers de chacals. Mais leurs cris lamentables furent dominés par un hurlement prolongé, semblable au roulement d'un tonnerre souterrain. C'était la voix du tigre; et les jeunes gens revinrent à la hâte vers notre barque avec des visages pâles.

A la première lueur rougeâtre du matin, on se remit en marche; et lorsque le soleil dissipa les vapeurs humides, mais chaudes, de ce désert pestilentiel, nous vîmes çà et là des crocodiles couchés immobiles, comme s'ils étaient de bronze, sur le sable de la plage étroite qui sépare la forêt de la rivière, ou comme en embuscade dans un ravin, la gueule ouverte vers l'eau, et le corps sous l'ombrage épais de la végétation tropicale. Ces affreux animaux avaient de quinze à vingt pieds de long. Un officier tira un coup de fusil, chargé à petit plomb, sur l'un d'eux, qui, en ayant été atteint, pirouetta dans l'air et rentra subitement sous l'eau. Ainsi se passèrent cinq ou six jours, au bout desquels nous vîmes pour la première fois une barque de bûcherons bengalis, puis des villages dont les chaumières étaient construites de bambous et de nattes de palmiers, légères et gracieuses, dans des bosquets de cocotiers et d'aréquiers [1], où des habitants noirs, bien faits et forts comme on n'en voit pas à Calcutta, triste capitale de l'Inde, vaquaient à leurs affaires. Les femmes étaient à demi couvertes d'une

____

[1] Espèce de palmier qui produit la noix qu'on mâche avec les feuilles du bétel, plante grimpante.

simple et belle draperie. Les hommes avaient un regard sombre et sauvage sous l'ombre de leur épaisse chevelure. Des enfants pleins de grâce jouaient sur le sable. Quelquefois j'accompagnais dans la forêt les officiers qui y allaient tuer des perroquets dans le feuillage épais des mangotiers, quoique ce passe-temps ne me parût pas fort louable. Au bout d'une huitaine de jours, nous entrâmes dans le grand Gange, fleuve de dix à douze verstes de large, avec des bords sablonneux. Jusque-là, les rivières avaient été si étroites, que les branches des arbres entraient dans les fenêtres de ma cabine, faisant un bruit infernal; un arbre avancé cassa même notre mât.

A mesure que nous allons vers le nord, la température se rafraîchit. Depuis six ou sept jours le temps est plutôt froid que chaud, et cela nous fait du bien. Le dîner qu'on nous donne est bon, de même que les liqueurs. La société se compose en partie de jeunes officiers qui tirent sur les oiseaux pour les voir tomber dans l'eau et se noyer. Nous avons en outre un homme d'une cinquantaine d'années, collecteur d'impôts au service de la compagnie des Indes, qui aime à dire la messe. Au commencement de la traversée, il a envoyé dans toutes les cabines une circulaire écrite pour annoncer que chaque matin, après le déjeuner, il dirait des prières dans la salle de réunion, et qu'il invitait à y assister. En effet, ces prières ont lieu tous les matins. Il n'y a qu'un quart à peu près de la société qui y assiste; tout le reste s'est prononcé contre et n'y va que le dimanche; alors c'est une messe en forme. Nous avons aussi une jeune femme, un missionnaire, dit-on, qui chante presque constamment dans sa cabine, en s'accompagnant d'un accordéon, un air d'église ou cantique, composé de trois ou quatre accords, toujours les mêmes depuis quinze jours. Pourtant je fus peiné de voir qu'on voulût lui imposer silence, et je ne pus m'empêcher de prendre son parti. Il serait superflu d'énumérer ici tous les autres passagers. Je me bornerai à citer parmi eux le capitaine Pope, qui me secourut très-efficacement dans une affaire désagréable, et cela avec une grâce parfaite et une bonté réelle, sans que j'eusse la moindre idée de recourir à lui. C'est lui qui vint m'offrir son assistance de la manière la plus cordiale.

AU MÊME.

Bénarès, 17 décembre 1841.

Je suis à Bénarès depuis deux jours. Ce n'est pas ce que j'ai cru ; mais il faut s'attendre tous les jours à ces déceptions-là. Du reste, quand je dis que mon attente a été trompée, c'est que cette ville n'est pas aussi grande ni aussi antique et sombre que je me l'étais peinte dans mon imagination. Cependant c'est un amas compacte de maisons à trois étages, de petits temples coniques, de bramines, de fakirs, de taureaux sacrés, etc. Les éléphants s'y baignent dans des étangs ; les perroquets volent partout dans la ville, comme dans la campagne. Ce matin, pour amuser François et Théodore, j'ai loué pour eux un éléphant sur lequel ils ont été se promener. Le mal est que je suis éloigné des scènes baroques de Bénarès, logeant à quatre milles hors de la ville, chez un juge anglais qui veut bien m'accorder l'hospitalité. Dans cette ville sainte, il n'y a guère d'endroits pour se loger, à moins de louer une maison, ce qui ne vaut pas la peine et ne serait peut-être pas convenable vis-à-vis de mon hôte.

J'ai vu ce matin un singulier temple bouddhiste antique, temple ou je ne sais quoi, masse énorme en pierres de taille et en briques, sans portes ni fenêtres. Je ne sais trop à quoi cela pouvait être utile.

Aucune lettre de vous et aucune de Russie, comme toujours. Après-demain soir je partirai pour Lucknow à la légère avec François, et Théodore ira, avec un domestique armé ou pion indien, directement à Agra, où j'arriverai en même temps que lui. Et puis Dehli et puis Loudiana, frontière anglaise, où j'apprendrai pour sûr si je vais plus loin ou non; vraisemblablement non, car au delà il y a peu de sûreté, et des régiments entiers d'Anglais y sont égorgés parfois comme des moutons. Soyez sans inquiétude, je tâcherai, quant à moi, d'éviter de pareils revenants-bons, que les Anglais appellent ici *good fun*. Je me retirerai à Simla, dans l'Himalaya, et là, ou aux environs, je resterai l'été jusqu'en septembre. Alors j'irai par l'Indus en bateau à vapeur [1] à Curatchi (bouche de l'Indus), puis à Bombay, et probablement ensuite à Bouchir, Chiraz, Ispahan; et là je verrai. Mais là,

---

[1] Je comptais sans mon hôte : à la place d'un bateau à vapeur, une barque de pêcheur a été mon lot. C'est encore bien beau de l'appeler barque de pêcheur, car qu'y a-t-il à pêcher dans l'Indus, sinon des crocodiles? J'aurais été bien heureux de pêcher; mais, au lieu de poissons, je n'avais que des rats, qui pullulaient par milliers dans ma barque. C'est ainsi que je passai un mois et plus dans une horreur perpétuelle.

probablement aussi, je ne songerai qu'à courir le plus vite possible en Europe près de vous, mon ami. Tout cela se fera, je pense, dans une année et demie au plus.

A LA PRINCESSE ÉLISABETH SOLTYKOFF.

Bénarès, 18 décembre 1841.

J'ai parcouru Bénarès en tout sens, et certes c'est un endroit curieux et pittoresque; mais il n'a rien de poétique ni de grandiose. Ce matin, m'étant arrêté devant un étang carré, bordé d'escaliers en granit, et dans les eaux duquel se mirait un petit temple de pierre minutieusement sculpté, peint en rouge foncé (rouge antique), et entouré de superbes banians, un petit garçon malade et un bramine boiteux commencèrent à hurler comme des chacals; et, tout à coup, je vis des milliers de singes de différentes tailles accourir de tous les côtés, de dessous les voûtes du temple, du clocher, du haut des arbres, par les galeries qui environnent l'étang. Quelques-uns portaient leurs petits dans leurs bras ou sur leur dos. Tout ce peuple de singes bloqua complétement la rue où j'étais, et si subitement, que ce fut comme par magie. Le bramine leur jeta une espèce de graine que je payai, et il s'éleva un combat si violent entre ces horribles bêtes, que je cours encore.

C'était le temple du dieu *Hanoumane*, qui, dans l'antiquité, était un singe très-belliqueux, sous les ordres du roi d'Aoude, nommé Rama, roi divin. Il conquit, pour ce roi, l'île de Ceylan [1], cette émeraude des ondes paci-

---

[1] C'est l'histoire dont j'ai parlé après avoir vu, chez le radja

fiques de l'océan Indien; cette terre merveilleuse où les belles Cingalies rôdent à l'ombre des rhododendrons et dans des bosquets d'oléandres; cette forêt enchantée où, dans les profondeurs des réduits ombreux que forment les mélancoliques palmiers, les éléphants foulent les broussailles d'ananas, de café ou de cannelle au parfum enivrant. Ce fut donc cette île que le fameux singe Hanoumane conquit pour son roi Rama.

La prose de cette histoire un peu poétique est que Rama, roi puissant d'Aoude, soumit à son sceptre une grande partie du midi de l'Inde, jusqu'alors sauvage et inculte, habitée par les races dont on trouve encore les derniers rejetons au fond des forêts d'Orissa, de Gundwana, etc., et que les sujets policés de Rama comparaient à des singes, parce qu'elles vivaient au milieu des bois, dans l'état de nature. Rama se servit de ces êtres sauvages pour faire la conquête de Ceylan, et le singe Hanoumane était le roi ou chef de ces auxiliaires.

Je passe outre, évitant un éléphant qui me barre le chemin; et, m'enfonçant dans les ruelles étroites, je vois des choses qui me font l'effet d'un songe : de petits temples sculptés comme des jeux d'échecs, où se meuvent des bramines et des fakirs peints de diverses couleurs; de petits taureaux blancs bossus, ornés de fleurs et à cornes dorées; des femmes demi-nues et chargées d'anneaux, aspergeant d'eau une foule de petites idoles ou des pierres cylindriques et arrondies vers le bout; des cavaliers étranges, avec leur arc passé sur

de Travancore, les costumes et les préparatifs d'une représentation qu'il voulait donner de la prise de Ceylan par le singe de Rama à la tête d'une armée de singes.

l'épaule, comme on nous représente les dieux de la mythologie, et des flèches attachées sur le dos sans carquois, montant des chevaux teints de henné et d'indigo. Ces êtres fantastiques arrivaient du Pandjabe, et passaient silencieusement par ces sombres couloirs entre les hautes maisons. Tout cela, mêlé et resserré, formait une masse compacte, au milieu de laquelle s'élevaient, par-ci par-là, des éléphants bizarrement caparaçonnés, qui perçaient difficilement, et avec fracas, cette foule d'êtres animés, de temples, de maisons à balcons et de boutiques de comestibles, dont parfois ils emportaient dans leur marche les auvents en feuilles de cocotiers, soutenus par de frêles colonnes de bambous. Souvent un dromadaire, couvert d'une éclatante chabraque jaune et rouge ou jaune et verte, s'y glissait rapidement et disparaissait dans un sentier tortueux conduisant vers quelque endroit écarté de la ville, demeure de quelque radja obscur...

Tout en vous écrivant, j'ai eu le désir d'aller me promener en ville sur un éléphant. J'ai été ainsi pendant trois heures, le cornac (en indien *mahoute*) devant moi, et un domestique derrière avec un parasol, parcourant les ruelles, les bazars et les bois environnants. C'est commode et agréable. En ville, on est au niveau des premiers étages ; on plonge du regard dans les chambres. Tout le monde vous salue. Vous avez d'abord l'appréhension d'écraser des milliers de femmes et d'enfants ; mais heureusement il n'en est rien. Ni les enfants ni les femmes ne se dérangent, et le colosse à manières délicates évite soigneusement de les blesser.

En vérité, cette Inde réunit tout ce qu'il y a de pittoresque et d'étrange au monde. Maint et maint cavalier à la chevelure flottante et au turban de gaze d'or ou d'argent, drapé dans son châle de cachemire comme un Italien dans son manteau, lorsqu'il s'avançait sur son coursier fringant, précédé de gens portant le houka ou armés de sabres et de piques; maint et maint cavalier, dis-je, a dû éviter mon passage, car les chevaux craignent les éléphants. Mais moi, à mon tour, je devais soigneusement éviter les dromadaires, et prier bien poliment ceux qui les montaient de m'épargner; ce qu'ils faisaient avec une générosité vraiment pleine de grâce. Vous ne comprenez pas? L'éléphant a peur de ces animaux bossus, et le mien serait capable de faire des cabrioles aussi burlesques que fatales, si les cavaliers des dromadaires n'avaient pas l'obligeance de se mettre tout à fait à l'écart à mon approche.

Les bizarres cabriolets indiens, uniques dans leur genre, s'écartaient aussi. Je rencontrai en outre des équipages mystérieux, couverts d'étoffe flottante, rouge ou à fleurs, et en pointe vers le haut, traînés par de superbes bœufs blancs à cornes dorées ou bien peintes en rouge ou en vert, et souvent le poil tacheté de henné, et le bas des pieds ainsi que les sabots teints de la même couleur. Ces chars contenaient des femmes et étaient entourés d'hommes armés. Des léopards apprivoisés, quelquefois accoutrés d'une espèce de housse ouatée, étaient menés ou tenus en laisse près des habitations de quelques radjas. Sur les murs extérieurs de leurs palais mauresques, semblables parfois à ceux de Venise, des peintures étranges et très-fines représentaient des oiseaux fantastiques, des processions, des danses de bayadères, des rois sur leurs trônes. Des dieux de la mythologie indienne étaient peints aussi des plus vives couleurs sur quelques maisons basses, habitées peut-être par de fanatiques bramines.

19 décembre.

Je suis logé, comme je vous disais plus haut, chez M. Lindsay, juge de Bénarès. Il a eu la complaisance de donner tous les ordres nécessaires pour la continuation de mon voyage. Sa maison est vaste et élégante, avec un grand jardin, très-loin de la ville, quatre milles à peu près. Comme tous les Anglais, il est grand amateur de chevaux et d'équipages. J'ai vu quelque chose de fort remarquable chez lui; c'est une fabrique de glace. Des centaines de pauvres, femmes, enfants et vieillards indiens, sont payés par lui pour placer des milliers de tasses très-plates avec de l'eau, par terre, sur un vaste espace en plein air, et la nuit lorsqu'il y a du vent. En hiver, il s'y forme de minces croûtes de glace, qu'on rassemble soigneusement le matin, avant le lever du soleil, pour en emplir avec de la paille des fosses profondes creusées dans la terre, et former ainsi sa provision pour l'interminable été. Cette fabrique de glace de M. Lindsay a le double avantage de donner de la santé aux riches de Bénarès en rafraîchissant leurs boissons, et de faire vivre une multitude de malheureux privés de tout autre moyen de subsistance. Le juge de Bénarès reçoit de la compagnie des appointements de 2,500 livres sterling.

Je pars aujourd'hui même pour Lucknow[1]. Théodore, mon domestique russe, va directement à Agra, avec le

---

[1] Prononcez *Lacknaou*, capitale du royaume d'Aoude (en anglais *Oude*).

bagage, dans un char traîné par des bœufs à bosses, comme le sont du reste tous les bœufs dans l'Inde; moi et François, mon valet de chambre allemand, nous irons en palanquins, en décrivant des zigzags, d'abord à Lucknow, où je compte arriver dans cinq ou six jours, même moins, si les nouvelles qu'on reçoit de là ne deviennent pas trop mauvaises. Le bruit court que quatre cents soldats anglais et quelques officiers y ont été tués dans une émeute. Le roi de Lucknow, quoique indépendant, est tenu cependant de laisser trois régiments anglais cantonner dans sa capitale. Si cette nouvelle se confirme [1], il est probable ou qu'on ne me laissera pas aller, ou qu'on me donnera une escorte. Tout cela est bien contrariant. Pour comble de malheur, il m'est venu une idée qui ne me laisse pas de repos. J'ai quelques dessins de l'Inde; or, pendant que j'étais à bord du bateau à vapeur sur le Gange, j'avais imaginé de les faire lithographier à Calcutta, où il y a un dessinateur habile qui copie sur la pierre, et qui, connaissant les sujets, peut le faire savamment et même suppléer aux lacunes; mais l'embarras est d'envoyer, et puis la crainte de perdre, l'inquiétude jusqu'à ce que les dessins me soient revenus, avec les exemplaires lithographiés, à Dehli ou ailleurs; enfin la chance d'être mal compris par le dessinateur ou le lithographe sur des indications écrites! D'un autre côté, l'idée d'emporter les dessins tels qu'ils sont en Europe, si j'ai le bonheur d'y retourner, et d'en faire de belles, mais, selon toute probabilité, de fades imitations, faussées bien sûrement; cette idée me tracasse. Je prendrai une décision à Agra, où je serai dans peu.

[1] J'appris bientôt qu'elle était fausse.

Questa mattina sono un' altra volta andato nella città di Benares, montato sopra un elefante; mi piace assai questo modo di goder l'aria e le vedute che si rappresentano all' occhio d'un viaggiatore amante delle belle arti, e per conseguenza della natura selvatica che circonda questa città curiosissima, ripiena di tempj bizzarri e di uomini e di donne così differenti di quelli di tutto il resto del mondo.

Lucknow, 24 décembre.

Je suis arrivé hier à minuit. En quittant le territoire anglais, à quarante-cinq milles d'ici, j'ai traversé le Gange sur un pont de bateaux et suis entré dans un désert sablonneux, tout à fait sauvage et sans route. Pourtant j'avançais rapidement; les porteurs de palanquins faisaient admirablement leur devoir, et au bout d'une dizaine de milles je fus accosté par deux cavaliers de la police royale de Lucknow, qui étaient chargés de me protéger, car le pays n'est pas tout à fait sûr à cause des *Tughs* (prononcez togs) ou étrangleurs [1], secte indienne qui abonde dans ce royaume. Ces cavaliers pittoresques se relayaient tous les dix milles. A mesure que j'avançais, le paysage devenait moins aride; mais il était complétement nuit, et cela depuis longtemps, lorsque j'arrivai dans cette capitale. Ne sachant où aller, je me fis conduire à l'endroit qui fournit les porteurs de palanquins, comme qui dirait la poste, et là, comme il n'y

---

[1] J'ai souvent entendu dire à des personnes très-véridiques qu'il n'y avait pas d'exemples qu'un Européen eût été attaqué par des Tugs. En revanche, ils détruisent un très-grand nombre d'indigènes.

avait pas le moindre abri pour moi, je fis poser les palanquins à terre dans la cour; et après avoir mangé
quelques sardines et du pain que j'avais, accompagnés
d'un verre de vin, je m'endormis dans le palanquin,
avec l'idée d'aller le lendemain de bonne heure faire une
visite au résident anglais de cette ville. Mais à quatre
heures du matin, bien avant le jour, un gentleman
nommé Login, médecin attaché à la résidence, vint m'é-
veiller. Il me fit des excuses, disant qu'on n'avait rien
su de mon arrivée, et me pria, de la part du résident, de
venir à l'instant même occuper l'appartement qu'on venait de me préparer, soit pour me coucher, soit pour
prendre une tasse de thé et faire ma toilette.

Je sortis donc de ma tanière portative, et accompagné
du docteur, aimable jeune homme qui venait d'arriver
de Hérat, je passai par quelques rues désertes et dans
l'obscurité, pour me rendre à la résidence anglaise, maison spacieuse, où j'ai un appartement vaste et commode.

Dès que le soleil parut, je montai sur la terrasse ou
belvédère, d'où je vis le panorama magnifique de la ville
de Lucknow, avec ses mosquées, ses splendides palais et
ses environs mystérieusement boisés. Mais plus de palmiers ici, excepté çà et là comme en Italie. *Ma che
freddo!* Et en même temps un soleil dévorant pendant
toute la journée qui brûle votre corps transi. On ne sait
que faire; on grelotte, et pourtant il faut rester à l'ombre
de peur d'un coup de soleil. Le résident, le colonel Low,
ne tarda pas à venir dans ma chambre, en costume du
matin, avec un bonnet de châle. Il parlait le français
admirablement, ce qui me surprit beaucoup, car c'est
tout à fait inusité dans l'Inde; en général, il ne ressem-

blait nullement à un Anglais, et avait plutôt l'air d'un aimable Français.

Cet excellent homme, tout à fait sans façons, m'offrit à l'instant d'aller parcourir la ville sur un éléphant, en ajoutant qu'il y en avait un toujours prêt pour lui tous les matins au lever du jour, et qu'il n'en profitait guère. Il cria par la fenêtre[1], et à l'instant même je vis sortir du jardin le géant quadrupède, avec un pavillon superbe d'argent doré, orné de pavés de fausses pierreries, imitant les diamants, les rubis et les émeraudes, qui, au lieu d'être enchâssés, étaient simplement appendus au pavillon, et faisaient un effet charmant au soleil rose du matin. Ce pavillon, de forme singulière et originale, se composait de deux cygnes sculptés et ciselés en argent, et, comme je l'ai déjà dit, de ces pavés tremblants de fausses pierreries[2]. Les chabraques étaient éclatantes de rouge et d'or. Le cornac était en blanc, avec un châle de cachemire jeté sur le dos. Je montai par une échelle. Un domestique, enveloppé également d'un cachemire, s'installa derrière moi, dans une place faite exprès pour cela, et nous partîmes, précédés d'un cavalier régulier, espèce de Cosaque, bizarrement vêtu, dont il y a toujours une douzaine à cheval à la porte du jardin de la résidence, tout prêts à accompagner les personnes de la maison.

[1] *Haty-laou*, ce qui veut dire en hindoustani : *Donne l'éléphant.*

[2] Je rencontre souvent, dans les formes indiennes, des rapports avec certains styles européens qui piquent ma curiosité. Est-ce hasard ou emprunt ? Voilà ce qui n'est pas facile à dire sans un examen plus approfondi.

J'entrai alors dans une rue large et populeuse. De beaux édifices mauresques, aux coupoles moscovites, d'innombrables minarets, se découvraient devant moi de tous côtés. Des cavaliers, vêtus de drap d'or et de cachemires, sur de jolis chevaux, précédés de gens à piques d'argent ou le sabre à la main, et courant; d'autres seigneurs, portés sur des palanquins découverts et dorés, fumant un riche houka d'argent, entourés de serviteurs et précédés de gardes d'honneur sur des dromadaires caparaçonnés de rouge et de vert; des éléphants, souvent par groupes [1], surmontés de pavillons, dans lesquels d'élégants Lucknois conversaient ensemble de l'un à l'autre, le *gourgouri* à la main, dans des costumes brillant des plus vives couleurs; des troupes de sauvages Afghans, balancés sur leurs immenses chameaux, et contrastant avec les fastueux Lucknois, tout cela se croisait autour de moi; et au bout de la rue large et spacieuse que je longeais, se voyait une porte mauresque magnifique et grandiose, au delà de laquelle s'élevaient des minarets fins et gracieux, et des coupoles dorées comme celles du Kreml de Moscou, qui faisaient un effet superbe avec l'avenue fantastiquement peuplée que j'avais devant moi.

En arrivant à cette porte, j'appris qu'elle conduisait dans l'enceinte entourée de murailles que le vieux roi actuel a choisie pour sa sépulture. J'entrai, et je fus étonné en voyant que cette place immense contenait tout ce qu'on pouvait réunir de plus charmant et de plus récréant : plusieurs édifices mauresques d'une architecture admirable, des jets d'eau, des volières renfermant les oiseaux

____

[1] A Lahore, où je fus plus tard, ce sont de vrais troupeaux.

les plus extraordinaires et les plus beaux. On travaillait
encore à un ou deux de ces édifices; ils sont destinés,
comme toutes ces cours, à réunir les habitants de Lucknow les jours de fête. J'entrai dans le plus grand, où déjà
la mère du roi repose au milieu de la salle principale; à
l'endroit où son corps est déposé s'élève une charmante
petite mosquée, ou plutôt modèle de mosquée, en argent
doré. C'est là que le roi veut être enterré aussi, près de
sa mère. L'intérieur de ce bâtiment élégant se compose
de quatre ou cinq vastes compartiments à voûtes élancées, séparés les uns des autres par des colonnettes et des
arcades. Tout cela, outre le petit mausolée de la défunte
reine, est rempli de tout ce que le roi a pu imaginer de
plus splendide et de plus éclatant. Des centaines de lustres en verre taillé de toutes les couleurs garnissent les
voûtes; des candélabres d'argent doré sont posés sur le
plancher de marbre, de même que des pupitres singulièrement ouvragés, également en argent doré, et destinés
aux prêtres musulmans, car les rois de Lucknow sont de
cette religion et appartiennent à la secte d'Ali. Deux tigres de grandeur naturelle, en verre massif de couleur
verte comme l'émeraude, avec des ornements d'or, venant, à ce qu'on me dit, de Siam, où on les a coulés;
un charmant cheval en argent de la hauteur d'une table,
tenu par une houri en argent; mille autres choses; quelques armes médiocres arrangées symétriquement en tro-
phées, un cheval de grandeur naturelle, en bois peint,
portrait du cheval favori du roi, fait à Calcutta par un
Anglais et richement caparaçonné, tenu par la statue,
également en bois peint, du palefrenier du roi : tout cet
amas de richesses et de clinquant s'éclaire dans les jours

du moharrem d'un éclat magique; les fontaines jouent, les oiseaux chantent, et toute l'enceinte est pleine d'un peuple joyeux.

Dans la cour ou jardin principal, une espèce de paravent est placé devant la porte d'entrée, et sur ce paravent sont peints, de grandeur naturelle, les domestiques favoris du roi. L'un de ces portraits était précisément celui de mon cicerone, respectable vieillard avec un long bâton d'argent à la main. Il souriait en nous montrant son image, fort ressemblante.

Cette espèce de petit paradis est entouré d'un bazar toujours plein de monde bruyant, d'écuries où sont les éléphants et les rhinocéros, pris les uns et les autres dans les forêts de ce royaume, de même que des tigres énormes et des ours enfermés dans de grandes cages de fer, placées sous des dômes ou des arcades bizarrement peintes.

Là aussi est une grande pièce d'eau entourée d'escaliers de pierre et de statues grotesques. Sur cet étang, étrangement découpé, circule un bateau à roues qui a la forme d'un poisson gigantesque. Est-ce que tout cela n'a pas l'air d'un songe?

J'ai vu aussi le palais du roi pendant qu'il était absent. L'un de ses trônes, car il y en a plusieurs, est une estrade en or, incrustée de diamants, et coûte 220,000 livres sterling. Il est riche; son revenu est d'un million et demi de livres sterling; et j'ai entendu dire que si les Anglais possédaient ce royaume, ils en retireraient quatre.

Il y a trois cent mille habitants dans la ville de Lucknow. Le bazar est une rue interminable, où il y a foule; mais je n'ai pas vu d'objets remarquables. Je pense qu'il faudrait dessiner ; mais par où commencer dans ce monde de choses admirables dont je n'ai encore vu que le quart ?

26 décembre.

Ce matin, tout à l'heure, je suis allé voir un jardin du roi, plein de roses et de jasmins, d'orangers et de cyprès, car la végétation ici n'est plus celle des tropiques, mais plutôt sicilienne. Il est plein de charmants pavillons de marbre blanc dans le style mauresque, et de bains de toute espèce. Le roi y vient quelquefois avec son harem de Cachemiriennes et y donne aussi des fêtes. Le gardien de ce jardin, seigneur d'importance, *una persona di riguardo*, se plaignait à nous que lorsque les filles du harem sont lâchées dans ces parterres, elles dévastent tout, écrasent, arrachent les fleurs, gâtent les allées et salissent les pavillons. Après chacune de ces invasions, on est obligé de tout remettre à neuf.

De ce jardin délicieux nous allâmes voir l'écurie des rhinocéros du roi, qui est dans un parc où se trouve aussi la tombe de son cheval favori surmontée d'un mausolée. Une douzaine de rhinocéros hideux et énormes étaient enchaînés sous un long toit soutenu par des poutres. Plus loin, il y a un parc d'éléphants que je n'ai pas encore vu ; mais on m'a dit que les éléphants du roi, qui, outre ceux que contient ce parc, se trouvent, par-ci par-là, dans les environs de la ville, sont en tout au nombre de quatre cent cinquante à Lucknow. Le résident anglais en a douze, et tous les seigneurs lucknois en ont par dizaine dans leurs écuries.

Tout en vous écrivant, je vois les perroquets sauvages perchés tranquillement sur ma fenêtre ; car dans les villes indiennes où les Anglais ne sont pas les maîtres, personne ne les tue. François a un perroquet en cage qu'il a acheté à Kandy, dans l'île de Ceylan. Il l'adore et le colporte dans son palanquin. Ce perroquet est accroché sur ma terrasse ; et imaginez-vous que ses confrères sauvages viennent là se poser près de lui, et il a l'air de causer avec eux.

Après avoir vu les rhinocéros, nous sommes entrés dans la tombe d'un des rois de Lucknow, superbe salle en marbre, où trois mollas lisaient le Coran pour le repos du défunt. A notre entrée, j'étais avec le résident anglais et mon Allemand, qui, selon le désir de M. Low, nous suit partout sur un éléphant ; les vieux mollas suspendirent leur lecture, et, se tournant vers nous, ôtèrent leurs lunettes. Le résident les salua et les pria de continuer sans se déranger. Alors ils replacèrent les lunettes sur leur nez et se remirent à marmotter leurs prières. Après nous être promenés dans cette salle, nous échangeâmes un nouveau salut avec ces bons prêtres et sortîmes. Cette tombe est placée au milieu d'une cour immense, autour de laquelle sont des écoles de langue persane pour les jeunes Lucknois, et il faut supposer que le défunt aimait fort les sciences, car il a voulu en être entouré même après sa mort.

Puis nous visitâmes l'observatoire d'un astronome anglais, que le roi entretient à sa cour et dont il fait grand cas.

AU PRINCE PIERRE SOLTYKOFF.

Lucknow, 29 décembre 1841.

Le roi de Lucknow a soixante-cinq ans, et on le dit très-cassé et ne marchant plus; aussi je n'ai fait aucune tentative pour le déranger.

Hier matin, dans la rue, pendant que j'étais descendu de mon éléphant pour croquer à la hâte un dromadaire, monté par un Lucknois qui s'était arrêté pour me regarder, j'entendis un brouhaha, et je vis déboucher d'un coin de la rue une troupe de gens, le sabre à la main, et courant contre le peuple. Je me rangeai avec mon éléphant. Les coureurs passèrent alors devant moi en me saluant. Les uns avaient des bâtons d'argent, d'autres des drapeaux rouges dont les manches aussi étaient d'argent, des piques, des sabres, des fusils, des arcs, des flèches et des boucliers. Ils furent suivis de quatre dromadaires trottant, montés par des espèces de dragons. Puis une troupe de cavaliers superbes, drapés de cachemires flottants, caracola devant moi, suivie du fils du roi, héritier du trône de Lucknow, porté dans un palanquin découvert. C'était un gros homme, laid, à face large, rebondie et grossière, de quarante-cinq ans ou plus, en habit de fantaisie de drap d'or et de fourrure avec un bonnet rond bordé de fourrure, comme on en voit sur les anciens portraits de nos tsars. Tout en passant, il dépêcha deux hommes de sa suite vers moi pour savoir qui j'étais; à quoi je m'abstins de répondre, par la bonne raison que je ne parle pas l'hindoustani; mais

11.

mon cornac leur dit à la hâte quelque baliverne sur mon compte, et ils s'enfuirent satisfaits, pour la rapporter au prince. Les habitants de l'Inde, depuis le cap Comorin jusqu'ici, ne peuvent pas comprendre qu'il y ait d'autres peuples européens que les Anglais; et quand on leur dit Russe, ils prennent cela pour une caste particulière d'Anglais. Europe et Angleterre, dans leur idée, c'est la même chose. Ce n'est qu'en avançant encore plus vers le nord que j'ai rencontré des peuples qui avaient une vague conception des Russes et de la Russie.

Après lui, vinrent d'un pas très-accéléré et comique, trois éléphants; l'un avec un superbe pavillon sur le dos; l'autre monté par trois domestiques; le troisième, enfin, portant seulement l'échelle pour monter au pavillon du premier. Ce n'était pas fini. Après ces trois bêtes, arriva au galop un détachement d'une espèce de hussards fantastico-comiques, avec de petits étendards, et des casques semblables aux anciens casques européens. Comment trouvez-vous ce cortége? Il m'a paru grotesque et pompeux. Le primitif Orient, l'antique Asie, y était à côté de la parodie de l'Europe moderne.

Le roi de Lucknow a encore d'autres soldats, un régiment sur des dromadaires, avec des uniformes rouges à longs pans, quelque chose enfin qui rappelle les voltigeurs des cirques, en casquettes et avec des sabres droits de cuirassiers. Cela passe toute idée, pour un artiste s'entend, car d'autres le voient sans soupçonner l'intérêt, le comique ou le bizarre de la chose.

Lucknow est une belle ville; mais presque tous les édifices y sont en briques, stuqués, la plupart blancs, et quelques-uns peints de rouge et vert; les intérieurs sont souvent en marbre. Quant à Agra et à Dehli, autant que j'ai pu savoir, ces deux cités contiennent des bâtiments du même genre, mais plus grandioses sans comparaison, et de matériaux précieux. Mais Dehli et Agra, appartenant aux Anglais, sont des capitales mortes, tandis que Lucknow est animée par une cour splendide.

J'ai vu ce matin la ménagerie royale, une vingtaine de tigres, des léopards si doux, que les gardiens les caressent et jouent avec eux comme avec des chiens; pourtant ils sont attachés.

Une tombe de roi, que j'ai visitée ce matin, contenait des drapeaux anciens, fort curieux, surmontés de plaques énormes de forme bizarre, en argent ou fer incrusté, ou de mains gigantesques. Le turban du roi défunt était là; deux tigres en argent, de grandeur naturelle et très-bien faits, sont postés des deux côtés du cercueil ou sarcophage, qui est couvert de drap d'or et de châles; son sabre et son bouclier, qui est tout noir, sont posés dessus. Il paraît que si le luxe se montre partout ici, il ne s'étend guère aux arcs et aux flèches. Dans ce genre, je n'ai encore rien vu qui vaille. Il y avait là aussi quatre chevaux en argent, de la hauteur d'une table, tenus par des houris ailées et des Bahadours, héros de la mythologie orientale. Il y avait de plus des armoires à vitres, qui n'étaient couvertes qu'en partie d'une gaze d'or transparente, et qui contenaient des curiosités; mais comme j'étais en bottes, et que tous les gens de cet endroit m'entouraient de témoignages de politesse et de respect, j'ai voulu à mon tour témoigner du respect pour ce lieu, dont la garde leur était confiée, et je n'ai point passé le seuil de l'arcade, d'où je pouvais embrasser de l'œil toute la salle, à l'exception de certains détails. J'ai pensé qu'il valait mieux ne pas tout voir que de courir le risque de froisser les sentiments de ces personnes si empressées, qui m'auraient tout permis dans cet endroit vénéré, sauf à le purifier après; car le respect qu'on porte ici aux Européens est vraiment unique. Je suis presque tenté de croire que c'est un sentiment généreux comme celui des Turcs pour les insensés, ou comme les égards qu'on a pour les enfants, qui ne comprennent rien et auxquels on pardonne tout. Ce tombeau était celui d'un roi de Lucknow dont je n'ai pas retenu le nom.

Je veux m'en aller d'ici; il est temps, quoique mes excellents hôtes aient la bonté de vouloir me garder.

On me dit que le jour de l'an (dans trois jours), l'héritier du trône viendra déjeuner ici à la Résidence, en cérémonie; et puis qu'il invitera probablement le résident avec sa suite, à laquelle je me joindrai en ce cas.

AU MÊME.

Digue, 21 janvier 1842.

Je vous ai déjà écrit des volumes, et j'éprouve encore le besoin de vous écrire. J'ai vu Agra, où il y a ce magnifique tombeau d'une célèbre impératrice de Dehli, appelée Nour-Mahal. Ce mausolée, unique dans le monde par sa beauté, d'un style pur mauresque, très-orné, de marbre d'une blancheur éblouissante à l'extérieur, merveilleusement sculpté et ciselé à jour, et incrusté à l'intérieur de mosaïques de pierres précieuses d'un fini et d'une perfection extrême, s'appelle Tâdj. Ses dômes gracieux, ses minarets élancés, ses treillages de marbre fins comme de la dentelle, s'élèvent au milieu d'un vaste jardin où, dans les avenues de cyprès et les massifs d'orangers, jaillissent des jets d'eau.

Il y a d'autres édifices à Agra, moins beaux, mais toujours magnifiques, tout en marbre et pierre de taille rouge, espèce de jaspe couleur rouge antique. L'endroit, quoique peuplé pourtant de plus de cent mille âmes, est désert comparativement à Lucknow, qui est la capitale d'un roi indépendant et le siége de la cour.

Ma santé, je l'avoue, est un peu chancelante; je ne me soutiens qu'avec du calomel, de l'ipécacuanha et de l'huile de castor. C'est, je pense, qu'il fait trop froid pour se bien porter; mais, dans une huitaine de jours, il fera horriblement chaud probablement. Je mets ma pelisse de mouton kalmouk.

Après Agra, j'ai été à Bhortpore, où réside un radja indépendant, indépendant jusqu'à un certain point, c'est-à-dire sous la protection du gouvernement anglais. Ce radja, qui a une dizaine de noms, est, quoique jeune, d'une corpulence excessive. Il était vêtu d'une robe de drap d'or.

Je suis à Digue; ce sont les jardins des grands mogols. Quoique le terrain soit très-accidenté, les allées en sont maintenues, comme les rails d'un chemin de fer, à un niveau parfait; et tantôt elles plongent dans les profondeurs du sol, tantôt elles s'élèvent jusqu'à la cime des bois touffus qui les encadrent, à portée des fruits et des perroquets dont ils sont couverts. Mais ce qu'on a dit des jardins de le Nôtre, que c'était plutôt de l'architecture, est surtout vrai pour ceux-ci; car tout y est pierre :

le sol qui est revêtu de dalles, les bords qui sont garnis de petits murs sculptés à jour, les gerbes de fleurs d'où jaillissent d'innombrables jets d'eau, — sans parler des kiosques dont ces jardins sont ornés, constructions merveilleuses, aux murs et toits de pierre plus minces que du bois, aux fenêtres voilées d'une dentelle de pierre, aux balcons de marbre à toit cintré, si découpés, si hardiment suspendus en l'air, qu'il semble que les péris seules osent poser le pied sur un appui si frêle et si léger.

J'expédierai cette lettre, et puis je vais à Dehli. Il est temps d'y arriver. Mais il y a encore d'autres endroits avant Dehli; il y a Mattra (en anglais Muttrah), ville hindoue, et puis Miroute (en anglais Meeroote), endroit anglais.

Adieu, cher ami. Je vais me coucher sous ces légères voûtes mauresques. Le vent y circule un peu, mais il ne fait déjà plus froid; les fleurs du printemps sont sur les arbres fruitiers.

AU MÊME.

Dehli, 9 février 1842.

Ce matin, j'ai reçu de vous, grâce à Dieu, une lettre du 28 octobre dernier et de Paris. Elle a donc été moins de trois mois, et aurait mis encore moins de temps à me parvenir, si elle n'avait fait un circuit dans l'Inde par Calcutta. Depuis quelques semaines j'ai fait un autre arrangement plus direct pour les lettres. Je ne m'adonne pas à la paresse, je dessine. C'est fort heureux que je reçoive quelquefois une lettre de vous; de Russie je n'en ai pas une seule depuis que je suis dans l'Inde, c'est-à-dire depuis un an moins quelques jours. J'ai écrit à nos consuls à Alexandrie, à Malte et à Marseille, et au banquier Harman à Londres, pour les prier de s'informer s'il n'y a pas aux postes des lettres retenues par quelque manque de payement, à mon adresse, à la vôtre et à celle de mes autres correspondants qui ne sont que trois, et dans ce cas de les expédier et de me faire savoir à Bombay la dépense, s'il y en a.

Dehli est un gouffre, une mine inépuisable; les *sipehrs*, autrement dits boucliers, les armures, les sabres droits que j'appelle indo-germaniques à cause de leur forme étrange qui tient du gothique allemand et de l'antique indien, comme j'en ai vu un dans une collection à Londres, auquel on donnait le nom d'*executioner's sword*, y pleuvent, et quoique étant jusqu'à un certain point dans une complète ignorance si vous êtes en vie ou non, j'ai pourtant acheté quelques pièces de valeur à tout hasard. Ce sont deux boucliers en fer, un arc en fer, comme je n'en ai jamais vu; une armure complète avec pantalon de mailles fines et gants y appartenant, une hache d'armes, un sabre droit d'un style chevaleresque, un poignard à manche transversal, un autre poignard, le tout pour sept cent cinquante roupies. J'ai aussi acheté quelques dessins assez curieux; mais les meilleurs sont si chers que j'y renonce. Figurez-vous que j'ai trouvé, dès le surlendemain de mon arrivée ici, une procession dessinée sur un long papier en rouleau et absolument semblable à celle que nous avons vue avec vous à Paris chez Juste, l'armurier. Elle était toute neuve; et, chose étrange, on en demandait le même prix, 200 roupies, et on n'est descendu jusqu'à présent, dans le cours d'une dizaine de jours, que jusqu'à 100 roupies. C'est une procession du Grand Mogol actuel, de notre roi ici. Mais c'est une drogue, après tout. Je suis aussi tout à fait sur le point de lâcher un joli bouclier, un troisième, plus cher que les autres, quoique plus petit, mais plus orné, avec des caractères sanscrits incrustés en or, et entourés d'arabesques comme toujours. On le dit de Gwalior. J'ai acheté quelque peu de chose en fait de châles de Dehli. A propos du Grand Mogol... mais non, il vaut mieux commencer de plus haut.

On m'a apporté à Dehli pendant la nuit et déposé dans une maisonnette destinée aux voyageurs, en dehors, mais tout à côté de la ville, capitale du Mogol. J'y ai trouvé établi Théodore, mon domestique, qui m'avait précédé par un chemin direct avec le gros bagage.

Dévoré d'impatience, je rôdai, malgré l'obscurité, dans les espaces poudreux et sablonneux qui entouraient cette maisonnette; et aux premières lueurs du jour j'enfilai la porte de la ville et me glissai furtivement dans les larges rues, encore désertes, de cette métropole de l'Inde, ou plus correctement, je crois, de l'Hindoustan. Je montai sur les vastes escaliers extérieurs de la première mosquée que je rencontrai et qui se trouva être la principale, la plus grande et la plus belle peut-être du monde. Au moyen d'une demi-roupie, le muezzin me laissa grimper au haut d'un minaret, d'où je vis tout Dehli, le palais du Mogol entouré d'un fort rouge; puis, s'étendant au loin, un vaste amas de maisons à terrasses italiennes comme celles de Naples; puis encore des ruines de tombeaux et de forteresses éparses dans des déserts arides.

Une vapeur, mêlée de fumée, couvrait toute cette scène;
le soleil ne faisait que de se lever, et le vent était froid.
Je redescendis et je parcourus des bazars populeux, dans
des rues larges et longues, mais où rien de bon n'était
exposé en fait de curiosités pour vous, et point de ces
troupes élégantes et somptueuses, pas de luxe, en un mot,
comme à Lucknow. En retournant vers mon abri, j'y
trouvai des marchands qui m'attendaient avec divers objets, et aussi une voiture élégante, deux coureurs à pied
et deux cavaliers montés sur des dromadaires, avec un
billet fort poli du résident anglais à Dehli, sir Thomas
Metcalf, à qui j'avais envoyé, dès le matin, une lettre
d'introduction qu'on m'avait donnée. Il m'engageait,
dans son billet, à me transporter chez lui avec armes et
bagages, ce que je fis incontinent. Il demeure hors de la
ville, aussi loin que le lui permettent ses affaires, dans un
très-vaste enclos plein de loups et de chacals, où il s'est
construit une maison d'un extérieur simple, mais ayant
de bonnes et grandes chambres. Or, vous connaissez
mon goût pour les grandes chambres. J'y arrivai donc, et
je rencontrai sur le perron le résident, qui m'introduisit
dans la salle à manger, où sa femme[1] et deux autres
dames étaient à déjeuner, me fit asseoir, et se remit à sa
place pour continuer à fumer son houka[2]. Ce M. Metcalf,
qui est à Dehli depuis plus de vingt-huit ans, y a fait

[1] Cette jeune dame, que son dévouement à ses devoirs d'épouse
et de mère n'empêchait pas de regretter constamment son pays,
a eu la douleur de ne pouvoir réaliser ce désir. Elle est morte
l'année suivante, victime du climat de l'Inde.

[2] C'était un véritable amateur de houka, et le sien était, sans
contredit, le meilleur que j'aie jamais fumé, si ce n'est peut-être
celui de sir Herbert Maddock, à Calcutta.

toute sa carrière civile, passant successivement par les dignités de juge, de maître de police, etc. ; le voilà maintenant résident près la cour du Grand Mogol et chef de tout le district de la province de Dehli, dans laquelle il y a au delà d'un million d'âmes qu'il gouverne, et il a 100,000 francs de traitement de la compagnie des Indes. Il me mena voir les jardins et les appartements du Mogol, ceux où le prince ne se tenait pas, et qui sont dans un délabrement total. Ils se trouvent, comme j'ai dit, dans l'enceinte d'un immense fort en pierre rouge, gardé par les Anglais. Dans cette enceinte, le Mogol est reconnu tout-puissant par le gouvernement anglais, et la Compagnie ne se permet d'intervenir dans ce qui s'y passe que du consentement de l'empereur ou roi, comme l'appellent les Anglais. C'est ainsi que dernièrement elle a fait pendre, m'a-t-on dit, un des neveux du roi, pour avoir enterré sa femme toute vive.

Je parcourus donc les jardins, les appartements et les cours où se passaient de si pompeuses solennités du temps d'Aureng-Zeb et de Tavernier, et où il n'y avait maintenant pour toute pompe que cinq ou six hommes tenant en main des bâtons d'argent ou argentés, et des espèces de hallebardes à lame double et recourbée, dont la forme était nouvelle pour moi. Ces deux lames ou pointes recourbées étaient dans des fourreaux de velours, comme c'est toujours l'usage ici, du moins lorsqu'il ne s'agit que de cortéges et de processions.

Dans ces palais tout est colonnettes, voûtes et treillages de marbre blanc, dorures et incrustations d'agate, etc. Dans une immense cour carrée, au fond, était une galerie élevée, à légères colonnes de marbre, et au milieu une estrade, espèce de chaire à baldaquin, toute de marbre incrusté (*pietra dura*). Je montai sur cette galerie et dans cette espèce de chaire, qui est la place du trône du Mogol pour les grandes occasions. Il y avait dans le mur mille incrustations, dont l'une représentait une figure européenne mythologique parfaitement conservée, qui ne pouvait être qu'Orphée jouant de la flûte et entouré d'animaux féroces (j'en ai le dessin). Il y avait là, en outre, des oiseaux et des fruits inconnus dans l'Inde, des cerises, par exemple. Plus loin, je vis le trône (sculpture fine et gracieuse avec dorure, architecture légère d'un mauresque pur) et le kiosque de justice du roi, je veux dire où il juge, et qui n'a pas d'autre destination. Au-dessus de ce trône, sur le mur de marbre blanc, il y a une balance en relief, balance faite dans le style européen. Je pense, du reste, et on me l'a même dit, que dans l'Orient on n'a aucune idée de ce symbole de la justice, non plus que de la justice elle-même en général. Ces trois choses me prouvent que des Italiens ont été employés à la construction de ces palais, je crois, du temps d'Aureng-Zeb et de son père Schah Djehan, qui a fait bâtir à Agra pour sa femme cet unique mausolée, où il est enterré lui-même aussi. Là, les incrustations sont également dans un style tout à fait italien. Puisque ces rois ou empereurs avaient des médecins français, comme Bernier, il n'est pas étonnant qu'ils aient eu des architectes italiens. Le lendemain de ma visite au palais, le résident me dit qu'on lui avait rapporté que le Mogol avait beaucoup parlé de moi, s'était informé de ce que j'étais et avait témoigné le désir de me voir. Le résident eut la bonté de m'offrir une audience en cas que je voulusse paraître *in the presence*. Mais comme il s'agit d'y aller les mains pleines d'or et sans bottes, j'y renonce; c'est par trop fort.

Voici quelques détails historiques que j'ai appris ici. Lorsque le roi de Perse Nadir-Schah s'avança sur Dehli, dont il avait entendu vanter les richesses, le Grand Mogol vint à sa rencontre; mais son armée fut défaite par celle des Persans. Nadir-Schah resta longtemps à piller Dehli. Mais un jour un Indien, ne pouvant plus contenir son indignation, tua un Persan de la suite de Nadir-Schah. Alors ce prince cruel ordonna d'égorger tous les habitants de Dehli et d'incendier la ville. On m'a indiqué l'estrade d'une mosquée, appelée mosquée d'or, si je m'en souviens bien, d'où il a contemplé cet effroyable spectacle; cent mille cadavres encombrèrent les rues de Dehli, et y répandirent des miasmes pestiférés. Après cet exploit, il partit avec ses richesses. Quelques années plus tard, le radja ou roi des Marates arriva avec des hordes de barbares pour piller Dehli, qui s'était un peu refaite. Ce radja marate se saisit du pauvre Grand Mogol Schah-Alem, qui avait essayé de se défendre, lui creva les yeux dans un bain, qu'on m'a également montré, et, l'y laissant enfermé, se mit en devoir de piller le palais. C'est alors que vinrent les Anglais, qui chassèrent les Marates et replacèrent le malheureux Mogol sur le trône. C'était, si je ne me trompe, le grand-père du Mogol actuellement régnant, qui reçoit de la Compagnie quelque chose comme 4 millions de francs par an. Toute considérable qu'est cette somme, on dit cependant que c'est fort peu pour le Mogol, vu l'énorme quantité de parents qu'il a et qu'il doit entretenir. Aussi sont-ils tous très-mal logés, pêle-mêle, dans des espèces de hangars, et très-pauvres.

Je suis allé voir, à onze milles d'ici, une colonne en pierre rouge, qu'on nomme Koutoub-Minar, et qu'on suppose être la plus haute de l'univers. Elle est minutieusement travaillée et couverte en partie d'inscriptions en relief. Ces inscriptions sont mahométanes ; mais par sa forme et ses gigantesques proportions, on la croit plutôt hindoue. J'en ai fait un dessin sur place. Je suis monté jusqu'en haut pour contempler les déserts qui s'étendent au loin, parsemés de vieux tombeaux grandioses et de vieilles forteresses du moyen âge oriental.

Il fait froid ici maintenant. J'ai, pour la première fois dans l'Inde, une chambre avec cheminée, que je chauffe, et j'ai en outre une tente où je me tiens le jour lorsque le soleil darde dessus. C'est là qu'on étale devant moi le reste des curiosités qui se trouvent encore à Dehli après tous les pillages qu'elle a eu à supporter, jusqu'à ce qu'enfin les Anglais y aient rétabli le calme et la sûreté.

Cette espèce de parc que mon hôte a planté dans le désert et où il fait des routes magnifiques, est infesté, comme je l'ai déjà dit, de chacals ; et ils sont si hardis, ce que je n'ai pas vu ailleurs, que quand on s'y promène à la brune ils rôdent autour de vous et s'arrêtent même pour vous regarder en face. On a pris jusqu'à deux hyènes dans cet agréable jardin, mais c'était avant moi ; on y a aussi pris des loups. En revanche, il y a des troupes innombrables de paons et de perroquets ; et c'est pour cela que le maître de ce manoir ne veut pas qu'on tire dans son parc, ce que les officiers anglais ont extrêmement envie de faire. Il a raison ; car en tuant les chacals, les lièvres, les perdrix et les faisans, on ferait disparaître les paons qu'il aime à voir. Quant aux perroquets, madame Metcalf se plaignait beaucoup du bruit incessant qu'ils faisaient dans son beau verandah, qui fait le tour de toute l'habitation. Cette maison, vaste et commode, donne sur la Djumna, qui s'étend au bas du rocher. J'ai vu dernièrement dans cette espèce de djungle un chacal poursuivant en plein jour un malheureux lièvre, et cela de si près, que le pauvre animal a sûrement eu une mort cruelle. Mais je crains d'avoir oublié de vous donner quelques détails sur les Togs [1], dont j'ai vu une centaine enchaînés à Lucknow. C'est une secte qui, comme vous savez, suit la doctrine de tuer autant de monde que possible pour apaiser la colère de la déesse Kali, déesse du mal, de la mort, adorée par les Hindous, et représentée avec toutes les horreurs mortuaires. (J'en ai un dessin.) Il y a trois subdivisions de cette secte répandue dans toute l'Inde, et qui, après être restée ignorée pendant des milliers d'années, a été découverte récemment par les Anglais; l'une étrangle; la seconde poignarde à la tête et à je ne sais quel autre endroit encore, et enterre vite ses victimes dans des fosses creusées à la hâte ou les jette dans des puits; la troisième enfin empoisonne avec le houka et achève au besoin à coups de pique. Ceux que j'ai vus étaient pour la plupart étrangleurs.

Il a été prouvé que l'un de ces monstres a étranglé au delà de six cents personnes dans sa vie, et il l'a dit devant moi avec un sourire de satisfaction, persuadé d'avoir bien employé son temps de liberté. Il avait un air *respectable*, quoique câlin; il était fort propre dans sa

---

[1] En anglais *Tughs*.

personne, même élégant; son âge était de soixante ans, et il était entouré de sa femme et de ses enfants qui le caressaient. Il y a eu un autre vénérable vieillard, de quatre-vingt-cinq ans, qui est mort dernièrement dans cette prison, et qui avait été convaincu, il l'avouait, du reste, et s'en félicitait, d'avoir étranglé jusqu'à neuf cent quatre-vingt-dix-neuf personnes. J'ai le portrait de celui-là, admirablement fait par un natif. C'est, dit-on, par coquetterie de métier qu'il s'est arrêté précisément à ce nombre. Si on laisse la vie à beaucoup de ces effroyables scélérats, c'est qu'on s'en sert pour en découvrir d'autres, à quoi ils se prêtent sans scrupule pour obtenir de vivre avec leur famille, quoique en prison perpétuelle, pourvu qu'on pende ceux des leurs qu'ils dénoncent, et cela, je crois, d'une certaine manière; car, pour produire une plus forte impression sur les Togs, on avait tranché la tête à un de ces horribles étrangleurs; mais alors les dénonciateurs refusèrent subitement de continuer leurs révélations, parce que, d'après leur croyance, il arrive quelque chose de très-fâcheux après la mort à celui dont la tête a été séparée du corps. Ils étaient trop nombreux pour qu'on les fît pendre tous. On se contenta de pendre quelques-uns des plus fameux, et de déporter le reste à Singapore et à Pinang.

Il y avait parmi ces Togs un grand hâbleur, très-insolent, enchaîné, mais pouvant marcher comme tous les autres. Il était accusé, et, presque sans aucun doute, coupable d'avoir commis beaucoup d'empoisonnements par le houka, quoiqu'il prétendît hautement qu'il était innocent. Du reste, ils hurlaient presque tous, les uns pour attester leur innocence, les autres pour se plaindre de n'être pas bien tenus. Le directeur de la prison, officier anglais, les écoutait avec patience, et ils s'adressaient aussi à moi quoique je ne les comprisse pas.

Lorsque nous pûmes leur échapper, il me fit voir des sculptures en plâtre colorié et extrêmement bien faites, représentant des scènes de massacres de toute espèce par les Togs. L'artiste, qui est un Indien de la basse classe, venait régulièrement dans la prison par ordre de l'officier, et sculptait d'après nature ces scénés que les Togs représentaient, se mettant en posture avec une certaine joie, car c'était un souvenir des prouesses de leur vie libre. Ces admirables petits groupes, qui furent rangés devant moi sur une table, étaient d'une vérité si frappante qu'ils faisaient frémir.

Ces misérables croient que toutes les fourberies, les faux serments, les perfidies les plus profondes sont permises pour parvenir à leur but. Ils s'insinuent auprès des voyageurs, se lient d'amitié avec eux, les préviennent du danger qu'ils courent de la part des Togs, persévèrent pendant des mois entiers, et lorsque enfin le moment favorable arrive et correspond avec les signes de la déesse, lorsque le corbeau passe dans une certaine direction ou le chacal du côté gauche de la route, ils exécutent leur dessein. C'est fort étrange pourtant parmi un peuple aussi doux que le sont ordinairement les Indiens. Des hommes de toutes les religions, du reste, sont admis dans cette secte. Une partie de ces Togs avaient été saisis au commencement des découvertes faites par les autorités anglaises, une vingtaine, je crois, et on avait dressé des potences pour les pendre, lorsqu'ils demandèrent la permission de s'exécuter eux-mêmes entre eux, ce qui fut accordé ; sur quoi ils s'entortillèrent le cou de linges liés ensemble, leur chef à la tête, et se ruèrent de tous côtés jusqu'à ce qu'ils fussent tous étranglés ; un seul s'échappa, mais il fut rattrapé par les soldats et pendu.

Il faut m'apprêter pour dîner, j'entends que mon hôte s'habille. On me dit que dans sa chambre il n'est jamais sans armes, et qu'il a un pistolet et un stylet toujours près de son lit. Il a raison, car son prédécesseur dans la place de résident à la cour du Mogol et de chef du district de Dehli, un M. Fraser, a été tué d'un coup de poignard par un Indien qui avait perdu un procès qu'il avait avec son frère, et croyait l'avoir perdu grâce à M. Fraser. J'ai vu le tombeau de ce résident, à l'entrée de Dehli, sur la route, dans un endroit apparent ; on passe devant tous les jours en allant d'ici au bazar.

Fatigué d'avoir l'esprit toujours tendu vers Lahore et Cachemire, sur lesquels plane l'incertitude, et qu'on me représente depuis longtemps comme hérissés de toutes sortes d'obstacles, j'ai accepté l'offre que me faisait mon hôte d'écrire à M. Clerk, agent politique à la cour de Lahore, pour apprendre ce qui en est, et la réponse est arrivée — défavorable ! Je ne sais en vérité s'il dissuade de ce voyage dans un pays étranger, je veux dire non soumis à la Compagnie, ou s'il s'y oppose. Je me dépêche donc de me rendre à Loudiana, où il est, pour m'assurer par moi-même si en effet c'est une défense, et en ce cas sur quoi elle est fondée.

Dans tous les cas, que je puisse y aller ou non, je me dirigerai vers Bombay dès le commencement de l'automne prochain, et, par un léger circuit, de Bombay vers Paris, où j'arriverai pour l'été de 1843. Si vous n'y

êtes pas, j'irai vite à Pétersbourg, enfin là ou vous serez, même à Madrid, avec mes boucliers, etc. Il y
avait aujourd'hui à dîner un Italien, *un Milanese*, qui
est ici depuis une vingtaine d'années; il a épousé une
princesse indienne. J'ai baragouiné un peu l'italien.

Aujourd'hui j'ai expédié ce pauvre Théodore[1] avec un
fourgon pour Loudiana, et je partirai en palanquin, de
même que François, après-demain vers le soir. Il paraît
que je suis le premier Russe qui ait rôdé dans ce pays.
J'ai encore vu deux villes indiennes, Mattra et Bindra-
band, villes curieuses dans le genre de Bénarès.

Je commence à aimer le houka, qu'on fume avec une
composition très-douce et parfumée de pâte de fruits, de
sucre et d'un peu de tabac. — Pour ce Lahore et ce Cachemire, je crois qu'il n'y a pas à y penser.

AU PRINCE PIERRE SOLTYKOFF.

Loudiana, 16 février 1842.

Je suis arrivé à Loudiana cette nuit, et comme il n'y
a point de maison destinée pour les voyageurs[2], je n'ai
eu qu'à faire poser mes palanquins sur le sable et à y
patienter jusqu'au matin, malgré la pluie et le tonnerre.
Au point du jour j'ai écrit un billet à M. Clerk, pour lui
annoncer mon arrivée et lui demander un logement. Il
était au camp, à une demi-lieue d'ici, avec l'armée an-

---

[1] Il faut que ce soit par pressentiment que j'ai dit *pauvre*, car
il fut blessé d'un coup de fusil dans ce voyage, par un Sike, en
traversant un bois.

[2] On en a établi une bientôt après.

glaise, qui s'assemble pour faire sa deuxième campagne contre l'Afghanistan. Il m'y a fait venir, et c'est dans sa tente que je vous écris. Sa maison est à un mille environ de Loudiana; il m'y offre un logement, et j'y ai déjà envoyé François avec les palanquins; j'irai moi-même après le déjeuner. Ce M. Clerk est un homme comme il faut, encore jeune; il porte des moustaches et a l'air militaire, quoique dans le civil. Il m'a dit qu'il était fort dangereux d'aller à Lahore, qui n'est qu'à soixante milles d'ici, que le peintre allemand Shoeft y avait été fort maltraité et avait eu peine à s'échapper; mais que lui, M. Clerk, serait dans le cas d'y aller en mission dans sept ou huit jours, et qu'il pouvait m'offrir de me prendre avec lui; je l'ai beaucoup remercié, et je vais rester ici dans cette attente. C'est vraiment fort aimable de sa part; mais je crains que par là il ne prenne sur lui une grave responsabilité vis-à-vis du gouvernement anglais, qui paraît se défier des voyageurs dans les pays limitrophes de ses possessions. Ce n'est, du reste, qu'une supposition, et j'ai peut-être tort, puisque M. Clerk est une des autorités les plus influentes du gouvernement de l'Inde, et peut-être le diplomate le plus distingué que la Compagnie possède. J'espère qu'il ne changera pas d'idée, et alors je pourrai voir Lahore sans danger. Pour Cachemire, il y a fort peu d'espoir. Le gouverneur de ce pays, qui fait partie des États du roi de Lahore, a été tué dernièrement dans une insurrection, et Cachemire, envahi par les révoltés, est dans un cruel état d'anarchie.

Loudiana est la ville frontière entre les Sikes et les Anglais. C'est un endroit sablonneux où la vue s'étend au loin sur des déserts. Çà et là des huttes et des masures, un vaste camp anglais, force chameaux, force éléphants; mais je n'ai encore rien vu. — Il pleut. — Adieu.

AU MÊME.

Loudiana, 19 février 1842, et en marche par le Pandjab.

A peine vous ai-je expédié ma dernière lettre que déjà j'éprouve le besoin de causer avec vous.

Je suis fort content que nous allions à Lahore, mais je regrette beaucoup que l'espoir d'aller à Cachemire diminue de jour en jour. Il y a une semaine qu'un jeune médecin anglais, Jamieson, naturaliste, géologue, etc., est revenu ici d'une excursion à Cachemire, avortée dès le début; car à peine avait-il fait quelques milles vers cette mystérieuse vallée, accompagné de deux cents soldats du roi de Lahore, que sept cents cavaliers d'un parti opposé l'attaquèrent, tuèrent six hommes de son escorte, et lui prirent tout son bagage. Il se sauva, et on le poursuivit terriblement. Par bonheur, une forteresse se trouva sur son passage, où il put se réfugier, car elle était occupée par des soldats du roi; encore ne put-il en revenir ici que déguisé, pendant la nuit, au risque d'être pris à chaque moment par les coquins qui le guettaient. Voilà ce qu'il m'a raconté, et c'est un bon jeune homme qui ne ment certainement pas; d'ailleurs c'est ainsi que le rapport formel de cette aventure a été fait au gouvernement.

Théodore n'est pas encore arrivé avec le bagage, et

n'arrivera probablement que dans une semaine. Quant à moi, il faut que demain soir je parte en palanquin pour joindre le camp de M. Clerk, qui s'est déjà mis en route pour Lahore. — Quand Théodore arrivera, on l'expédiera, bien escorté, vers notre camp, qui ne sera probablement pas loin, vu que nous voyagerons fort lentement avec de l'artillerie. — Nous irons d'abord dans une ville de ce Pandjab, qui s'appelle Omritsar, où la cour de Lahore viendra au-devant de l'envoyé extraordinaire anglais, M. Clerk, et de là on ira à Lahore.

Loudiana, où je suis, est un ignoble trou, rempli de réfugiés cachemiriens, fuyant leur délicieuse vallée, qui est inondée de sang. A voir ces pauvres Cachemiriens, on ne saurait douter qu'ils ne soient de race juive. Tout ce qu'on voit de ce peuple dans les rues est de la basse classe, des êtres sales au plus haut degré, portant des espèces de blouses en toile. Mais ils aiment le travail, à ce qu'il paraît, et ont l'air bons. On les voit tissant quelque étoffe grossière, faisant des boîtes, etc. Ce sont tellement des figures de Juifs, que cette Loudiana ressemble, selon moi, à quelque Neswige, ou Toultschine, ou Gitomire.

C'est aujourd'hui le 20 février. Ce soir j'espère que mes porteurs seront prêts pour me mener au camp de M. Clerk, et que nous nous mettrons en marche avec lui sans délai. Il fait un froid sec, un vent horrible, et je suis, dans ma chambre, en paletot et bonnet fourré. On aperçoit d'ici l'Himalaya; la vue en est semblable à celle que nous avions du Caucase aux Eaux-Chaudes, mais plus éloignée.

21 février.

J'ai rejoint le camp de M. Clerk, qui est déjà dans le royaume de Lahore. Hier au soir, vers dix heures, étant monté dans mon palanquin, je m'y suis endormi. Comme les porteurs sikes me secouaient un peu, quoique je fusse dans les plaines, il me sembla en rêve qu'ils gravissaient une montagne perpendiculaire et prodigieusement haute, et que de temps en temps ils perdaient l'aplomb et roulaient avec moi quelques toises en bas, puis se recramponnaient à la terre; que nous parvenions à un plateau élevé où l'air était raréfié (il faisait froid), et que nous entrions, au clair de la lune, dans une ville superbe; qu'il y avait des gardes à cheval postés dans certains endroits de la ville, déserte à cette heure, et qu'un aubergiste français venait à mon palanquin. Ce fut à ce moment que je me réveillai. J'ouvris la porte, je mis la tête dehors, et quel fut le spectacle qui s'offrit à mes yeux! J'étais entouré de druides avec des torches allumées, dans une plaine déserte, au clair de la lune. Ces druides étaient mes porteurs de palanquin sikes[1], qui devaient relayer à cet endroit. Je descendis pour examiner de plus près ces figures druidiques. Ils me considéraient à leur tour avec un air de surprise mêlé d'un certain effroi, et quand je m'avançais vers l'un d'eux, il se retirait soudain. En effet, je devais paraître à leurs yeux un être bien étrange. Peut-être ces paysans n'avaient-ils jamais vu d'Européens. On dit beaucoup de mal des Sikes, mais ils m'ont l'air assez bons. Ne serait-il pas possible que plus avant dans

---

[1] Sike, m'a-t-on dit, signifie *vrai*.

le Pandjab ils fussent si sauvages et si ingénus, qu'un Européen fît sur eux l'effet que fait sur nous un cock-roach?

Rentré dans mon palanquin, je m'étais rendormi, quand tout à coup je sentis une forte secousse; c'étaient mes porteurs qui l'avaient laissé tomber et le relevaient avec empressement et embarras, croyant que j'allais leur faire une querelle. Mais je ne me fâche jamais pour ces choses-là. C'était déjà la troisième fois de la nuit que cela m'arrivait avec ces Sikes, chose sans exemple avec les autres Indiens. Le soleil était haut maintenant, la route animée de chevaux, d'éléphants, de cavaliers sikes, et bientôt je parvins au camp. Près de nos tentes se trouvent celles du commandant en chef des troupes indo-anglaises, qui est venu jusqu'ici inspecter l'armée qui marche sur l'Afghanistan.

22 février, au camp, même endroit.

En relisant toutes ces folies, j'ai craint que ces chutes de palanquin ne vous dégoûtent de l'Inde, où nous devons aller ensemble. Sachez donc que le choc n'est absolument rien, et ne fait que réveiller si l'on dort et peut-être tomber une bouteille ou un verre; et puis cela n'arrive que dans des contrées comme celle-ci, où le palanquin n'est guère en usage. C'est un pays de guerriers, de chameaux, d'éléphants, de chevaux, de tentes. Nous sommes dans une plaine qui s'étend à perte de vue. Le temps se réchauffe et deviendra bientôt, je crains, beaucoup trop chaud. L'appartement que M. Clerk m'a donné dans une des tentes est très-commode, spacieux et totalement préservé du vent. Mais il me recommande beau-

coup de réunir le soir tous mes effets, et y place une
sentinelle à côté de moi, tout près du lit, car il dit qu'il
y a beaucoup de voleurs et qu'il en a souvent vu venir
dans sa tente. Nous avons deux canons et une troupe
considérable d'infanterie. Tout cela est commandé par
quatre ou cinq officiers, tous fort bons garçons, à ce qu'il
me paraît, des jeunes gens. Il y a un officier de hussards anglais, avec un costume fort brillant, qui va, de la part du
commandant en chef des troupes indo-anglaises, complimenter le roi de Lahore, Schir-Sing, fils de Rondjid-Sing.
Le commandant en chef lui-même est parti ce matin
avec sa femme, ses filles, beaucoup de généraux, ses
aides de camp, nombre d'officiers et de troupes, enfin
tout son attirail de tentes, de chevaux, de chameaux et
d'éléphants. Tout cela se dirige vers Firouzpore. Maintenant notre camp isolé paraît morne comparativement.
Depuis que je suis entré dans ce Pandjab, je me sens
dans un calme parfait, car cette longue course à travers
les possessions anglaises, toujours cherchant de l'original,
la plupart du temps en vain, avec l'incertitude de pénétrer ici, était pénible pour le moral, et par conséquent
aussi pour le physique. C'était une tension continuelle
d'esprit. Ici tout est pur et primitif, c'est tout à fait le
moyen âge asiatique, ou même l'antiquité.

La veille du départ de ce général en chef, sir Jasper
Nicolls, aimable vieillard, il eut la bonté de venir sur son
éléphant à l'entrée de ma tente, pour m'engager à dîner
et à faire avec lui une promenade à dos d'éléphant, la
tournée du soir au soleil déjà couchant. Sa femme, lady
Nicolls, et ses deux filles le suivaient sur un autre éléphant, et nous parcourûmes ainsi les plaines. Puis on

dîna, puis une partie de whist s'organisa. A cette vue, je me retirai tout doucement, ce qui n'était guère bien. Aussi, dès le matin, avant l'aurore, je quittai mon lit, et, m'affublant de mon paletot fourré, je courus à la tente du général pour prendre congé de lui et le remercier de ses bontés; mais, hélas! il était déjà parti et toutes les tentes disparaissaient l'une après l'autre. Dans l'Inde, on s'y prend de bonne heure pour voyager, avant le jour, presque de nuit, car il n'y a pas à plaisanter avec le soleil, même en hiver; vers les neuf heures, et même avant, il faut déjà être rendu à quelque endroit bien abrité. Je rencontrai pourtant un capitaine traînard, l'un des convives du dîner de la veille, et je le priai de présenter mes excuses au général et de le remercier.

23 février.

Nous restons en place un jour de plus, ce qui m'arrange, car cela donne plus de temps à Théodore [1] pour arriver avec son char à bœufs, sur lequel j'ai une tente ou deux et considérablement de bagage. Il nous rejoin-

---

[1] Plusieurs années après, ce domestique, dont je ne mets pas en doute la véracité, m'a raconté que, pendant ce voyage, qu'il fit seul avec quelques natifs, entre Dehli et Loudiana, aux approches de ce dernier endroit, comme il passait par un village hindou, solitaire et éloigné de toute surveillance des autorités anglaises, il aperçut un attroupement du milieu duquel s'élevait une fumée; c'était celle d'un bûcher où l'on brûlait un mort. Il s'approcha et vit une femme d'environ vingt-sept ans, que l'on faisait monter par une échelle sur une estrade de bambou construite au-dessus du bûcher et où des bramines lui donnèrent quelque chose à manger et à boire. Puis, tout à coup, l'estrade s'écroula, et la malheureuse disparut dans les flammes, aux sons d'une musique bruyante.

13.

dra où il pourra. En attendant, j'ai tout ce qu'il me faut, grâce à cet excellent M. Clerk. J'ai mes deux palanquins avec moi, et les porteurs continueront à m'être procurés par ses ordres. Outre cela, il me donne tous les jours un cheval, à mon choix, ou un éléphant, ou bien un dromadaire, à monter pour l'étape, et même une voiture commode pour me faire traîner, si je veux ; enfin je puis aussi aller à pied pour plus de variété. C'est bien du luxe pour des marches courtes qui ne seront que de dix milles par jour et moins ; car celle d'après-demain ne sera, je crois, que de trois milles. Il s'agira de traverser une rivière, le Sutlidge, ce qui doit être embarrassant avec les tentes, éléphants, chameaux, voitures, etc. M. Clerk a entre autres une voiture à quatre chevaux, qu'il mène souvent lui-même, et qui, comme je disais, est aussi à mon service, grâce à son extrême obligeance. L'éléphant qu'il m'a destiné, et dont j'ai déjà fait usage hier, a un *haoudar*, siège en forme de cabriolet, avec une capote, et on y est très-bien à deux, avec un domestique derrière, au besoin. En nous promenant là dedans avec le jeune officier de hussards, le capitaine Crawley, nous rencontrâmes quelques Sikes, dont l'un avait à la main une très-longue pique toute peinte de fleurs, de figures de femme et de divinités indiennes. Nous demandâmes à la voir, et il nous la présenta respectueusement d'un air très-satisfait. Questionné par nous sur ce qu'elle coûtait, il dit que c'était deux roupies ; ce qui nous parut excessivement bon marché. J'avais d'abord cru entendre deux cents roupies sans m'en étonner. Puis nous allâmes tout près voir un camp de Sikes, qui sont envoyés pour complimenter M. Clerk. Il y avait des tentes rouges et rayées, et comme des cloisons de toile bigarrée appelées *kanats*, qui entouraient les tentes et les rendaient confortables. Là on s'empressa autour de nous avec une vive curiosité, examinant attentivement tout ce que nous avions sur nous. Dans cette foule de farouches sauvages, armés de boucliers, de fusils à mèche, de sabres et de piques, se trouvait un petit garçon d'une beauté remarquable, extrêmement gracieux. C'était le fils d'un radja sike. Il portait des boucles d'oreilles d'or, avec des perles et des émeraudes, des bracelets d'argent en serpents, un habit de gaze brodé d'or, et un petit fusil dont il était fier. Il y avait de plus un vieux à barbe blanche, tout en jaune, d'une tournure indo-allemande; un autre tout en rouge de la tête aux pieds, avec une barbe noire et le visage couleur de bronze. J'ai fait de cela un léger croquis de mémoire à peine rentré à notre camp.

AU MÊME.

Omritsar, dans le Pandjab, 3 mars 1842.

Grâce à Dieu, voilà notre correspondance bien établie. J'ai reçu ce matin deux lettres de vous, du 9 et du 10 décembre dernier, de Paris, par rapport à ce manque d'argent qui vous a valu tant de réclamations de moi quand j'étais à Calcutta. Tout s'est arrangé depuis, comme vous le savez probablement déjà par mes lettres; je nage dans l'abondance, et tous mes vœux sont exaucés. Il n'y a qu'une seule idée qui me tracasse jour et nuit, c'est Cachemire. J'agite constamment cette pensée dans ma cervelle, mais inutilement, car tout le monde dit que c'est impossible, sans cependant me donner des raisons incontestables ; et moi, je ne puis croire à cette impossibilité, quoique je craigne bien de n'avoir pas assez de résolution pour y aller à tout hasard, et ensuite d'en être aux regrets le reste de ma vie.

Nous sommes arrivés avant-hier au soir à Omritsar (Sainte-Eau, à ce qu'on me dit, en sanscrit, à cause d'une eau bénite qui se trouve ici et où l'on vient se laver). C'est la seconde ville du Pandjab. Le roi Schir-Sing est venu recevoir M. Clerk, l'envoyé du gouvernement anglais. En nous approchant d'ici, j'étais avec M. Clerk sur un éléphant, et nous avions une grande suite de Sikes et de troupes anglo-indiennes. Nous aperçûmes dans le lointain une rangée d'éléphants et une nuée de cavaliers. C'était le premier ministre Dian-Sing et autres, qui s'avançaient à notre rencontre ; et lorsque tout cela fut réuni autour de nous, je me crus transporté dans l'antiquité. Plusieurs milliers de cavaliers sikes superbement vêtus, sur des chevaux fougueux, répandus en masse dans une plaine de blé vert, avaient l'air de l'invasion des Huns, dont Raphaël nous a donné l'idée dans une fresque du Vatican. Il y avait aussi les cuirassiers réguliers du roi de Lahore, avec des cuirasses et des casques, et quelques hommes isolés en cotte de mailles et brassards, avec des plumes sur les casques et armés d'arcs ; mais la plupart en drap d'or, en velours et en soie, en pantalons étroits comme des chevaliers du moyen âge, le turban druidique flottant. Leur apparence tenait aussi beaucoup des Circassiens sahendaks ou en sahendak ; car jamais nous n'avons pu tirer au clair, de notre ami le prince circassien Khazi-Guirey, si c'était substantif ou adjectif; mais cela veut dire armé de toutes pièces. Avoir sous ses yeux un spectacle pareil, tandis que l'Europe est plongée dans une civilisation aussi prosaïque que celle de la Chine, et voir des hommes dans toute leur poésie primitive, tels qu'on était chez nous au moyen âge, n'est-ce pas bien intéressant?

Les plus grands seigneurs, ornés de pierres précieuses, étaient sur des éléphants à siéges d'or massif ou d'argent et à chabraques en drap d'or, et derrière eux étaient cramponnés des palefreniers tout nus ou à peine couverts de linges sales, gracieusement et sauvagement drapés. De même parmi les cavaliers resplendissants d'or, de soie et de velours, il y en avait çà et là, mais très-peu, de tout nus ou avec quelque torchon, sur des selles splendides et des coursiers superbes; c'étaient les grooms de ceux qui étaient sur les éléphants. Quelques-uns de ces malheureux aussi se cramponnaient à la queue des chevaux de leurs maîtres, jeunes dandys sikes, se pavanant en drap d'or, voilés et enveloppés de gaze rose ou blanche, armés de poignards, de sabres et de pistolets, les moustaches relevées et la barbe séparée au milieu du menton et peignée vers les oreilles avec une coquetterie féroce, comme les crânes l'ont ici, à commencer par le roi. Puis, imaginez-vous que sur notre passage il y avait des gens d'un costume particulier et étrange, avec de hauts turbans, tout en noir, des poignards et des plumes fixés dans le turban, moustaches et barbe relevées vers les yeux, nous accablant d'injures, hurlant de toutes leurs forces et brandissant leurs sabres contre nous, quelques-uns même deux sabres, un dans chaque main. C'étaient des Akalis, secte privilégiée, trop forte et trop nombreuse pour être réprimée par le gouvernement du roi de Lahore. On n'ose guère les toucher, à moins qu'ils ne commettent quelque atrocité, et toute notre masse de troupes sikes, et tous ces milliers de cavaliers élégants les évitaient et les laissaient nous insulter. Ce sont eux qui ont mutilé le peintre allemand, M. Schoeft. J'ai oublié de dire que le premier ministre, en nous accostant avec son éléphant, de manière à nous heurter (nous nous trouvâmes dans une véritable presse d'éléphants), se leva dans son haoudar, prit un énorme sac plein de roupies et le présenta à M. Clerk, qui le mit entre ses pieds. C'est un cadeau, mais que les Anglais ne peuvent jamais s'approprier depuis un ordre du gouvernement; tout cela est compté et pris par la Compagnie des Indes, qui le restitue aux Indiens sous une autre forme. Ce sac tomba de nos pieds dans la bagarre et fut miraculeusement rapporté plus tard par des suivants. Quand nous arrivâmes ici, la foule fut écartée par les soldats. On nous avait préparé une maison hors de la ville, dans un jardin, et des tentes doublées de châles de cachemire; mais tout cela si peu confortable, que M. Clerk fit placer ses propres tentes, qui sont admirables, sur une vaste étendue, et comme les voilà entourées de soldats sikes et anglo-indiens et de canons, nous sommes en sûreté.

Ce matin, j'ai été à l'audience chez le roi Schir-Sing, fils du vieux Rondjid-Sing ou du moins passant pour tel. C'est la première mission depuis la mort de Rondjid-Sing, de sorte que c'était une visite de condoléance au sujet de la mort déjà ancienne de ce féroce vieillard et de ce malheureux jeune homme Naounahal-Sing, qui fut écrasé sous une porte écroulée à l'occasion d'un auto-da-fé de femmes. Je comprends, du reste, fort bien la possibilité d'un tel accident, car je tremble toutes les fois que je passe à dos d'éléphant sous une porte d'Omritsar; et des portes, il y en a beaucoup, toutes à demi écroulées, à fentes menaçantes; ils ont la rage d'en avoir pour séparer chaque quartier de la ville; et il me semble toujours que si l'éléphant touche une seule brique, tout doit tomber; avec cela qu'il faut souvent se courber pour passer, tant c'est bas. Ce sont de terribles architectes. L'éléphant a peine à passer dans ces rues étroites en frottant les murs et les fragiles balcons de ses flancs et de ses chabraques de drap d'or. On voit même des femmes perchées sur ces châteaux branlants. Elles ont force bijoux aux oreilles et au nez, avec des chaînes qui vont du nez aux oreilles, de façon qu'on voit à peine leur charmante figure. Mais elles sont gracieuses, et saluent respectueusement du haut de leurs précaires balcons ou des terrasses. Elles sont en pantalon collant comme des garçons, dans des postures cavalières, drapées d'un voile à bordure d'or ou d'argent. J'ai deux fois parcouru les bazars les plus étroits et les quartiers les plus sauvages de cette ville sur un éléphant, François sur un autre, précédé et suivi d'une foule de soldats de cavalerie sike, qui allaient ventre à terre par-dessus tous les obstacles, et, ce qui me causait une certaine satisfaction, culbutaient avec indifférence tous ceux qui osaient nous insulter.

Mais j'oublie le roi. Je lui ai donc été présenté. Il nous a reçus dans une baraque délabrée, entouré d'une foule de ses Sikes, qui avait l'air d'un chœur de prêtres de la *Flûte enchantée*, mais armés de toutes pièces; la plupart, à commencer par le roi, ayant la barbe séparée en deux, et ramenée en arrière vers les oreilles, et les moustaches relevées vers les yeux. Ils étaient tous en blanc, parce qu'on était en deuil à l'occasion de ces morts subites et de cette visite de condoléance; même les tapis étaient soigneusement couverts de toile. En m'en retournant, j'observai dans la foule un cavalier burlesque, monté sur un dromadaire, avec une plume de héron à son turban et la barbe en l'air. Je le montrai à M. Clerk, qui me dit de le faire appeler à ma tente et de le croquer; ce que je fis en un quart d'heure à peu près. Je donnai une roupie à ce drôle, dont les habits, ou plutôt les guenilles, étaient complétement fanés par le soleil. Il avait quelque chose de Samiel dans le Freyschütz. M'attendant à être obsédé de ses remerciments, je sortis de dessous ma tente pour le congédier en lui donnant ma roupie, mais je vis que du haut de son dromadaire il faisait la grimace en montrant ses cinq doigts, et en nous criant qu'il en voulait cinq. Alors je fis la tentative de lui reprendre la roupie, mais j'en fus quitte pour l'essai, car il la tenait ferme.

4 mars.

Le soir même de notre arrivée, lorsque déjà il faisait nuit, il vint, de la part du roi, une troupe de gens avec des torches et des fardeaux. A la tête étaient quelques dignitaires du roi, chargés d'offrir de sa part à M. Clerk un immense plateau avec un monceau d'or de onze cents ducats de Hollande. Les autres cadeaux étaient des boîtes contenant des fruits, des sucreries dans des pots, des vivres et du vin, et cela en telle quantité qu'on en couvrit un espace immense. C'était pour nourrir tout notre camp, soldats et gens, et cela se répète tous les jours. Ce n'est guère mangeable; pourtant c'est ce que le roi mange; mais pour les pauvres gens et les soldats c'est inappréciable. On apporte aussi à foison, de la part du roi, de quoi nourrir les chevaux et les éléphants. De tous ces présents, M. Clerk ne peut garder que les vivres; tout le reste est envoyé au trésor de la Compagnie des Indes. Feu Rondjid-Sing lui a donné une fois un sabre magnifique et son portrait orné, je crois, de pierreries, et il a été obligé de l'envoyer de même. Mais voici une chose curieuse. Parmi les provisions il y avait un panier à part de vin royal. La recette en était écrite sur chaque bouteille, et signée par le ministre, en présence de qui il a été composé. Le prix y était marqué également. Chaque bouteille coûtait 300 roupies ou 30 livres sterling, ce vin contenant des pierres précieuses et des perles pilées. Il était écrit sur la recette : tant de grains de rubis, tant d'émeraudes, tant de perles, tant de diamants et tant d'or. Ces pierres sont considérées, dans le Pandjab, comme un tonique admirable; et quiconque peut en boire le fait. Ce vin est d'une force épouvantable, non pas comme de l'eau-de-vie, mais comme de l'eauforte presque. J'en ai mis une goutte sur ma langue, c'était comme une brûlure. Mais en voilà assez sur ce sujet. Je suis impatient de vous rendre compte de ma matinée. Hier, c'était la visite de condoléance, par conséquent simplicité parfaite; mais ce matin, le roi Schir-Sing nous a donné une audience d'apparat. Quel spectacle! Je pouvais à peine en croire mes yeux. Tout était resplendissant de pierreries; les couleurs les plus vives dans les lignes les plus étranges et les plus harmonieuses.

14

C'était un jardin vert, tout émaillé d'une foule immense de Sikes jaune, rouge, rose, blanc, or, argent, vert, lilas et azur, dans des habits d'une forme unique, tous armés, quelques-uns en cottes de mailles. Ils étaient assis; mais, à notre approche, ils se levèrent en masse. Dans cette cohue était le roi, venant à notre rencontre, gros homme trapu, de quarante ans, assez laid, couvert des bijoux les plus magnifiques qu'il y ait au monde. Sur son bras droit était le plus beau diamant qui existe, le kouinour. Il embrassa M. Clerk, nous fit asseoir sur des chaises d'argent, tandis que lui-même et ses favoris se placèrent vis-à-vis de nous sur des chaises faites de ducats de Hollande fondus, de même que les tabourets sous leurs pieds. On apporte ici ces ducats de Bombay, sur des chameaux et des mulets, pour les fondre, et en faire des meubles et des ustensiles, de même que de grandes pièces d'or de ce pays, qu'on appelle mohours. Depuis que nous étions descendus des éléphants, nous n'avions marché que sur des châles de cachemire. Lorsque je fus assis, je m'aperçus que toutes les allées, platesformes et avenues, autant que le regard pouvait en embrasser, étaient couvertes aussi de châles superbes. Des chevaux, magnifiquement caparaçonnés, trépignaient dessus. Nous étions sous le portique d'un kiosque délabré. Le jardin était plein de guerriers groupés par terre dans toutes les avenues autour de cette masure, armés d'arcs et de flèches, de boucliers, de sabres et de fusils, mèche allumée. Alors s'établit entre M. Clerk et le roi une conversation piquante, comme tout ce qui a un caractère officiel, et entrecoupée de longues pauses, pendant lesquelles, de part et d'autre, on se creusait l'esprit pour préparer quelque belle phrase sur l'affection qui existait entre les Sikes et les Anglais, affection assez semblable à celle que se portent réciproquement les loups et les chasseurs. On apporta les cadeaux du gouvernement anglais; ils consistaient en un sabre, un poignard, quelques étoffes, et des chevaux qu'on amena sur les cachemires. Le roi leur jetait un coup d'œil distrait à mesure qu'on les faisait passer, et regarda à peine les autres cadeaux. Ces cadeaux signifiaient pourtant que le *governo inglese* le reconnaissait comme roi, et étaient par conséquent d'une haute importance pour lui; mais l'étiquette sike exigeait cette indifférence apparente. Pendant tout ce temps, des individus d'assez basse classe s'approchaient du roi, un à un, se baissaient presque jusqu'à terre, et lui présentaient quelques roupies, deux ou trois. Il les prenait machinalement; sa main jouait avec elles, et les laissait tomber par terre près de sa chaise, quand elle en était trop remplie. C'est une des manières de percevoir le revenu. Puis le roi se leva, prit M. Clerk par la main et le conduisit, à travers cette baraque, vers le côté opposé, qui donnait sur un autre petit jardin plus retiré. Nous suivîmes avec quelques seigneurs sikes, intimes du roi. Il y avait aussi un petit enfant richement vêtu, un orphelin que le roi protége. La porte de la première chambre, espèce de hangar, se trouva fermée; on frappa pendant quelque temps à coups redoublés, mais sans succès. Le roi voulait déjà nous mener par un autre couloir, lorsque enfin on ouvrit, et nous arrivâmes sur un perron couvert de châles magnifiques, et donnant sur une mare d'eau sale et stagnante, de forme carrée, avec une fontaine cassée au milieu.

C'était pour nous faire voir ses propres chevaux, qu'on faisait entrer, les uns après les autres, par une petite porte basse, sur ce perron tapissé de cachemires, en leur couvrant les yeux. Le premier qu'on amena ainsi était un cheval sike, colossal, avec un *ramshopf* (nez busqué) très-prononcé, tel qu'on en représente sous les guerriers du moyen âge. Son harnais était composé d'émeraudes et de perles énormes; la selle était d'or, et le pommeau une émeraude grosse comme une pomme. Tel qu'il était, caparaçonné de ces châles resplendissants, le roi le fit forcer d'entrer dans l'étang, dont l'eau lui allait jusqu'aux genoux seulement; mais le cheval effarouché y fit des bonds si formidables, que sa magnifique chabraque fut jonchée d'eau, comme disait S....., notre maître d'allemand, d'anglais et de français. En attendant, on avait fait venir un autre cheval blanc, très-grand aussi, ayant les jambes peintes en rouge jusqu'aux genoux, et plus paré que pas une femme de joyaux d'or et de rubis de dimension extraordinaire, qui pendaient sur son cou, sa tête et son poitrail. On amena ensuite un alezan de toute beauté, parfait de tous points; d'autres couleurs ensuite; enfin une quantité. Le roi les faisait tous parader dans l'eau, à quoi il paraissait singulièrement tenir; puis il les faisait remonter sur la plate-forme du perron, au rez-de-chaussée, où nous étions. C'était un brouhaha, une presse, un pêle-mêle d'hommes et de chevaux, de sons et de couleurs, et dans ce chaos d'or, d'acier, de pierreries, de velours, de cachemires et de soie, le roi s'agitant comme un simple particulier, sur un pied d'égalité avec ses courtisans et avec nous. Vous pouvez vous figurer la scène étrange que cela devait faire. Pour revenir à l'endroit d'où nous étions partis, nous fîmes le tour de la masure à travers des groupes d'hommes élégants. Un autre groupe, qui se tenait à part, était composé de danseuses richement vêtues, avec force bijoux au nez, grandes et petites, quelques-unes jolies, souriant et nous faisant des saluts. Au premier coup d'œil, je ne compris pas le sexe de ces êtres équivoques, en habit court et pantalon collant. Enfin nous prîmes congé *ex abrupto*, et revînmes à notre camp pour y continuer notre vie monotone, car, hélas! c'est une véritable vie de prison, ne pouvant sortir qu'avec force soldatesque et juchés sur des éléphants. De jolies danseuses rôdent autour de notre camp, brillantes d'or et de grâces juvéniles, sur de misérables charrettes traînées par des bœufs. Elles essaient de descendre de leur chétif équipage, où elles sont pressées les unes contre les autres; tristement elles regardent si on les appellera, font de gracieux saluts de leurs bras fins; les hommes qui les accompagnent les offrent; mais la soldatesque et la valetaille les écartent. Il est défendu de les laisser entrer dans le camp; ce serait une infamie. Tout est forme ici, on se croirait dans un couvent.

Nous sommes entourés de magnifiques champs de blé qui couvrent le Pandjab. Une superbe armée sike de vingt-cinq mille hommes est campée ici, en vue de notre camp. Le temps n'est pas trop chaud encore; c'est juste ce qu'il faut, si ce n'est que le soleil est ardent.

J'ai oublié de vous dire que j'ai vu des tombes de femmes qui ont été brûlées avec les cadavres de leurs maris. On garde le corps du mari aussi longtemps que possible, et lorsqu'il tombe complétement en putréfac-

tion, la malheureuse est placée sur le bûcher, tenant le
cadavre dans ses bras, et c'est ainsi qu'elle est brûlée
Quelle horreur !

M. Clerk a été témoin d'une scène pareille ; la malheureuse qu'on allait brûler n'avait pas plus de dix-sept
ans ; malgré les bramines, malgré la victime elle-même,
il était parvenu à la sauver, lorsque, à sa grande indignation, il apprit que ces fanatiques l'avaient enlevé
pendant la nuit ; déjà on la brûlait à petit feu, car le
bois est cher et les bramines sont avares, quand M. Clerk
arriva à temps pour l'arracher à cette horrible mort. Elle
est aujourd'hui à Ambala, sur le territoire anglais, où
elle s'occupe à tisser. Quand, à mon retour, je passerai
par là, je demanderai à la voir.

Hier au soir, pendant que je vous écrivais, François
vint me dire à travers le rideau de la tente qu'on voulait
me parler. Je lui dis de faire entrer ; et, en écartant le
rideau, je vis deux hommes voilés tenant des torches, un
fakir et une grande femme, avec force bijoux au nez,
aux joues et aux oreilles, des feuilles d'or sur le front et
les joues, la moitié du visage et du corps voilée d'une
longue gaze. La femme commença à m'adresser d'une
voix glapissante des espèces de prières ou plaintes ; puis
tout à coup elle se retourna en ôtant son voile et se mé-
tamorphosa en un robuste fakir tout nu, avec de longs
cheveux, qui se mit à vociférer d'une voix rauque et d'un
ton grossier. Je compris que c'étaient des mimes. Le roi
aime beaucoup ce genre de farces ; il a donné à ces acteurs de l'argent et des terres, de ces bonnes terres
grasses du Pandjab, de sorte qu'ils sont riches. Igno-
rant encore cette circonstance et voulant me délivrer de

ces bouffons, je leur offris une roupie, et les engageai à s'en aller; mais ils la refusèrent poliment, et me demandèrent la permission de rester quelque temps; je les priai donc de s'asseoir, et ils s'assirent par terre, de même que les porteurs de torches, qui continuaient à les alimenter avec un aspersoir d'huile. C'était à faire mal au cœur.

Ce matin, un Akali de cette secte enragée est venu à ma tente, furieux et m'accablant d'injures; c'était de nouveau le mime avec une fausse barbe; puis il est revenu en radja, couvert de mousseline brodée et de bijoux. Il s'amuse ainsi à parcourir les camps, et s'acquitte très-bien de ses divers rôles. Le Pandjab est parsemé de camps irréguliers, qui font un bon effet au milieu des champs très-verts de blé très-haut et très-touffu, d'une végétation vigoureuse; quelques villages délabrés, bâtis de boue, avec des fortifications, espèce de tours à remparts, vont bien aussi avec le vert, à cause de leur couleur grise.

J'ai oublié, en vous décrivant notre réception à Omritsar, de dire que, dans la nuée de cavaliers et d'éléphants qui vinrent à notre rencontre lorsque nous approchions de cet endroit, il y avait des timbales et des drapeaux verts en triangle, avec des divinités indiennes à mille pieds et mille bras, peintes sur la soie. Je ne vous ai pas dit non plus que les Akalis, dont quelques-uns, richement mis, font partie de la suite du roi, ont sur leurs turbans des cercles de fer tranchant, qui servent à fendre des têtes ou des estomacs et qu'ils jettent à une grande distance; c'est une arme enfin. J'ai encore vu une autre arme, une espèce de griffe de fer, qui se met à la main, s'adaptant à chaque doigt, avec laquelle on saisit sa victime et qu'on lui enfonce dans les chairs. Cette arme s'appelle en anglais *tiger's claw*, griffe de tigre, traduction de l'indien. Je vous raconte tout cela, parce que vous vous y intéressez ; quant à moi, ce que j'aime et ce que j'adore, c'est la vallée de Cachemire, qui m'est interdite, cette vallée solitaire, mystérieuse et séquestrée du monde dans les sombres profondeurs de l'Himalaya. Je suis sevré de l'objet après lequel mon âme soupire avec ardeur ! Plaignez-moi, mon cher ami.

AU MÊME.

Lahore, 22 mars 1842.

Je suis ici depuis une huitaine de jours campé près de la ville.

Entouré de murs élevés, de tours et de ravins, Lahore est un amas compacte de hautes maisons dans un état de délabrement effrayant et dont l'ensemble forme un cloaque infect et obscur. Là, juché sur un éléphant, on chemine avec peine par des ruelles tortueuses, tellement resserrées, qu'on en frôle les murs tout le temps, avec la perspective imminente d'être écrasé par la chute d'une de ces masures élancées, dont les quatre ou cinq étages semblent fléchir sous le poids de leurs balcons et de leurs habitants. Les espèces de portes triomphales sous lesquelles on passe d'un quartier de la ville à un autre ne sont pas d'une caducité moins alarmante. Toutes ces constructions sont en briques. La ruelle est pleine d'égouts horribles où l'on enfonce, et de trous dangereux où l'éléphant est obligé de faire comme des pas de contredanse grotesque. En bas on voit des boutiques de comestibles dégoûtants, et des êtres misérables ou farouches, drapés comme les sorcières de Macbeth, ou nus, avec de longues barbes; de hideux eunuques, des fakirs frottés de cendre et le visage grotesquement peint, les uns couverts de peaux de tigre ou de léopard, et avec des turbans fantastiques, à plumets et aigrettes, mais tout souillés; les autres complétement nus, hurlant ou sonnant d'une trompe en cuivre de la longueur d'un homme; des fanatiques en costume exagéré, tout noir, faisant semblant de diriger sur vous des arcs armés de flèches, de longs fusils à mèche, des piques interminables ou des sabres. Quelquefois vous rencontrez des figures d'anges, mais généralement le teint malade et d'une maigreur excessive. Je ne parle que de la rue; mais quand on regarde autour de soi et au-dessus, on voit les fenêtres et les balcons chargés de courtisanes et de danseuses brillantes d'or et de pierreries, faisant des saluts gracieux. A d'autres balcons ou fenêtres se tiennent force poules et coqs, remplissant l'air de leur caquetage. Ce mélange de filles parées et de volatiles est agréable, et, à la vue de cette vive jeunesse riant aux éclats de ma tournure européenne, j'oublie parfois les dangers d'une telle promenade. Mais tout à coup une antique cariole dorée, attelée de bœufs, encombre la ruelle; un bœuf est tombé et ne veut pas se relever. Si ce n'était un bœuf, on aurait passé par-dessus, cariole et tout, sans hésiter un instant; mais un bœuf est sacré; l'obstacle est donc insurmontable, et on rebrousse à reculons jusqu'à ce qu'un confluent de ruelles permette à l'éléphant de se tourner pour prendre un autre chemin.

Vous désirez peut-être savoir quel ordre d'architecture domine à Lahore? tout y est mauresco-indien. Avant d'y arriver, nous avons campé une journée dans les jardins de Schalimar. On appelle ainsi un jardin à quatre milles d'ici, qui est le Versailles des rois de Lahore. C'est cet endroit qui porte le nom de jardins suspendus de Lahore, peut-être à cause de la manière dont il est disposé en plusieurs terrasses s'élevant les unes au-dessus des autres. Ici on l'appelle Schalimar-Bagh. Les traits distinctifs de cet endroit sont la fraîcheur des ombrages d'orangers, l'étendue des pièces d'eau animées d'une quantité de canards et d'oies grises; les innombrables fontaines et cascades symétriques, dont les jeux sont si artistement combinés qu'ils remplissent tout l'air de ce paradis d'une pluie fine et imperceptible, de sorte que l'atmosphère est chargée à tel point de poussière humide, qu'au bout d'une demi-heure de promenade par les allées droites de ce *giardino,* on en est tout imprégné. Les kiosques ou pavillons, quoique en partie de marbre, ne sont pas très-beaux; mais ils étaient tapissés de délicieux châles de cachemire à l'occasion de notre présence; et, à l'entour de ces kiosques, des plans inclinés de marbre blanc étaient ciselés de manière que le cristal limpide des eaux en s'y précipitant faisait comme un torrent de diamants. Dans ce jardin rôdaient çà et là des gens suspects armés jusqu'aux dents. Pour me faire bien venir d'eux, je les priai de me montrer leurs armes; et alors un sourire naïf d'étonnement et de satisfaction remplaçait sur leurs visages l'air farouche et soupçonneux qu'ils avaient eu jusque-là.

Le lendemain de notre arrivée à Lahore, le roi nous invita à une chasse, et vous pourrez vous figurer que la chose était sur une grande échelle, quand je vous dirai que nous présentions dans la plaine un front de cinquante éléphants, richement harnachés, avec des chabraques de brocart et des haoudars d'or, où nous étions assis; que nous étions précédés et suivis d'une nuée de cavaliers splendidement vêtus et armés, sur des chevaux superbes, brillants d'or et de bijoux; et d'une foule d'hommes à pied avec des faucons au poing ou perchés sur leur tête : il y avait plusieurs centaines de faucons; nous calculâmes avec M. Clerk qu'il devait y en avoir jusqu'à cinq cents. Derrière, venait un bataillon de Sikes réguliers, battant le tambour et sonnant du cor et de la trompette pour faire lever le gibier. Le roi était très-attentif au gibier, de même que tout le monde, excepté moi. Par moments il lâchait un coup de fusil et ne manquait presque jamais. C'était tout bonnement des cailles, qu'on tua par cen-taines; mais, lorsque des plaines nous entrâmes dans les djungles dont les broussailles et les roseaux s'éle-vaient à la hauteur des éléphants, nous vîmes des san-gliers en assez grand nombre. Cependant on n'en tua qu'un seul, qu'on sabra pendant longtemps avant de pouvoir l'achever. C'était une boucherie dégoûtante au dernier degré. Passe encore pour les pauvres Sikes qui ne faisaient qu'exécuter les ordres du maha-radja, et qui avaient même l'air de s'acquitter avec répugnance de cette tâche sanguinaire; mais de voir un colonel anglais prendre plaisir à hacher de son sabre une malheureuse bête qui se débattait sous les coups d'une douzaine de bourreaux acharnés après elle, en vérité, c'était à soulever le cœur.

Comme le soleil devenait mauvais (c'était le matin), on se retira. Du reste, il faut vous dire que la plupart du temps il fait encore assez froid, ce qui me paraît étonnant à la fin de mars. Au moment où je vous écris dans ma petite tente, nous avons un orage terrible, tonnerre, averse et ouragan.

L'autre jour nous fûmes invités à passer la soirée chez le roi, dont le palais est dans une forteresse à un des bouts de la ville. Le roi, au milieu de tous ses guerriers, nous reçut en plein air, au clair de la lune, dans une vaste cour entourée de hautes murailles crénelées. Il y avait là une trentaine de chevaux magnifiques, couverts de pierreries, éclairés par des torches et des espèces de feux du Bengale qui projetaient leurs lueurs bleues du haut des murs. Il faut vous dire que les Pandjabiens sont fameux pour les feux d'artifice. Vus ainsi, les chevaux blancs, ornés d'émeraudes, étaient tout à fait fantasmagoriques, et les noirs, harnachés de rubis, tenaient presque de l'infernal, à la funèbre lueur des torches. Le roi, avec cet air calme et simple qui lui est particulier, nous conduisit par des sentiers et couloirs tortueux, et nous nous trouvâmes tout à coup dans une autre cour dallée de marbre et tapissée d'étoffes précieuses. Au milieu était un bassin plein d'oiseaux aquatiques, où d'imperceptibles jets d'eau remplissaient l'air comme d'une poussière de diamants, et autour duquel des milliers de petits flacons de diverses couleurs, éclairés intérieurement, répandaient une faible et douce lueur, semblable à l'aurore.

Pendant que nous avancions vers des tentes splendides en châles brodés et en étoffes d'or et d'argent, placées dans le coin opposé de cette cour, d'énormes rideaux de drap rouge, qui garnissaient tout le fond, se levaient comme la toile d'un théâtre, mais lentement et successivement, car c'étaient des guerriers sikes, à boucliers et cimeterres, qui les levaient, sans trop se presser, par des cordons; et, à mesure que ces rideaux remontaient, nous étions de plus en plus éblouis par la splendeur d'une salle nouvelle qui se découvrait, et dont tous les murs et les plafonds arqués étaient garnis de cristaux verts, blancs et rouges, enchâssés dans l'or et imitant un pavé de pierres précieuses sur une immense échelle. Nous y fûmes conduits par le roi, qui tenait M. Clerk, l'ambassadeur, par la main; et, en entrant, nous vîmes étalées à perte de vue, sur des tables couvertes de brocart, les armes royales : des centaines de sabres et de poignards, des boucliers, des cuirasses, des casques, tous d'une richesse extrême; mais rien de bon, c'est-à-dire d'admirable; rien. J'aurais été embarrassé d'y choisir quelque chose pour votre arsenal. Il y avait là entre autres une cuirasse, avec casque et gantelets, que le général Allard avait, je crois, fait venir de France; méchant trophée de théâtre d'un poli bien brillant, sans aucun caractère et du plus mauvais goût, au-dessous de toute critique. Cependant les Anglais, probablement par sympathie pour tout ce qui leur rappelle l'Europe, l'admirèrent beaucoup, et ce fut à qui essayerait les gantelets. Quant aux Sikes, je conçois que cela leur plaise, car, pour eux, c'est une grande curiosité. Puis après venait l'argenterie, presque toute européenne, de même que beaucoup des armes données par le gouvernement anglais de l'Inde; puis encore des boîtes et autres objets en agate incrustée

de pierres fines, et aussi cinq ou six portraits à l'huile,
sans cadres, que vient de peindre Schoeft, cet artiste
allemand qui est retourné dans les possessions anglaises.
C'était le portrait du roi couvert de bijoux et tenant à la
main un cimeterre droit et large vers le haut; le portrait
du premier ministre du roi, le radja Dhian-Sing, assez
bel homme, à cheval, et revêtu de cette même armure
que j'ai décrite, etc., etc. Le roi, qui admire cette armure, a voulu qu'il fût peint ainsi. De cette salle nous
fûmes conduits dans d'autres pièces, où le roi avait également étalé tout ce qu'il possède, ce qui était fort aimable de sa part. Il fait tout pour plaire. Il y avait aussi
au milieu de cette salle une table couverte, où, sous des
cloches d'argent, on avait préparé un dîner complet
pour nous; mais le roi osait à peine l'offrir, sachant que
nous n'aimons pas à déranger nos repas. Ensuite on alla
s'asseoir sous ces tentes sur une rangée de chaises d'or
et d'argent, et dans le voisinage de tables chargées de
quelques fruits et de bouteilles de formes curieuses, contenant ce vin précieux dont un flacon coûte 300 fr. et
plus. Cette espèce de vin est d'une force épouvantable.
Le roi en présenta de sa main à l'ambassadeur et à moi,
sachant du reste que nous ne le boirions pas, mais en
nous regardant cependant d'un air attentif comme nous
l'approchions des lèvres; quant à lui-même, il en avala
un verre tout entier. Alors les filles arrivèrent une à une
et en grand nombre, jusqu'à trente, jolies, mais mignon-
nes et délicates, dans des costumes tout à fait splendides,
et leur petit nez tellement chargé de bijouterie, leur
front et l'espace entre les yeux et les sourcils et le dessous des yeux tellement dorés qu'on avait de la peine à

distinguer leurs traits. Leurs pieds et leurs mains, ornés d'anneaux et de petits miroirs, étaient extrêmement jolis, quoique basanés. Des voiles diaphanes qui les couvraient étaient d'or, d'argent et de toutes les couleurs les plus vives. Leurs courts habits en velours et autres étoffes admirablement brodés, ainsi que leurs petits pantalons collants de soie fine, étaient fort gracieux. Ces aimables filles s'approchaient du roi une à une et lui présentaient une ou deux roupies. Le roi, qui était en conversation avec l'ambassadeur, se tournait vers elles d'un air à la fois distrait et bienveillant.

Il y a tant de naturel, de bonté et même de candeur dans ce roi, que, quoique assez laid de figure, il est charmant, et l'on dit qu'avec cet air timide et simple, il possède un courage indomptable dans le danger. Tantôt il prenait machinalement la roupie, tantôt il repoussait doucement la main qui la lui offrait, tantôt il y mettait une poignée d'argent lui-même. Ce manége me parut remarquable et singulier. Ces filles s'approchaient sans aucune crainte, la plupart en riant et regardant de côté. Puis elles s'asseyaient en masse par terre entre les tables. Quelques-unes d'entre elles avaient des physionomies rusées. Enfin, il y avait quelque chose de sympathique dans ces petites femmes. Tout à coup une musique plaintive se fit entendre, et deux d'entre elles commencèrent une danse lente, tandis que les autres restaient assises en groupes, luisantes comme des papillons ou des scarabées, causant à voix basse et riant entre elles.

Le roi eut l'idée de nous faire voir le reste de ses appartements, celui où demeurent ses femmes, aux deuxième et troisième étages. En conséquence, il leur fit dire de se cacher dans je ne sais quel trou; car, hélas! depuis que les mahométans ont ravagé l'Inde et y ont introduit leurs usages sordides, les Hindous aussi ont la coutume de cacher leurs femmes, et il n'y a que ces aimables petites courtisanes que tout le monde puisse voir! Nous montâmes donc dans de petites chambres dorées, dont une oblongue, où il y avait une table couverte avec les apprêts du souper pour les femmes qui s'étaient cachées, des lits à rideaux de gaze, etc. Je remarquai bientôt que les filles, au lieu de continuer à danser toutes seules en bas, car nous les avions subitement quittées au milieu de leur danse, venaient, tantôt une à une, tantôt par deux ou trois, nous suivre dans le harem et admirer les chambres qu'elles n'avaient peut-être pas vues encore. Elles examinaient tout sans toucher à rien, comme des enfants sages, marchaient sans qu'on entendît le bruit de leurs petits pieds nus, frôlant souvent le roi, comme si c'était tout simple; et le roi, qui servait lui-même de cicerone à M. Clerk, ne faisait pas plus attention à elles que si c'étaient des chats domestiques, ou plutôt des enfants de la maison. Il les laissait passer près de lui et devant lui, et évitait de les pousser, quoique sa marche en fût parfois embarrassée. Je dois vous dire encore que le roi a dans toute sa grosse personne quelque chose de comique, de craintif, et en même temps un air de magnanimité. En dépit de sa corpulence, sa démarche est légère, quoique lente, comme la plupart de ses mouvements, par suite d'une majesté d'emprunt, à ce qu'il me paraît; car, surtout devant M. Clerk, qui a un air fier avec lui, le pauvre roi ne sait sur quel pied se tenir.

Pendant que les filles dansaient, un feu d'artifice épouvantable continuait sans cesse au-dessus de l'un des murs crénelés de la cour où nous nous trouvions; on eût dit que nous étions assiégés. — Tandis que nous allions de chambre en chambre, examinant différentes choses, on portait du vin de Champagne qu'on nous offrait de temps à autre, et aussi du rôti froid de poulet et de gibier, sur de petites assiettes, sans fourchettes ni couteaux. On nous présentait tout cela brusquement; car, même à la cour, les Sikes n'entendent rien à l'étiquette; et ce qu'ils ont, ils l'offrent avec générosité et sans façon. Ici, tout est patriarcal et guerrier. Le roi, au milieu de ses courtisans, est sur un pied d'égalité avec tout le monde, un guerrier comme les autres. On l'aborde simplement, sans cérémonie. — Il n'y a pas de cruauté chez les Sikes. Ils ont horreur d'emprisonner un homme ou de le mutiler, comme on le fait généralement dans l'Orient. Ils tuent tout de bon à coups de fusil ou de sabre, ou bien ils pendent. — Voici ce dont j'ai été témoin une fois. Nous retournions avec le roi d'une revue de troupes à Omritsar, et notre brillante cavalcade passa dans un champ tout près d'un pendu, un voleur, à ce que j'ai appris ensuite; il avait déjà les pieds tout rongés par les chiens. Le contraste de ce pendu qui pourrissait dans ce champ vert, avec cette cavalcade si brillante qui passait à côté sans paraître y faire la moindre attention, était frappant.

J'ai acheté deux ou trois chiffons en fait de châles, pour rapporter quelque chose de Lahore. Je veux m'en retourner, pour aller à la foire de Hardouar (Hurdwar en anglais). Cette fois j'envoie en avant François, mon valet de chambre allemand; j'espère qu'il aura, pour se distraire de la monotonie du voyage, maille à partir avec les Sikes. Je suis bien fâché de devoir imposer ces courses pénibles et dangereuses à mes braves gens, qui sont toujours prêts à tout affronter; mais que faire? J'ai pensé qu'il valait mieux envoyer François, ancien hussard prussien, par le pays des Sikes, que ce pauvre Théodore, qui est trop jeune. Pour moi, je compte rebrousser vite, quelques jours plus tard, par le Pandjab, dans une voiture royale dorée, attelée de quatre mulets qui vont ventre à terre, et puis par poste en palanquin sur le territoire anglais. J'ai oublié de dire que l'autre soir, quand nous nous retirâmes de chez le roi Schir-Sing, l'ayant quitté tout au haut de son palais, sur une terrasse vide et exposée à tous les vents, qui n'a d'autre toit que le beau ciel du Pandjab, et où il aime à dormir parfois, l'ayant laissé là, dis-je, et étant redescendus, nous trouvâmes, à la place de nos éléphants, plusieurs voitures dorées attelées de mulets et de dromadaires, qu'on avait préparées pour nous, et qui nous emportèrent grand train par un chemin épouvantable à la maison, c'est-à-dire dans notre camp, comme si nous revenions du théâtre; c'était là, du reste, l'impression que m'avait laissée ce que je venais de voir. Tout le monde est tellement armé dans ce pays, que nos porteurs de torches avaient eux-mêmes des boucliers sur le dos.

J'ai vu cette porte, maintenant rebâtie, qui s'est écroulée, il y a déjà quelques années, sur le maha-radja Naou-nahal-Sing.

Nous voici au 23 mars. J'attends d'ici à deux ou trois jours des lettres de vous. A la cour je vois de jolis petits enfants habillés en guerriers, portant sabre et poignard, bouclier doré sur le dos, pantalon étroit, turban gracieux et flottant, avec ou sans aigrette, et le *tschoga*, petit manteau à manches, brodé finement à la hussarde, et négligemment jeté sur l'épaule. Je voudrais me procurer de ces petites armes, mais je n'en trouve point à acheter. — Où en étais-je? Ne vous ai-je pas encore parlé d'une malheureuse femme enterrée vive pour crime d'adultère? Son tombeau est ici à côté de notre camp. J'ai été le voir. On a découvert plus tard qu'elle était innocente, et on a bâti sur sa fosse un mausolée grandiose comme une église. Puis on y a fait des chambres qui sont habitées. — J'achète des arcs et des flèches; on m'en apporte des monceaux. Ce soir il y a festin à Schalimar, ce jardin que j'ai décrit plus haut; le roi nous y attend. Illumination, feu d'artifice, et très-vraisemblablement force bayadères.

Il y a, figurez-vous, chez Schir-Sing un docteur allemand, portant une longuissime barbe et un uniforme en satin jaune brodé d'argent. Son nom est Honigberger, mot à mot conservateur du miel. Il vient de me vendre un violon lahorien et un dessin panoramique de Lahore fait par un natif. En fait de Français dans l'armée sike, je n'ai vu qu'un certain M. Laroche. Les militaires sikes sont comiques. Imaginez-vous les officiers avec des barbes de patriarche, en uniforme de satin, velours ou drap d'or; car, quoique réguliers, ils ont la faculté de se mettre à leur goût. Il n'y a, pourtant, que l'étoffe et la couleur qui soient à volonté; quant à la coupe, elle a été fixée par feu M. Allard, et on s'y conforme dans tous les régiments. C'est l'uniforme français modifié à la sike; mais, comme je disais, tantôt en drap d'or, tantôt en satin jaune ou rose, etc., habit et pantalon.

Loudiana, 30 mars 1832.

Depuis ma dernière lettre, voici ce qui s'est passé. Je suis allé prendre congé du roi Schir-Sing [1], dans le jardin de Schalimar, où il s'était établi depuis quelques jours. Il nous y a donné une fête magnifique. Tout le jardin était illuminé de bougies, depuis le bord des bassins et des canaux jusqu'aux branches des orangers au tronc argenté ou doré. Des verres ou plutôt des flacons de couleur, placés devant ces bougies, teignaient de rouge ou de vert les eaux jaillissantes. Ajoutez à tous ces éblouissements un feu d'artifice continuel, la splendeur de cette cour guerrière, tout ce luxe fabuleux, ce jardin aux allées tapissées de châles de cachemire, et tous ces chevaux trépignant sur ces châles; l'odeur enivrante de la fleur des orangers, la danse, plus enivrante encore, des bayadères, et dites-moi si ce n'était pas le cas ou jamais de s'écrier avec le pauvre Tom du *Roi Lear :* « Dieu garde nos cinq sens ! » Seulement j'étais fâché que le roi eût l'air un peu triste. L'avant-veille il avait dégringolé de son éléphant; selon d'autres, il était tombé avec l'é-

______

[1] Peu de mois après mon départ de cette cour, il s'y passa une tragédie sanglante, dont tous les acteurs furent violemment assassinés, et j'ai encore de la peine à me figurer que ce même Schir-Sing, qui nous accueillait alors avec son hospitalité chevaleresque, au milieu de ces fêtes somptueuses, lui-même éclatant de pierreries dans son costume royal, et entouré de sa cour splendide et guerrière, ait été massacré, assommé comme le serait un chien enragé, son corps sanglant traîné dans la poussière, et sa tête jetée à son malheureux fils, jeune enfant de quatorze ans, assommé également après. Et ce Dhian-Sing, guerrier austère et diplomate fin, qui nous faisait aussi les honneurs à côté de son roi, mais d'un air fier et dissimulé, il a donc été victime de son ambition!

léphant, qui, dans l'obscurité du soir, avait mis le pied dans une de ces crevasses qui ne sont que trop fréquentes aux environs de Lahore. Pensez donc, rouler avec un monstre pareil!... Cependant il en a été quitte pour quelques contusions.

La veille de mon départ, je suis retourné dans ce jardin de Schalimar pour prendre congé; et quelle fut mon agréable surprise lorsque, après qu'on eut placé à nos pieds des bougies, dans le kiosque où nous étions assis, Schir-Sing, quelques Anglais et moi, nous vîmes apporter sur des boucliers, — pensez, sur des boucliers! — des étoffes et ornements précieux que le roi m'offrit en souvenir de mon séjour auprès de lui! Il me fit signe d'approcher et d'ôter mon chapeau (car on le garde devant lui), et suspendit à mon cou un collier de perles; puis il me présenta une aigrette en émeraudes qu'il ordonna d'attacher à mon chapeau, et me ceignit d'un sabre monté en or, disant que la lame n'était pas des meilleures, qu'il aurait pu m'en donner une persane du Khorassan, mais qu'il tenait à ce qu'elle fût lahorienne; enfin il ordonna de porter chez moi les étoffes qui étaient sur les boucliers et que les guerriers enlevèrent aussitôt. Vint ensuite le tour de Théodore, mon domestique russe, qui fut amené en présence du roi, lequel ordonna de lui mettre sur les épaules un *tschoga*, robe de chambre, en châle de cachemire jaune; et comme François, mon domestique allemand, était déjà parti pour Hurdwar, on remit à Théodore un autre tschoga vert, également très-beau, pour le donner à son camarade. Ce n'était pas tout : le roi, joyeux de voir qu'il faisait plaisir, se leva et me prit par la main pour me conduire à quelques pas de là vers un cheval blanc, éclairé par des torches et harnaché d'or et de velours, qu'il me donna. Le cheval était joli et les ornements l'étaient encore plus.

Les trois Anglais, qui prenaient congé, reçurent aussi des cadeaux, quoique de moindre valeur; mais cela leur était égal, car ils étaient obligés de tout livrer à la Compagnie. Ils les prenaient gaiement, blasés qu'ils étaient sur les curiosités indiennes, et ne s'en souciaient guère. Quant à moi, j'étais chargé comme un mulet. Revenu à la maison, j'examinai les étoffes. Il y avait deux longs châles à bordure, l'un vert et l'autre bleu; un châle noir carré; un tschoga en châle rouge brodé d'or; une étoffe or et soie pour habit d'hiver; une autre étoffe de soie rayée pour pantalon; une gaze blanche pour turban; puis, trois pièces d'étoffe blanche pour chemises, habit et pantalon d'été. Avec cela, comme vous le savez déjà, les bijoux, le sabre, le cheval, la selle de velours, la bride (avec une place pour fixer un plumet) en or de ducats, la chabraque en or; en un mot, un équipement aussi complet que magnifique.

Pour m'en retourner plus vite ici et puis me diriger vers les montagnes, j'avais envoyé mon bagage à l'avance et je m'étais mis, avec quelques Anglais, qui avaient aussi été en visite à la cour du maha-radja, dans une voiture royale dorée, attelée de dromadaires. On les avait disposés en relais, avec une douzaine de gardes à cheval, et sur la route on avait placé des piquets de soldats. C'était bon pendant le jour, quoique chaud; mais à la nuit tombante, ayant vainement appelé à grands cris, près d'un village fortifié et entouré de ravins, à portes closes et cadenassées, pour obtenir des flambeaux, et n'ayant entendu pendant une heure entière, pour toute réponse, que des injures de la part des honnêtes villageois, malgré notre royale garde, qui leur promettait de leur faire couper le nez, nous dûmes continuer la route dans l'obscurité. Or, à deux pas de là, un des dromadaires tomba dans un ravin, et notre squelette de voiture culbuta. Nous étions quatre dedans, trois Anglais et moi, et Théodore sur le siége avec le cocher sike, tous jetés par terre sans accident. On releva avec beaucoup de peine la voiture — ce n'était plus la même, mais une antique calèche. — Théodore eut l'idée d'allumer force roseaux et nous nous remîmes en marche. Mais, malgré les roseaux allumés, la lune déjà levée, et le chemin ou plutôt le champ uni, car, de chemin, il n'y en avait pas un soupçon, nous nous trouvâmes de nouveau subitement par terre et du même côté. C'était la roue qui s'était cassée dans la première chute, mais qui avait tenu bon jusque-là. Alors nous continuâmes la route à pied, puis nous fîmes descendre quelques gardes de leurs chevaux sur lesquels nous montâmes. Une barque nous fit traverser le Sutlidge, rivière qui forme la limite entre le pays de Lahore et les possessions de la Compagnie. Enfin nous atteignîmes Firouzpore. Là je trouvai mes palanquins et arrivai à Loudiana, où je me repose dans la maison de M. Clerk. Je partirai dans trois jours, et dans sept je serai déjà à Missouri, dans l'Himalaya, pour y attendre que François arrive à Hurdwar avec la tente; et alors je redescendrai, puis remonterai vers Simla.

Hurdwar, 10 avril 1842.

Depuis une semaine je suis campé à la foire de Hurdwar, grande réunion des peuplades de l'Inde, aux bords
du Gange, au pied de l'Himalaya. Il s'y trouve quelques
temples, autour desquels des milliers d'Indiens et d'Indiennes campent et se baignent dans le Gange. Ce fleuve
sacré étant très-peu profond ici, j'arrive jusqu'au milieu
de la rivière sur un éléphant, et j'y reste à voir descendre le monde en masse du haut des escaliers dans l'eau.
Un grand nombre d'échafaudages de bois sont construits
dans la rivière, et des enfants, habillés en dieux, s'y
tiennent pour recevoir les offrandes. Toute cette foule
d'hommes, de femmes et d'enfants entrent dans l'eau
tout habillés, en chantant à tue-tête, et y restent longtemps à grelotter, malgré l'excessive chaleur, car le
Gange est froid, les neiges des montagnes n'étant pas
très-éloignées. Le soir, cela se répète; mais on allume
des feux qu'on laisse flotter sur l'eau. Le bazar est plein
de quincaillerie indienne; puis, dans une plaine, il y a
des milliers de chevaux, et dans un bois de mangotiers,
des centaines d'éléphants à vendre. Des singes sauvages
font des gambades grotesques sur les arbres, et ont l'air
de se moquer des éléphants. J'étais sur le point d'acheter
un petit éléphant, pas plus haut qu'un gros chien, pour
lequel on demandait 600 francs, et qu'on aurait peut-
être donné pour bien moins; mais j'ai pensé que ce serait une folie, qu'il crèverait probablement sans sa nourrice, le pauvre petit, d'autant que je vais dans les montagnes, où il se fatiguerait.

Le soir, après dîner, je grimpe de nouveau sur un élé-

haletant pour respirer l'air de la nuit, moins étouffant que
celui du jour. Je passe par des ruelles sombres et silencieuses à cette heure; mais, par intervalles, des chants
sauvages frappent mon oreille, et un attroupement,
éclairé de torches, annonce un notsch, exécuté par des
garçons habillés en femmes, dansant et imitant parfaitement les notschs des bayadères. Plus d'une fois ce
spectacle m'arrête sur mon passage.

Dans un endroit écarté du camp des Indiens pèlerins,
des voix de femmes, que nous entendîmes sortir d'une
tente basse, nous engagèrent à descendre de notre éléphant. Dans l'obscurité nous nous heurtâmes contre une
Indienne, et nous lui demandâmes qui il y avait dans
cette tente que nous pouvions à peine distinguer. Elle ne
nous comprit pas; mais elle nous conduisit dans la tente,
où nous vîmes, à la lueur d'une lampe d'huile de coco, à
trois becs comme en Italie, un bramine mort et plusieurs
femmes chantant à basse voix près de lui. Nous nous retirâmes sans délai pour regrimper sur notre monture
et regagner notre camp; encore fallut-il passer le Gange
à gué.

Hier on m'avait invité à une chasse avec plusieurs
Anglais qui sont campés ici comme moi; mais j'ai refusé
à cause de la chaleur excessive et du danger qu'il y a à
s'exposer au soleil. Je suis sans cela déjà tout faible et
impatient d'arriver sur les hauteurs, où j'ai la chance de
regagner un peu de force. Ces messieurs partirent au
beau milieu du jour, sur sept ou huit éléphants, par une
chaleur suffocante, et ne revinrent que tard dans la nuit,
à la lueur des torches, avec un tigre jeté en travers d'un
éléphant, un sanglier et un daim sur un autre, et force

paons. Nous en mangeâmes un, c'est à peu près comme du faisan. Le tigre était long de neuf pieds anglais. On le fit écorcher sous nos yeux par des parias, et la chair fut distribuée à divers individus pour servir de médecine en certains cas.

Je m'en vais d'ici demain soir (la foire finit aujour-d'hui), et dans quatre ou cinq jours je serai dans un climat froid, dans l'Himalaya, à quelques mille pieds au-dessus de la mer, dans un endroit appelé Missouri. Ma société se compose d'une vingtaine d'Anglais, réunis ici de différentes stations voisines, les uns par devoir, les autres pour achats de chevaux ou d'éléphants.

J'ai quitté Hurdwar aujourd'hui, c'est le 13 avril. L'autre jour un Anglais arrivant en palanquin à Hurd-war, de l'endroit où je vais, entra tout effaré dans nos tentes, en disant que plusieurs fois il avait été arrêté en route par des tigres, c'est-à-dire que des tigres s'étaient trouvés sur la route, et que les porteurs de palanquin s'étaient toujours craintivement arrêtés pour attendre qu'ils fussent partis.

La chaleur est bonne pour tourner une page, l'encre sèche tout de suite.

J'ai passé une partie de cette route si terrible dans le bois, moitié sur un éléphant, et moitié en boguey. On traverse ainsi les forêts vierges de l'Inde centrale, et les tigres ont une terreur panique du boguey. Je n'en ai donc pas vu; mais les singes faisaient de burlesques cabrioles sur les arbres, et des troupes de paons sauvages voltigeaient dans le djungle impénétrable, et, fuyant avec bruit à notre approche, traçaient de longs sillons d'or et d'azur sur l'ombre de l'épais feuillage. — J'ai passé la nuit et je passerai le jour sous des tentes au milieu d'une forêt. Sur la route pour y arriver, le soir, il y avait dans les broussailles force feux qu'allumaient les villageois ou les voyageurs pour éloigner les tigres. Cette nuit, je m'attendais, d'après ce qu'on m'avait dit, à entendre leurs hurlements, et je fus réveillé en sursaut par un frôlement sur ma tente; mais ce n'était qu'un paon qui s'était abattu, et qui s'envola, l'or bleu de sa queue flottante reluisant aux rayons de la lune. — Mes bons camarades sont tous allés à la chasse au tigre; mais j'évite l'ardeur du soleil et les attends de pied ferme dans la tente. Ils m'ont donné la peau et le crâne de celui qu'ils ont tué avant-hier; mais ces coquins de parias, malgré la vigilance des chasseurs, ont enlevé pendant qu'ils l'écorchaient les griffes de l'animal, et ce n'est que plus tard qu'on s'est aperçu qu'elles manquaient.

Une superstition indienne fait considérer les griffes du tigre comme un talisman infaillible contre le mauvais œil, *jettatura*.

Pendant que je vous écris, Théodore se promène autour de la tente et agace les singes en leur jetant des bâtons ou des pierres. — Ce bois est plein de tigres et d'éléphants. Il y a huit jours seulement que mes compagnons les Anglais ont vu en chassant une vingtaine d'éléphants sauvages qui couraient en masse à travers les hautes herbes, et ils en ont attrapé un pauvre petit qui était resté en arrière. Je le vis le lendemain à Dera-Doune, appelé aussi Dera simplement; — Doune veut dire, je crois, vallée; —il était fort gentil, mais ne vécut pas longtemps.

Dera, où je suis maintenant, est un endroit fort agréa-

ble, mais point encore dans les montagnes. Le site est u[n]
des plus beaux que j'aie jamais vus, et M. Clerk ava[it]
bien raison de me le recommander particulièrement.

Adieu. Écrivez toujours par M. Forbes à Bombay. [À]
la fin d'octobre prochain, j'y compte aller moi-même; [et]
en attendant il aura toujours des indications précises.

AU MÊME.

Barr, au pied de l'Himalaya, dans la plaine de l'Hindoustan.

13 mai 1842.

J'avais résolu de ne point écrire tant que je n'aura[is]
pas reçu de vous signe de vie; mais qu'est-ce qu'une ré[-]
solution pareille quand on se trouve emprisonné pou[r]
tout un jour dans une chambre fermée de tous côtés, [à]
l'exception d'une seule porte, et celle-là même herméti[-]
quement barricadée par une de ces nattes de vétiver, su[r]
laquelle de pauvres petits Indiens tout nus, comme de[s]
sauvages qu'ils sont, jettent constamment de l'eau, ne
songeant pas au soleil dévorant ?

J'ai fait une tournée dans les montagnes jusqu'à u[n]
endroit qui s'appelle Missouri, et un autre un peu plu[s]
élevé encore appelé Landore; j'y ai fait un séjour d'u[n]
mois. De ce Missouri (en anglais Mussoorey) l'on voi[t]
deux grands glaciers blancs : le Djumnoutri et le Gangou[-]
tri; le premier est la source de la Djumna, et l'autre cell[e]
du Gange. Ces deux immenses montagnes sont loin de
Missouri, mais elles s'y voient comme nous voyions avec
vous l'Elborus des Eaux Chaudes du Caucase. Missouri
est assez élevé, sept mille pieds au-dessus de la mer.

L'air y est raréfié, sec, frais, et, à tout prendre, c'est un superbe climat. On est là au milieu de beaux paysages de montagnes. Il y a un hôpital pour les soldats anglais ; puis le club de l'Himalaya, dont on m'a fait membre honoraire, et où j'ai demeuré. Ce club possède deux billards qui font les délices des Anglais. Les maisons qu'ils viennent occuper à Missouri pendant la brûlante et la pluvieuse saison sont petites ; car c'est très-cher de bâtir si haut dans les montagnes, les ouvriers étant rares et les matériaux difficiles à transporter. Ces maisons sont perchées sur des rocs, dans des endroits qui paraissent inaccessibles ; et en effet tous les chemins de Missouri sont fort désagréables, étant fort roides et fort étroits, et longeant des précipices béants. Si le poney s'effraie, la chance de disparaître dans un gouffre me paraît presque inévitable [1]. Un autre mode de circuler est sur un fauteuil, solidement attaché entre deux brancards, et porté par quatre sales montagnards, un peu kalmouks ; car déjà cela se ressent du Thibet.

Après être resté là un mois et avoir éprouvé l'influence favorable du climat, j'ai voulu changer de scène, d'autant plus que les chambres du club sont très-petites,

---

[1] C'est ce qui arriva à un officier anglais que je voyais très-souvent, et qui se nommait, je crois, Macdonald. Un jour qu'il se rendait à une invitation à dîner, il roula avec son poney au fond d'un précipice où il fût retrouvé mort le lendemain. Il n'avait fait, du reste, qu'avancer sa fin de peu de temps, car il était atteint d'une maladie incurable, à ce qu'assurent les médecins qui l'ouvrirent. Ces dangers n'empêchent pas les gens qui passent la saison ici, hommes et femmes, de galoper sur ces routes fabuleuses pour quiconque n'a pas visité l'intérieur de l'Himalaya ; car, pour ceux qui en reviennent, elles font l'effet de vastes plaines.

16.

sombres et basses, et par conséquent tout à fait défavo-
rables au dessin, ayant de tous côtés des verandahs dont
les toits très-avancés interceptent la lumière en même
temps que l'ardeur du soleil. De plus, je désire de voir
Simla, autre endroit dans l'Himalaya, et plus beau,
dit-on. Au lieu de faire de Missouri à Simla à travers les
monts une expédition d'une quinzaine de jours avec
tentes, chevaux et cuisine, comme on me l'a particulièrement recommandé, j'ai préféré redescendre dans la
plaine et faire ma route par poste en palanquin, en trois
jours, jusqu'à un autre pied de cet Himalaya, où me
voici. C'est un village appelé Barr, d'où je puis monter
sur-le-champ à Simla. Ce sont, il est vrai, une cinquantaine de verstes et plus; pourtant on m'y porterait en
quelques heures dans une de ces chaises dont j'ai parlé.
Mais j'ai trouvé ici François, que j'avais expédié en avant
avec chevaux, tentes et bagages; il me paraît qu'il préfé-
rerait m'emmener voir son ordre de marche; ce que je
compte faire; et au lieu d'aller aujourd'hui en un jour à
Simla, je partagerai le voyage en deux jours et n'y serai
que demain. Je ne tiens pas à me trouver avant lui dans
un endroit où je n'ai encore ni feu ni lieu (je dis feu,
car à Missouri on fait du feu en avril, et à Simla, qui
est, à ce que je crois, un peu plus haut, peut-être en
mai). Cependant à Simla il y a un *house-agent*, auquel
j'ai écrit de me préparer un pied-à-terre, en attendant
que je trouve une maison commode à louer. Il s'agit de
gagner du temps maintenant, jusqu'à ce que je puisse
rétrograder vers l'Europe; ce ne sera pas avant octobre.

Cette petite course que je viens de faire dans les *pia-
nure* de l'Hindoustan s'est passée fort bien; car je n'al-

lais que la nuit et au crépuscule du matin, et j'étais assez heureux, en calculant bien, pour arriver à des maisons avant que le soleil et le vent chaud fussent trop mauvais; maisons où j'avais encore l'avantage inappréciable d'être sous l'abri des nattes mouillées, grâce toujours à M. Clerk, véritable bienfaiteur de cette contrée. Mais si je me mettais dès à présent en route pour Bombay, je succomberais immanquablement, car je ne trouverai pas toujours des maisons sur la route; on passe par des contrées peu habitées. Faute d'abri, je devrais donc avancer pendant le jour; et peut-être le devrais-je la plupart du temps, ou bien rester dans de mauvais gîtes. Puis la saison pluvieuse est à la porte, et on dit généralement qu'alors les forêts d'ici à Bombay sont, tout bonnement, mortelles; l'air putride qui s'y établit pendant les pluies étant empoisonné au point qu'on ne peut se livrer au sommeil dans ces forêts, sous peine de mort. Il est défendu de faire marcher des troupes par là à cette époque de l'année. Il est vrai qu'il y a l'Indus, par lequel j'aurais pu me rendre jusqu'à la mer, et puis par quelque *vacello* ou *vaporc* à Bombay. Mais comment prévoir et prévenir toutes les chances qui pourraient *accadere* sur cet interminable Indus, qui est aussi long que notre Volga, et qui traverse un désert sablonneux et brûlant, où la navigation n'est rien moins que sûre, d'après les renseignements que je recueille par-ci par-là? Comment d'ailleurs s'y aventurer sans un *climat*, comme on dit ici? Et puis, arrivé à Bombay, je serai infailliblement étouffé. Le golfe Persique et la mer Rouge sont en feu à présent, tandis qu'ici j'ai l'Himalaya, qui est un *climat*, un climat sain. J'ai un vague soupçon que ce Simla est

une espèce de souricière comme Schwalbach ou Carlsbad.
A Simla, pourtant, il y a de grandes forêts de sapins;
aujourd'hui je suis encore dans les palmiers, les *datuli,
come quelli di Sicilia.*

Il y a un endroit qui s'appelle Kanaour, où il ne pleut
jamais, et qui est de l'autre côté de la chaîne de l'Himalaya, *of the main range*, du côté thibétain, tandis qu'ici
je suis du côté indien. Ce Kanaour produit du raisin qu'on
dit excellent, mais aussi voilà tout; et l'endroit même,
dit-on, se compose d'une seule maison, ou plutôt se composait, puisqu'elle vient de brûler. On y peut apporter
sa tente. — Pour aller d'ici au Kanaour, il faut plus de
temps que pour aller d'Europe en Amérique, quoique la
distance ne soit pas considérable; car de Simla jusqu'à
Tchini, qui est en Kanaour, il n'y a guère que deux
cents verstes. C'est une promenade à pied de vingt-trois
jours, dit-on, par les neiges, où parfois on vous lance
en bas, comme on vous a fait au mont Cenis. Outre cela,
on vous fait passer sur des cordes tendues d'un pic à
l'autre, avec tout votre attirail de cuisine; parfois on
vous hisse avec une corde du bas d'un gouffre au haut
d'un pic, et *vice versâ.* Vous concevez que, n'ayant pas
la moindre habitude de danser sur la corde, surtout avec
toute une batterie de cuisine, je devrai renoncer à ce
Kanaour, quoiqu'à regret, comme j'ai renoncé au Djumnoutri et au Gangoutri, dont j'ai parlé plus haut, et qui
eussent aussi exigé les mêmes talents d'acrobate. Cependant, chose étrange, il paraît que des dames anglaises y
vont; mais c'est que leur courage passe toute idée. On
m'en a cité une, entre autres, comme ayant visité les
saintes sources du Gange et de la Djumna. Du reste,

ayant observé pendant longtemps la manière d'être et de vivre aux Indes du sexe qu'on est convenu d'appeler faible, et ce qu'il peut supporter, je n'ai aucune peine à le croire.

Il y a un autre endroit encore, appelé Almora, à quatorze marches, tantôt très-chaudes et tantôt très-froides, de Missouri. D'Almora, à ce que disent les uns, on voit le Davalaguiri, le plus haut pic de l'Himalaya, près de trente mille pieds au-dessus de la mer. D'autres prétendent qu'on ne l'y voit pas, et ceux-là sont en majorité. Du reste, c'est une station militaire anglaise; mais les femmes, demi-thibétaines, y sont, dit-on, admirables, les plus belles après celles du Cachemire. Mais je suis fort tenté de croire que c'est un conte que l'on me débite. Tout dépend d'ailleurs de ma santé. Si je me sens frais et dispos, j'irai dans bien des endroits durant cette quarantaine dans l'Himalaya, sauf à éviter les cordes[1]. Mais les attractions ne sont pas fortes dans cette contrée plus ou moins déserte que j'ai à parcourir, si j'en suis tenté. Car, s'il s'agissait de Cachemire ou de Lassa, l'attrait de ces lieux entourés d'un mystère poétique compenserait les difficultés; mais ces endroits-là sont hors de question, et les empêchements pour le premier proviennent du ou plutôt des gouvernements sike et anglais, et aussi du danger de la *guerra interna* qui y règne; et pour le second, Lassa, outre l'empêchement positif de la part du *governo tibetano-chinese*, il y a celui *della mancanza del mangiare e del bevere nelle selve.*

Je parle là comme si j'étais prêt à parcourir tous les

____

[1] Et pourtant le sort ou l'ennui en a décidé autrement, car j'y suis allé et j'ai exécuté des danses aériennes surprenantes.

déserts, tandis que je ne supporte que les voyages faciles.
Quant à ma route vers Bombay, je commence à renoncer au voyage classique, commode peut-être, mais monotone, par l'Indus, et je penche pour la contrée appelée
Radjpoutana, et celle qui porte le nom de pays des Marates. Les Radjpoutes et les Marates sont des peuples belliqueux, et il y a dans ces pays des villes intéressantes.
J'y collecterai quelques armes. Les Pahâries, c'est-à-
dire les montagnardes himalayennes, demi-thibétaines,
demi-indiennes, ont un faux air de femmes russes en
sarafane. Elles sont couvertes d'anneaux et de galons
d'argent. Il y en a qui ne sont pas mal.

En descendant de Missouri, avant d'arriver à Saha-
ranpor, et traversant un bois pendant la nuit, je mar-
chai à côté de mon palanquin, n'ayant guère sommeil,
dans l'attente où j'étais de voir des éléphants sauvages,
qui, la veille encore, avaient tourmenté une dame et
deux enfants, en heurtant leur palanquin. Pourtant je
ne rencontrai pas de bêtes; mais François, qui avait été
envoyé en avant avec chevaux et bagage, fut tout à
coup surpris par une troupe d'éléphants qui faisaient un
tintamarre d'enfer avec leurs trompes et arrachaient les
arbres; l'étalon qu'il montait se jeta avec violence de
côté; ils roulèrent tous deux par terre, et le cheval se
cassa le pied. Francesco se releva, et, nullement décon-
certé, se mit à tirer force coups de fusil, ce qui fit fuir les
éléphants; et alors la poste (c'est-à-dire quelques malheureux Indiens portant la poste à pied), qui était arrê-
tée depuis quelque temps de l'autre côté de cette troupe
féroce, passa sans encombre, délivrée par le voyageur
allemand.

AU MÊME.

Simla, 18 mai 1842.

Je suis ici depuis trois jours et déjà établi dans une charmante maison, admirablement située sur la pente d'une montagne, dans une espèce de forêt. J'ai loué cette maison tout entière (elle ne contient que six chambres et deux petites salles de bain), au prix de 600 roupies pour toute la saison, c'est-à-dire pour l'été. J'ai une quantité de gens noirs qui coûtent peu. Il y en a vingt, outre mes deux blancs, François et Théodore. J'ai trois chevaux, une chaise à porteurs, abritée du soleil et de la pluie par des toiles huilées, qui remplacent ici les toiles cirées. Je m'occupe à faire faire des habits pour les pauvres porteurs de mon nouvel équipage montagnard, qui sont presque nus. Leur costume de pied en cap me coûte une douzaine de francs.

Simla est un admirable endroit montagneux, couvert de bois, de rhododendrons, de pins [1], de sapins, et d'une espèce de chêne vert. J'ai acheté six chèvres pour avoir toujours du lait. Puis il y a le singe. Tout cela fait que c'est animé. J'ai un cuisinier indien, qui fait de la vache enragée très-passable, une petite provision de bière et de vin de Bordeaux, et l'espoir d'être bien portant. C'est une espèce de Baden-Baden. Les maisons sont disséminées dans les bois, aux bords des précipices et sur les pics des montagnes. Il y a ici à peu près une cinquantaine de gen-

[1] On dit qu'il y a ici jusqu'à seize ou dix-sept différentes espèces de pins.

tlemen anglais, une centaine de dames anglaises et des enfants à foison. Tout cela y vient passer l'été pour éviter
la mort plus ou moins certaine en bas dans les plaines.
Ce sont des employés civils et militaires de la Compagnie des Indes et de la reine. Je passe mon temps à faire
des portraits, à monter à cheval, à vous écrire, à inspecter l'arrangement des chambres, où l'on cloue des espèces
de tapis en toile peinte, à lire le *Don Juan* de lord Byron.
J'accepte parfois des invitations à dîner ou à déjeuner,
même à passer une partie de la journée chez quelques
dames avec qui j'ai fait connaissance cet hiver dans les
plaines, à Agra, Dehli, etc. Souvent je vais me promener
dans cette chaise à porteurs qu'on appelle *jumpaunc*.

Nous avons ici, à Simla, un homme admirable, un Anglais nommé Hamilton ; c'est un commissionnaire qui se
charge de trouver des maisons, les fournit *di tutto quanto*,
y compris des chaises, des tables et des couchettes, et
offre en attendant un pied-à-terre très-commode, même
recherché, et *il mangiare e bevere*, car il n'y a pas de
club ici, à Simla, ni d'hôtel ; mais ce Hamilton va en ouvrir un dans trois jours. Il tient une boutique aussi, où
l'on trouve tout, une espèce de bazar. Il faut se résigner
à passer ici près de six mois, sauf peut-être de petites
courses dans les montagnes, si le cœur m'en dit.

Le général en chef des forces anglo-indiennes est venu
s'établir ici pour l'été *come li altri*. C'est lui que j'ai rencontré l'autre jour campé sur les confins du Pandjab.

On se chauffe ici à présent. Je le fais, et tout le monde
aussi, cela vous donne la mesure du climat. Le soleil
pourtant est brûlant ; mais la longue matinée et la longue soirée sont admirables à *godere*, et les journées même

le sont aussi à l'ombre, dans les chambres et les verandahs, et sous les arbres. Autour de ma maison, comme
je disais, tout est forêt, et parfois des singes sauvages
viennent secouer les arbres et chercher des fraises dans
l'herbe ou des framboises dans les broussailles. Ils s'a-
vancent tout près de la maison, toujours en troupes, jusqu'au nombre de cent. Ils sont grands, à peu près de la
hauteur d'un garçon de quatorze à quinze ans, gris,
presque blancs; ils ont des visages noirs et des queues
longues et fortes avec des touffes, qu'ils portent en l'air
comme des lions. Tous les trois ou quatre jours j'ai leur
visite. Ils ont l'air de vouloir assiéger la maison, et passent ainsi une partie de la journée et la nuit. Alors François est enchanté. Il donne tout à fait dans la zoologie,
chargeant les montagnards de lui attraper toutes sortes
d'animaux. On lui a déjà apporté cinq petits perroquets
qu'on a dénichés, et il passe son temps à les nourrir et
à les soigner. De plus, il s'est procuré ainsi un tout petit
daim ou cerf, marchant à peine encore. Il s'est donné
tout le mal possible pour le nourrir, et à présent, au bout
de quelques jours, cet animal est déjà fort et actif. Cela
ne lui suffit pas, il veut élever un chacal et l'emmener
en Russie; mais c'est un animal si sauvage qu'on n'a
point encore réussi à en attraper. Il en veut un tout jeune.
Théodore a été placer des trappes dans quelque précipice
presque inaccessible, mais sans succès. Ce qu'il y aurait
d'amusant, ce serait d'emmener avec soi un tout petit
éléphant, joliment caparaçonné, à la manière des Sikes
ou des Marates. Mais ce serait coûteux : ils mangent
beaucoup et sont difficiles et délicats; d'ailleurs on ne
voudrait ou on ne pourrait peut-être pas s'en charger à

bord d'un bateau à vapeur; et s'il y était admis, qui sait s'il supporterait le roulis. François, qui s'intéresse à tous les animaux, n'a jamais voulu croire qu'il y eût des éléphants sauvages dans les forêts de l'Inde, jusqu'à ce qu'il eût été rudoyé par une de leurs troupes, et que son cheval, effrayé à leur apparition, fût tombé avec lui dans un ravin.

AU MÊME.

Simla, 7 juin 1842.

J'ai bien de la peine à m'habituer à cet exil qu'on nomme Simla, à cette quarantaine de plusieurs mois, à ce Carlsbad dans l'Himalaya. Et pas de nouvelles. Voilà déjà Dieu sait combien de postes arrivées de l'Europe, que j'ai attendues avec une impatience fiévreuse, et qui ne m'ont rien apporté; et ces centaines de lettres, que j'adresse soigneusement, les unes par Bombay et Marseille, recommandées à Rothschild, les autres par Bombay et Londres, recommandées à Harman, c'est comme si je les jetais dans un abîme sans fond.

Pardon, mon cher ami, si je vous tourmente, vous qui avez certainement assez de vos propres affaires; mais mon argent tire de nouveau à sa fin; et si, dans deux ou tout au plus trois mois, je n'en recevais point, je n'en aurais plus. Vous trouverez que je dépense beaucoup; car, au mois de septembre de l'année dernière, j'ai reçu à Calcutta neuf mille et quelques roupies de Stieglitz, sans aucune lettre; et, à la même époque, 10,000 francs de vous. Tout cet argent n'est pas fini; mais, comme je vous dis, il tire à sa fin; et j'ai écrit à Forbes de prier Rothschild de vous en informer, supposant que peut-être ce moyen sera le plus sûr, et que vous aurez la bonté de dire ou d'écrire qu'on m'envoie quelque chose. Je pense que la meilleure voie est toujours par Harman ou Rothschild, et puis Forbes, à Bombay, qui sait qu'il doit tout envoyer à Agra, à M. Hamilton, secrétaire du vice-gouverneur d'Agra, que je connais beaucoup, et avec lequel je suis en correspondance continuelle. Il sait toujours comment me faire parvenir mes lettres. — Sa femme est ici, à Simla, je la vois très-souvent[1].

Voilà une triste tirade. Cependant, comme je l'ai déjà dit, il n'y a rien d'urgent cette fois-ci; c'est seulement une précaution que je crois utile. Je suis économe; et il n'y a que les dessins qui me fassent commettre quelquefois de petites folies. Quand je parle de dessins, ce sont des dessins indiens.

AU MÊME.

Simla, dans l'Himalaya, 30 juin 1842.

Les fruits sont rares ici dans les montagnes; et l'autre jour j'ai trouvé l'occasion d'acheter des mangos, fruit qui vient des plaines. Je ne suis pas grand amateur de fruits en général; mais les envisageant comme une es-

[1] Cette jeune et charmante personne, pleine de grâce et de bonté, est, hélas! morte peu de temps après, victime du climat de ce pays. Son mari, un des hommes les plus respectables de l'Inde, reste plongé dans le désespoir avec plusieurs enfants en bas âge.

pèce de médecine, j'en ai mangé considérablement. Or, cette expérience m'a prouvé que le mango, fruit résineux, avec un fort goût de térébenthine, est très-loin d'être rafraîchissant comme je m'y attendais. Pourtant il est considéré dans l'Inde comme le meilleur de tous les fruits du monde. Pour vous, il y aurait ici les pruneaux que vous aimez, et c'est ce qu'il y a de mieux. Dans les boutiques anglaises on en vend d'excellents venant de France; mais le selzer se remplace par le soda-water....

AU MÊME.

Fàgou, dans l'Himalaya, 17 juillet 1842.

Je suis dans l'état d'un affamé qui, à force d'abstinence, a presque perdu la faculté de manger, et qui tout à coup est gorgé de nourriture. Pendant toute cette bienheureuse journée j'ai été occupé à lire des lettres de vous et de beaucoup d'autres; et de l'argent en quantité et point de mauvaises nouvelles, grâce à Dieu. Maintenant me voici déjà *verso alla sera*. J'en suis comme ivre. Mais je répondrai à tout peu à peu; laissez-moi me reposer et écrire nonchalamment; d'ailleurs la poste pour l'Europe ne part qu'au commencement du mois prochain.

Ennuyé au plus haut degré de Simla, j'avais résolu, malgré la pluie presque continuelle, de parcourir l'intérieur des montagnes himalayennes avec le capitaine Thurlow. Mais il y a eu des malentendus dans nos dispositions, et je suis parti avec le capitaine Macsherry. Nous sommes allés ensemble à une trentaine de verstes de Simla, à un endroit appelé Khéri, enfoncé dans l'Himalaya, où se tenait une foire. Je me trouvais là dans ma tente, lorsque je reçus toute la pacotille de lettres et d'argent par un pion du gouvernement. Je dis foire, mais c'est une fête en l'honneur de la déesse du mal et du sang, la déesse Kali, dont le temple s'y trouve. Près de deux mille Pahâris (mot indien pour montagnards) y sont réunis pour une danse astronomique et mythologique, les femmes tournoyant lentement et remuant voluptueusement le corps; les hommes faisant des mouvements étranges, brandissant leurs sabres, presque en délire, et tirant de l'arc les uns contre les autres avec des flèches obtuses, qui pourtant font mal; et cela au milieu des sapins où les perroquets font leurs nids, à huit mille pieds au-dessus de la mer, au fond de l'Inde. Ces Pahâris sont un peuple étrange, honnête au plus haut degré. Vivant dans un climat comparativement froid, ils sont beaucoup plus blancs que les Indiens des plaines, qui sont presque comme des nègres. Leurs traits, leur costume et leurs attitudes diffèrent également tout à fait de ceux des plaines. Il y a en eux plus d'européen, de russe ou de bulgare, de finois ou de petit-russien peut-être. Toutes les fois qu'en parcourant la foule, je voyais dans un groupe une femme jolie, je lui faisais dire que j'allais faire son croquis, et soudain elle se détachait de son groupe d'un air candide et grave, et se tenait immobile pendant un quart d'heure, tant que je voulais enfin, et tandis que je dessinais, tout le monde me regardait faire avec respect. Le croquis fini, je donnais au modèle une roupie, qui était acceptée en rougissant; tout cela se faisait avec une certaine solennité simple et primitive. Elles avaient l'air de penser qu'en les dessinant, je m'acquittais d'un acte religieux de ma caste : car tout est caste dans l'Inde. Au reçu des lettres, j'ai quitté cette scène mythologique pour m'en retourner à Simla, afin de répondre; et me voilà en route, arrêté dans un endroit qui s'appelle Fâgou, dans un bungalo, à une station enfin. La pluie tombe à verse. Demain, dès le matin, j'irai, par Mahassou, autre station, sombre forêt de sapins, à Simla.

A cette foire, décrite plus haut, je me trouvais, comme je disais, avec le capitaine Macsherry, *un Irlandese, amabile assai*. Je lui parlai, entre autres choses, de votre maladie. « Mais pourquoi, me dit-il, n'essaye-t-il pas la cure du *bacon?* » Il paraît qu'un des fameux chirurgiens de l'Angleterre a reconnu dernièrement que le lard était un remède souverain pour l'estomac. M. Macsherry m'a donc soumis à une cure régulière de *bacon*, et c'est en effet le remède à la mode, surtout parmi les *delicate ladies*. A propos de bien digérer, je mange souvent des champignons dans ces montagnes. Pour le *mangiare*, je me soumets d'assez bonne grâce au régime de M. Macsherry; *ma per il bevere*, c'est différent, et je ne veux pas entendre parler de *brandy and water*, qu'il recommande surtout comme la boisson la plus saine qui existe, le fait étant reconnu et prouvé par tous les savants. En effet, je vois les jeunes dames délicates, s'abstenant de vin et même de bière, boire le *brandy and water* après dîner.

Simla, 20 juillet 1842.

Je suis un Crésus maintenant. Dites, je vous prie, qu'il ne faut plus m'envoyer d'argent, à moins de commissions. Ces 18,000 roupies constituent une richesse immense, et me font, de nouveau, rêver à mon ancien projet de faire une tournée dans le midi de la Perse; mais il faut être sage.

Mes dessins sikes et hindoustanis pourront tout aussi bien, et je crois même mieux, être lithographiés à Paris qu'à Calcutta, car le caractère calcuttois ou bengali, connu des artistes résidant à Calcutta, et plus ou moins semblable à celui de Ceylan, de la côte de Coromandel et de celle de Malabar, n'a presque pas d'analogie avec le caractère sike ou hindoustani, le premier se rapprochant du genre moyen âge et le dernier du type généralement connu sous le nom d'oriental, que les Parisiens comprennent bien mieux.

Les filles pahâries (hindoues) sont vertueuses, mais peu tentées, je suppose, car elles sont peu tentantes, étant très-sales et très-laides, tandis que les mahométanes montagnardes sont jolies et propres.

Mais quel immense pays que cette Inde, et comment faire pour voir tout ce qui s'y trouve de curieux, surtout avec ces pauses que le climat vous oblige de faire, à moins qu'on ne soit un Hercule! — Ne vous imaginez pas que je mange beaucoup de champignons; si j'en ai fait mention, c'était seulement pour vous dire qu'il y en a dans ces bois. — Mais voici une touchante histoire. Théodore a déniché de petits perroquets dans un sapin; la mère les a découverts, et, l'amour maternel l'emportant sur la crainte, elle vient tous les jours se poser sur la cage pour leur donner de la nourriture.

Malgré ma prédilection pour la Perse, l'Inde, je le sens bien, est infiniment plus curieuse. Ce qui m'amuserait beaucoup, ce serait de m'occuper d'un ouvrage, avec des dessins, sur l'Inde. Vous ne vous doutez pas combien un mot ou deux que vous m'avez écrits dans une lettre, je ne sais plus quand, m'ont stimulé dans un moment où j'étais tout à fait découragé. Vous disiez nommément qu'étant dans l'Inde, je devais faire le plus de croquis possible, et vous ajoutiez à cet avis quelques raisons qui m'ont comme réveillé en sursaut. Depuis ce moment je regarde comme un devoir de dessiner tant bien que mal, me disant que, puisque le sort me fait assister à toutes ces merveilles de la nature, quelque indigne que j'en sois, il faut que j'en tire parti de mon mieux, à moins de me rendre complétement méprisable à mes propres yeux et aux vôtres. Cette crainte me met le crayon à la main; et quelquefois, au milieu des sensations pénibles que j'éprouve en imitant si mal le superbe spectacle qui m'entoure, il me vient l'idée consolante que, quelque insuffisant que cela soit, d'autres ne peuvent pas le faire, parce qu'ils ne sont pas là en présence de ces scènes magnifiques, — et alors je réussis moins mal. — Ce qui agit sur moi comme un mauvais narcotique, c'est que les Anglais de l'Inde n'ont pas la moindre conception des combinaisons de lignes, qui font toute ma vie, comme pour l'amateur de musique la combinaison des sons; et à moins que je ne fasse quelque portrait d'un des leurs, ils considèrent mon travail, qui pour moi est plus que sérieux, comme un fastidieux enfantillage; et n'ayant jamais d'encouragement, ne pouvant jamais montrer ce que je fais à un être qui le *voie* dans son vrai jour, il faut une grande résignation pour être en état de faire quelque chose qui vaille.

Toutes ces excuses, au reste, ne sont peut-être que la dernière branche à laquelle s'accroche le sentiment de mon insuffisance.

A Calcutta, comme je vous ai écrit plus d'une fois, j'ai donné à lithographier mes dessins de Ceylan, de Madras et de la côte de Malabar; mais je suis dans de grandes appréhensions, car je n'en ai aucune nouvelle depuis bien des mois.

Ces jours-ci j'ai dessiné de ces temples himalayens qu'on appelle des *déotas*, et qui ressemblent à des chalets suisses. J'ai fait aussi, d'après nature, plusieurs esquisses de danseurs cachemiriens et de paysans de ces montagnes.

AU MÊME.

Simla, 23 août 1842.

J'ai reçu hier votre lettre du 29 mai de cette année et du 6 juin de Pétersbourg. Vous voyez, elle a été assez vite cette fois, deux mois et demi. Le vieux Persan existe donc encore! Dieu soit loué! Comme il sera ravi des châles que j'apporte! Je vais partir un de ces matins pour Tchini en Kanaour. C'est une course assez longue, au delà de l'Himalaya, par le Borendo-Gate ou passage du Borendo (*gate* veut dire passage en indien), qui est plus haut que le pic du mont Blanc. Je ne vais à Tchini (une ville) que pour avoir une idée des habitants transhimalayens, à figures plates kalmoukes. Du reste, cela ne m'amuse pas beaucoup; j'aurais préféré prendre une autre route. Cependant, comme le séjour de Simla est encore plus ennuyeux que ce monotone voyage d'une quarantaine de jours, et qu'il faut bien que je reste dans les montagnes à cause de la chaleur malsaine des plaines, qui durera jusqu'à la fin d'octobre; comme les pluies diminuent déjà et vont cesser entièrement, et qu'on prépare ici des bals, et que j'en ai assez, et que le nouveau gouverneur général, lord Ellenborough, et autres personnages officiels viennent se rafraîchir ici, et que ce sera une cohue; vu tout cela, je fais cette course et prépare mainte et mainte chose, comme force paniers de bière, de farine, des poules et *chi lo sa;* et le tout sera porté par une soixantaine de montagnards. On coud la tente, petite tente légère pour les montagnes, à laquelle quantité de Cachemiriens (peuple industrieux) travaillent établis sur le toit ou la terrasse de ma maison. Les gens auront des couvertures de laine, qu'ils étendront sur des bâtons, pour toute habitation, hélas!

De Tchini, si j'y parviens, je m'élancerai droit à la Haye ou à Boulogne.

Le carrousel doit avoir été magnifique à Tsarskoë-Sélo.

AU MÊME.

Simla, 14 septembre 1842, au soir.

Seulement quelques mots. J'ai des nouvelles de mes dessins de Calcutta, et sur ce point donc, grâce à Dieu, je suis tranquille. Me voici prêt pour ma course dans l'intérieur de l'Himalaya, et je crois que je partirai demain; du moins il me semble que rien ne peut plus me retenir. J'ai eu beaucoup de peine à rassembler des gens pour porter mon bagage; mais il paraît que tout est arrangé tant bien que mal maintenant. Lord Ellenborough vient d'arriver ici, car Simla est la capitale d'été de l'Inde. Je l'ai vu dans la rue, et j'ai mis ma carte à sa porte; mais je ne lui ai pas été présenté encore, et je n'en aurai pas le temps pour le moment. A mon retour je m'empresserai de le voir, d'autant qu'il a bien voulu m'apporter une lettre du baron Brunow, notre ministre à Londres, lettre non cachetée, où ce dernier me recommande au gouverneur général.

Ce petit voyage ne durera que cinq semaines au plus, et ensuite j'ai l'idée d'aller à Loudiana et à Firouzpore, pour m'embarquer sur l'Indus et me rendre ainsi à Bombay; puis de là en Égypte, puis à la Haye, etc., où que vous soyez, enfin. Dans quel état vous trouverai-je? Dieu sait; mais je vous trouverai, j'espère. — Ma santé est bonne.

M. Clerk est ici; excellent homme qui m'a montré le Pandjab, et qui continue à être très-obligeant pour moi. C'est un des grands de l'Inde par sa position, son esprit et ses manières tout à fait distingués. Adieu. J'espère qu'on a soin de vous; si cela est, je remercierai bien sincèrement à mon retour.

AU MÊME.

Voyage dans l'Himalaya, septembre 1842.

Je partis de Simla pour pénétrer dans l'intérieur des montagnes sur un mulet que m'avait prêté M. Clerk. —

Pendant huit jours je cheminai ainsi, mais le neuvième le chemin devint impraticable, même pour un mulet, et je dus le laisser. Il n'y avait plus vestige de route, rien que des précipices béants et des rochers à pic. Alors on coupa un arbre pour en faire une perche, sous laquelle on me suspendit dans un feutre plié en forme de hamac, et douze montagnards m'emportèrent de la sorte, tantôt m'élevant dans les nuages, tantôt disparaissant avec moi, selon les accidents des montagnes, dans des gouffres ténébreux, comme s'il s'agissait de pénétrer dans l'intérieur de la terre. Cette marche silencieuse et morne dura longtemps, mais un jour on me tira de mon hamac; et quelle fut mon horreur en trouvant tout à coup la route barrée comme par une muraille, et de tous côtés des abîmes et des rocs noirs! Pourtant mes bons montagnards me prirent sous les bras, m'enlacèrent de cordes, et se mirent à me hisser vers le ciel, le long de ce mur qui se dérobait dans les nuages, se soutenant les uns les autres, et s'encourageant d'une voix tremblante à poser les pieds avec précaution sur les saillies du roc. Ils criaient : « *Khaberdàri si rastà bahàt kharàb* : Prenez garde, la route est bien mauvaise. »

C'était le passage du Borendo, région de neige éternelle, à travers la principale chaîne de l'Himalaya, limite de l'Inde. Plus je montais, plus l'air devenait froid, et plus la mort se répandait dans la nature; et pourtant, même dans cette région, le soleil indien était insupportable. Pendant plusieurs heures je fus ainsi porté, suspendu en l'air, au-dessus d'abîmes incommensurables, et je ne regardais plus au-dessous de moi, pour éviter le vertige. Enfin je me trouvai tout engourdi sur le sommet de la crête, à quinze mille deux cent quatre-vingt-quinze pieds au-dessus de la mer[1]. Là je fus déposé sur une pierre pointue, d'où, ayant jeté un coup d'œil de l'autre côté, je vis une vaste étendue de neige en pente rapide; c'était la neige éternelle, et ce qui se découvrait devant moi n'était plus l'Inde. Il faisait froid; un vent perçant me pénétrait. La pente était trop rapide et trop glissante pour la descendre à pied. Je me mis donc sur mon hamac; on me poussa; je glissai, comme au carnaval en Russie, d'une montagne de glace, dirigeant ma course des pieds et des mains, et j'arrivai sain et sauf au bas de la pente. Mais il n'en fut pas de même pour les pauvres porteurs de mon bagage (au nombre de soixante). Ils roulaient de tous côtés en désordre, de même que les paniers, les bouteilles, etc.; les canards et les poules s'étaient échappés, et couraient ou s'enfonçaient dans la neige profonde. Théodore les poursuivait, et s'amusait dans la neige qui lui rappelait notre pays. François était déjà en bas, et regardait fièrement le Borendo qu'il venait de franchir; puis il se mit à gravir une autre partie de la crête encore plus haute pour sa propre satisfaction. Cette neige éternelle n'occupait qu'une étendue d'une demi-verste à peu près. Il fallut encore passer avec peine entre des amas de rocs, et à plusieurs reprises par une neige au-dessous de laquelle nous entendions le bruit des torrents. Enfin je parvins à la première végétation de bouleaux rabougris, dont je fis couper un bâton; — je n'en avais encore jamais vu aux Indes. — Je versai une larme patriotique, et poursuivis ma route pénible en

---

[1] Le mont Blanc est plus bas, comme on sait.

descendant toujours. Ce ne fut qu'à la nuit tombante que je parvins aux forêts de sapins (quatre mille pieds au-dessous du Borendo), où l'on dressa les tentes et où je restai pour coucher. Mais François n'y était pas; l'infatigable et ponctuel Allemand avait continué son chemin jusqu'à la station prochaine, en suivant strictement un itinéraire qui m'avait été donné à Simla, et qui se trouva être inexact. J'avais un thermomètre. Le matin, avant le jour, il y avait dans ma tente six degrés de froid Réaumur; c'était à la fin de septembre, alors que dans les plaines de l'Inde la chaleur est étouffante. Au haut du Borendo je suppose qu'il y en avait douze. Je dus casser la glace pour me laver. Lorsque le soleil parut, je regardai encore, et la température avait monté jusqu'à seize degrés de chaud Réaumur à l'ombre, dans ma tente; au soleil il y en avait presque trente.

Le lendemain je descendis de nouveau (j'étais en Kanaour). Pendant quatre jours je parcourus un pays charmant de vallées mystérieuses (*secluded*), où l'on se sent isolé du monde, et où je cheminais sous d'ombreuses avenues de vignes [1], me reposant sur l'herbe fraîche et odoriférante, à l'ombre immense des arbres les plus gigantesques que j'aie jamais vus peut-être (dix brasses de circonférence), au murmure de limpides ruisseaux.

Les vaches thibétaines à queues touffues et les chèvres au poil le plus fin broutaient près de moi. Les paisibles habitants me recevaient partout avec des paniers énormes de raisin, qui composait à peu près toute ma nourriture, accompagné de quelques canards. Mes gens,

---

[1] Nulle part, dans l'Inde, je n'ai vu de raisin.

qui avaient déjà oublié les horreurs du Borendo, s'enfonçaient dans les vignes, en mangeaient les fruits délicieux,
et se baignaient dans les cascades limpides, car l'air était
chaud et bienfaisant. Les pittoresques villages kanaou-
riens étaient cachés dans les vignes et sous les chênes
séculaires.

Au sortir de ces lieux charmants, j'eus encore à gravir,
au moyen de cordes, des rochers et des crêtes qui paraissaient totalement inaccessibles, hissé et soutenu par treize
montagnards, fidèles et dévoués, pour un salaire extrêmement modique.

Le quatrième jour je traversai l'impétueux Sutlidge,
qui n'est pas le Potcoumok que nous traversâmes avec
vous au Caucase. Le Sutlidge se précipite entre deux murailles de l'Himalaya qui s'élèvent à plus de vingt mille
pieds au-dessus de la mer. Ce n'est pas sur l'eau que l'on
franchit cette cataracte; c'est dans les airs, à l'aide d'une
corde tendue d'un de ces murs à l'autre. Je fus hissé sur
une triple corde, et entraîné rapidement par cette cre-
vasse ou ce gouffre, de sorte que j'eus à peine le temps
de regarder le torrent furieux qui mugissait au-dessous
de moi. J'arrivai enfin à Tchini-Gong, dernière habitation accessible, car au delà est l'empire de la Chine.
Tchini-Gong a déjà un commencement de physionomie
chinoise; on y voit des Tartares et des Tartaresses, au
large visage kalmouk, couvertes d'ornements barbares,
comme les Schamanes de la Sibérie, et avec de longues
queues en tresses, faisant paître leurs troupeaux de chèvres, dont chacune est harnachée et chargée de quelque
léger bagage de farine ou autre comestible.

A Tchini-Gong je trouvai une masure délabrée, où je

m'établis avec un bon feu, près de curieux *déotas* que j'esquissai, tandis que le son éclatant mais lugubre des gongs de cuivre sortait de leurs sombres enceintes et de leurs balcons à jour, baroquement sculptés. L'étrange ressemblance de ces édifices rustiques avec le style suisse produit une singulière impression. De l'abri où j'étais, la scène effroyable du Borendo, par laquelle je venais de passer, s'offrit à moi dans toute son horreur.

Ce labyrinthe immense de pics noirs, d'abîmes béants, de neiges éternelles, où tout est mort et désolation, se présentait comme une décoration de théâtre, à travers l'atmosphère raréfiée de cette région, élevée au-dessus de presque tout le reste de la terre. La vue du Borendo, isolé et solennel dans les neiges, me serra péniblement le cœur ; et pourtant, quand j'y étais, je ne sentais rien que la fatigue, le froid et la peine de la marche. La mort est peut-être ainsi. Mais bientôt des nuages noirs s'accumulèrent rapidement sur ces monts que je venais de traverser. C'était l'hiver qui s'établissait dans cette triste région. Nous entendîmes, semblables au bruit du tonnerre, les avalanches se succéder coup sur coup, et encombrer le fatal Borendo. Les portes de l'Himalaya se refermaient. J'eus lieu d'être satisfait d'y avoir passé quatre jours auparavant.

De Rampore à Simla, octobre 1842.

A Lahore, j'étais à quinze marches de Cachemire ; ici, à Rampore, j'en suis à quatorze. Être à quatorze marches de Cachemire et ne pas pouvoir y aller ! car il existe une convention entre le gouvernement anglais et celui des Sikes, en vertu de laquelle nul ne peut aller à Cachemire, venant des provinces de la Compagnie, sans un permis anglais ; et sans ce permis, qu'on se garde bien de donner, on est à peu près sûr d'être taillé en pièces par les Sikes. Enfin le fait est qu'il n'y a aucune sûreté dans ce Cachemire, et que ni les ordres du roi de Lahore ni ceux du gouvernement anglais n'y seraient respectés.

Le Sutlidge coule sous mes yeux, et le bord opposé est le territoire de ces Sikes féroces. Ce sont des rocs escarpés d'un noir luisant et argenté. Le talc abonde dans toute cette partie de l'Himalaya, et il s'y trouve quantité de grenats, principalement vers le Borendo.

J'écris chemin faisant. Mes porteurs se jettent tout à coup de côté avec effroi : un grand serpent est couché sur la route, la tête levée; il a deux ou trois brasses de long. Nous passons outre, car les Hindous ne tuent point ces reptiles.

Rampore est romantiquement ombragé de rocs d'un style sévère. L'architecture tire sur le chinois. De curieuses et étranges ciselures en bois ornent les maisons de couleur sombre, gris et brun ; les toits pointus et cintrés à la chinoise sont d'ardoise, comme partout dans l'Himalaya, ce qui ajoute à la sévérité de leur caractère. Un déota bizarrement sculpté en bois, un vieux mur d'enclos en pierres noircies par le temps, une maison solide et d'un gris foncé, sans fenêtres, avec un toit pointu à larges bords et des galeries à treillages au fond, se cachant sous des arbres et des plantes à fleurs (oléandres et rhododendrons), attirèrent mon attention, et j'y dirigeais mes pas, lorsque soudain j'en fus détourné par l'admonition d'un gardien, qui me fit comprendre que

18.

c'était la retraite des femmes du radja de cette contrée,
qui dans ce moment se trouvait à une résidence encore
plus agreste, dans une autre vallée. Je m'établis dans le
durbar, — toit soutenu de colonnes de bois, dominant la
ville, ou, comme on dit ici, le bazar, en indien *badjar*,
actuellement morne et vide, et si animé, dit-on, lors de
la grande foire qui y réunit tous les peuples himalayens.
C'est dans ce durbar que le radja, lorsqu'il est présent,
décide des affaires du pays. — Je préférai pourtant dîner
dans ma tente. La soupe de mouton, le poisson du Sutlidge, le canard, la galette indienne, appelée *tchapâty*, au
lieu de pain, y furent donc apportés, accompagnés d'une
bouteille de vin du Rhin, d'une autre de vin d'Oporto
et de quelques flacons de bière; il y avait de plus, comme
de coutume, des sardines, du *pine-cheese* et du beurre
que François conserve miraculeusement, enfin du raisin.
— Je me trouve avec un capitaine Jack de l'armée de la
Compagnie des Indes, qui dîne avec moi. —

Vous pouvez concevoir que François est l'âme de toute
la bande. Il fait tout le voyage à pied comme Théodore.
En quittant Simla, mes provisions pour cette course consistaient en quatre moutons, soixante poules, vingt canards, quatre oies, trois douzaines de bouteilles de bière,
trois douzaines de vin du Rhin, une douzaine de port-
wine et une douzaine de sherry. C'était bien plus qu'il
ne fallait.

Le soir je m'endormis profondément; mais la nuit je
me réveillai, et dans l'obscurité de la tente, comme il
arrive souvent, j'avais de la peine à me rappeler où j'é-
tais; mais bientôt j'entendis le son du gong, puis le cor
du farouche bramine montagnard. Ces bruits étranges et

celui de la rivière me rappelèrent que j'étais bien loin de vous. Une lueur jaunâtre commençait à pénétrer dans ma tente, et le cri plaintif du paon annonça le crépuscule du matin.

Mon bagage partit pour Cotgueur par Datnagar; les tentes furent enlevées et je me mis en route, non plus dans un hamac improvisé, mais dans une litière commode, la route étant bonne, les jambes croisées ou étendues et les rideaux baissés ou levés à volonté. Un misérable Akali, tout nu, triste représentant de cette secte menaçante dans le Pandjab, me tendit sa main décharnée, et je lui donnai quelques *païs*, monnaie indienne en cuivre, pour lequel il alla acheter de l'opium afin de soutenir ses forces défaillantes et de prolonger un peu sa triste existence. Malgré sa misère, son turban, élevé comme un casque antique, montrait pourtant qu'il était encore fier d'appartenir à sa secte redoutée.

Je suivais le Sutlidge en traversant une contrée isolée dans les bruyères, quand tout à coup un *mounal*, faisan au plumage d'or bleu, sortit d'un buisson et traversa la route. Le *mète*, chef des porteurs, braqua son fusil à mèche, mais trop tard, le noble oiseau avait disparu dans le djungle. Il est permis à certaines castes hindoues de tuer le gibier; le dieu Rama ayant vécu dans les bois et s'étant nourri de faisans, paons, etc.

Les crocodiles commencèrent à paraître, animal immonde et perfide, qui fait le mort pour mieux surprendre sa proie. Voici ce qu'on vient de me conter à leur sujet. Lorsque le temps vient où les œufs déposés dans le sable brûlant doivent éclore, les crocodiles, père et mère, y vont de concert et brisent les œufs; alors les petits se précipitent dans l'eau, et le père et la mère immédiatement après pour les dévorer.

Nous sommes dans un bungalo, à deux marchés de Simla; j'écris sur mon lit. C'est, je crois, le 13 octobre aujourd'hui. Sur le Borendo j'avais pris un rhume violent, malgré toutes mes précautions; mais presque tous mes montagnards en avaient aussi. Il est difficile de l'éviter dans ces transitions subites du chaud au froid. Maintenant j'en suis quitte. Je fais une bonne partie de ma route à pied, quand la chaleur n'est pas trop forte, ou sur un mulet, que le manque de route m'avait forcé de laisser, comme il a été dit au commencement de cette lettre. — L'endroit où nous sommes, place aride dans les montagnes, s'appelle Matiana. Demain, ou plutôt aujourd'hui, je serai à Fâgou, autre place aride, et de là, en passant par la forêt de Mahassou, j'arriverai à Simla, où je ne compte rester que sept ou huit jours, et j'irai à Dehli par Nahne. A Dehli, je me présenterai, je crois, au Mogol, et j'achèterai quelques objets. De Dehli j'irai à Loudiana et à Firouzpore, et de là par l'Indus à Bombay, et puis à la Haye, ou bien à Paris, enfin où vous serez.

Dans l'Himalaya j'ai rassemblé de curieux ornements de femmes en fait de bracelets et d'anneaux pour les jambes, de métaux communs, mais de formes antiques et fort étranges. Ce sont d'immenses pièces très-lourdes. — Je les prenais des femmes que je rencontrais dans les vallées, en payant une ou deux roupies au-dessus de la valeur. Mes gens indiens faisaient les négociateurs, et avaient quelquefois beaucoup de peine à décider ces belles à me céder leurs pesants bijoux. Elles disaient que leurs maris ou leurs mères les battraient beaucoup; mais elles finissaient toujours par consentir. Alors, c'était une histoire pour ôter ces anneaux, car il fallait en agrandir l'ouverture. On couchait la femme; et une demi-douzaine d'hommes noirs et jaunes se mettaient, avec des tenailles, des couteaux, des haches, que les montagnards portent presque toujours à la ceinture, à enlever ces lourds ornements des bras et des jambes. En les voyant opérer, on eût cru assister à une torture. J'ai gardé ces bracelets et anneaux tels qu'on les a ôtés sous mes yeux, et vous serez étonné de la finesse des jambes et des bras de ces femmes, qui pourtant sont regardées, et je crois avec raison, comme généralement plus fortes que celles des plaines de l'Inde. Parfois elles n'étaient pas mal et rougissaient; car là, dans ces régions élevées, elles ont un teint plus clair. Mais dans le dernier village, aux approches du Borendo, ce n'étaient que des monstres à goîtres. Les goîtres sont excessivement fréquents dans l'Himalaya, de même que la maladie syphilitique, qui est ici d'un genre à part et appelée *noire*. Des générations entières sont détruites par cet effroyable poison. Dans les villages on voit quelquefois de ces malheureuses créatures, gisant au bord de la route sur un roc et demandant du secours; mais, hélas! quel secours peut les soulager? Ce n'est pas, comme vous voyez, un peuple sain qui habite l'Himalaya; mais aussi la malpropreté du corps et des vêtements passe toute idée. Les habitants sont pour la plupart assez chétifs, ne mangent que des galettes de mauvaise farine, et sont obligés par la nature du pays et la pauvreté de se livrer à des travaux pénibles bien au-dessus de leurs forces. Avec cela, dit-on, ils précipitent dans l'eau, et le père et la mère immédiatement après pour les dévorer.

Nous sommes dans un bungalo, à deux marchés de Simla; j'écris sur mon lit. C'est, je crois, le 13 octobre aujourd'hui. Sùr le Borendo j'avais pris un rhume violent, malgré toutes mes précautions; mais presque tous mes montagnards en avaient aussi. Il est difficile de l'éviter dans ces transitions subites du chaud au froid. Maintenant j'en suis quitte. Je fais une bonne partie de ma route à pied, quand la chaleur n'est pas trop forte, ou sur un mulet, que le manque de route m'avait forcé de laisser, comme il a été dit au commencement de cette lettre. — L'endroit où nous sommes, place aride dans les montagnes, s'appelle Matiana. Demain, ou plutôt aujourd'hui, je serai à Fâgou, autre place aride, et de là, en passant par la forêt de Mahassou, j'arriverai à Simla, où je ne compte rester que sept ou huit jours, et j'irai à Dehli par Nahne. A Dehli, je me présenterai, je crois, au Mogol, et j'achèterai quelques objets. De Dehli j'irai à Loudiana et à Firouzpore, et de là par l'Indus à Bombay, et puis à la Haye, ou bien à Paris, enfin où vous serez.

que leurs maris ou leurs mères les battraient beaucoup;
mais elles finissaient toujours par consentir. Alors, c'é-
tait une histoire pour ôter ces anneaux, car il fallait en
agrandir l'ouverture. On couchait la femme; et une
demi-douzaine d'hommes noirs et jaunes se mettaient,
avec des tenailles, des couteaux, des haches, que les
montagnards portent presque toujours à la ceinture, à
enlever ces lourds ornements des bras et des jambes. En
les voyant opérer, on eût cru assister à une torture. J'ai
gardé ces bracelets et anneaux tels qu'on les a ôtés sous
mes yeux, et vous serez étonné de la finesse des jambes
et des bras de ces femmes, qui pourtant sont regardées,
et je crois avec raison, comme généralement plus fortes
que celles des plaines de l'Inde. Parfois elles n'étaient
pas mal et rougissaient; car là, dans ces régions élevées,
elles ont un teint plus clair. Mais dans le dernier village,
aux approches du Borendo, ce n'étaient que des monstres à goîtres. Les goîtres sont excessivement fréquents
dans l'Himalaya, de même que la maladie syphilitique,
qui est ici d'un genre à part et appelée *noire*. Des générations entières sont détruites par cet effroyable poison.
Dans les villages on voit quelquefois de ces malheureuses
créatures, gisant au bord de la route sur un roc et demandant du secours; mais, hélas! quel secours peut les
soulager? Ce n'est pas, comme vous voyez, un peuple
sain qui habite l'Himalaya; mais aussi la malpropreté
du corps et des vêtements passe toute idée. Les habitants
sont pour la plupart assez chétifs, ne mangent que des
galettes de mauvaise farine, et sont obligés par la nature
du pays et la pauvreté de se livrer à des travaux pénibles bien au-dessus de leurs forces. Avec cela, dit-on, ils

emploient souvent, pour se soutenir, de l'opium ou quelque autre drogue pernicieuse. La religion est un paganisme grossier. L'autre jour j'ai vu une idole hideuse, à longs cheveux et à franges comme une jupe, attachée sur une espèce de brancard que secouaient, Dieu sait pourquoi, très-violemment pendant une heure de suite deux hommes ruisselants, car le fardeau était trop lourd pour eux; tandis que beaucoup d'autres étaient là à souffler dans des trompes immenses, et à battre le tambour et des cymbales en cuivre l'une contre l'autre. C'était près d'un de ces temples rustiques en bois. Quantité de femmes étaient ornées de fleurs et de grossiers bijoux, pour danser en l'honneur de cette idole à tête d'argent. Mais comme la danse ne devait avoir lieu qu'à la nuit tombante et à la lueur des torches, je n'en fus pas, vu que je dîne à cette heure-là. Attiré par le bruit, j'étais descendu, pour voir cela, dans un abîme très-profond à travers un bois. Je les laissai secouant leur idole, pour regrimper vers nos tentes placées dans un magnifique bois de sapins énormes et entourées de la scène sublime de l'Himalaya. Le capitaine Jack m'attendait pour dîner. Mon intention avait été de voyager seul, mais je ne pus résister à la tentation de me réunir au capitaine Jack, aimable compagnon de voyage et artiste distingué.

Je suis de retour à Simla, ma course a duré un mois moins un jour, et le soir même j'ai été à un bal donné à l'occasion de la défaite des Afghans, de la délivrance de tous les prisonniers, de la prise de Nankin et de la paix avec la Chine. Je me trouvais là comme un individu revenant de Viatka à la cour de Pétersbourg.

AU MÊME.

En route, entre Simla et Dehli, 1er novembre 1842.

J'ai enfin quitté Simla et suis en route pour Dehli. Je passerai par Nahne, joli endroit, à ce qu'on m'a dit. Il y a là un radja indépendant. Je descends maintenant de l'Himalaya, et ce Nahne ou bien Nâne est encore, je ne vous dirai pas dans les montagnes, mais dans les collines de l'Himalaya. De Nâne j'irai à Dehli, où je m'occuperai d'affaires, des miennes et des vôtres — c'est-à-dire de dessins et d'armes. Peut-être verrai-je encore Djaïpore, qui n'est pas à une grande distance de Dehli. Djaïpore est la résidence d'un radja, un radj, comme cela s'appelle. Le radja qui y réside est indépendant, plus ou moins, et la ville est admirable sous le rapport de l'architecture ; elle est située dans le pays qui s'appelle Radjpoutana, pays des Radjpoutes. Or, les Radjpoutes sont à la fois une caste et une nation comme les Sikes et les Marates, et sont assez répandus dans le reste de l'Inde.

2 et 3 novembre 1842.

J'ai vu ce Nâne, ou plutôt j'y suis encore ; c'est une drogue mesquine qui n'a rien d'intéressant pour un connaisseur. On ne m'avait pas bien dit le nom de la ville ; on l'appelle ici *Nêne* ; les Anglais, comme vous le savez, ont l'art de mettre *e* pour *a* et *a* pour *e*. On m'introduisit dans une maison hors de la ville, et le radja vint aussitôt me voir, caracolant sur un beau cheval et accompagné de toute une foule. Cependant il n'était pas imposant dans sa personne et avait l'air moins noble que la plupart des gens qui étaient là, quoique ses bracelets d'or fussent plus gros et ses énormes boucles d'oreilles ornées de perles; ses pieds surtout étaient d'une laideur excessive. Le soir je me rendis au *durbar* (la salle de réception), et il me montra tout son palais, qui est fort joli, ses estampes françaises, Dieu sait qui les lui a données, et un tigre qu'il tient dans sa cour.

Toute cette basse partie de l'Himalaya que je parcours dans ce moment, mais que je cesserai de parcourir aujourd'hui même, car je vais descendre dans les plaines; cette partie de l'Himalaya, dis-je, Simla, Missouri, Nâne, Sabatou, etc., était envahie par les Népalais, habitants du Népal, dont la capitale est Catmandou. Lorsque les Anglais sont venus, ils ont battu les Népalais, les ont expulsés et ont réinstallé les vrais et anciens radjas sur leurs trônes respectifs. Ce radja de Nâne, étant du nombre, est par conséquent sous la protection des Anglais et les craint terriblement. Or on dit qu'il a opprimé [1] dernièrement ses sujets; à la suite de quoi, tout récemment (pendant que je faisais mon pèlerinage à Tchini), une révolte a éclaté dans ce petit royaume ou radj de Nâne, et les paisibles villageois, poussés à bout, se sont armés de piques, et se sont postés sur cette haute montagne noire que je vois d'ici, et dont les sommets sont en partie couverts de neige. Là, semblables aux Romains en je ne sais quelle occasion (mais vous le saurez sans doute), semblables aux Romains, dis-je, ils se sont défendus et

---

[1] *Opprimer* est le crime le plus impardonnable chez les Anglais.

ont refusé de descendre jusqu'à ce qu'on leur eût accordé ce qu'ils considéraient comme leur bon droit. Ces habitants sont de race radjpoute, pour la plupart gens endurants, dit-on, quoique guerriers. Les Radjpoutes sont la principale caste guerrière de l'Inde. Il y a beaucoup de Radjpoutes dans les cipayes des Anglais, et ils y sont fort estimés, comme ils le sont d'ailleurs en général. M. Clerk, sous la protection immédiate duquel ce radja se trouve, l'accuse dans cette conjoncture; il l'a déjà fait menacer de restreindre son pouvoir, et se propose de venir le gronder en personne. C'est M. Clerk qui m'a conseillé de passer par ici, et m'a donné une lettre pour le radja, en me chargeant de lui dire qu'il viendrait lui-même. Aussi ce malheureux, qui tremble de tous ses membres, ne me traite que de *Khoudaven*, ce qui exprime quelque chose comme Dieu, et de *Hazour* ou *Houzour*, ce qui veut dire Majesté. Nos rapports ne sauraient donc être très-amusants, et je vais hâter mon départ pour Ambalé, première ville que je trouverai dans la plaine, et où l'on m'emballera hermétiquement dans mon palanquin, qui m'y attend, pour m'emporter rapidement à Dehli. Ces respects qu'on me témoigne ici vous feront rire; mais il faut que vous sachiez que les Indiens de cette partie de l'Inde ont *the bump of veneration,* la bosse de la vénération au plus haut degré. — Ils n'aiment rien autant que de faire des salutations, des *clanits*, comme disait feu M. Boiteux, notre gouverneur, natif de la ville de Travers. En route, quand un homme me rencontre, il se range vite de côté, ôte ses souliers et porte la main à son front ou joint les deux mains en disant *ram-ram* s'il est Hindou, et *sélam* s'il est mahométan (mais il y a

19

bien peu de ces derniers ici); et s'il n'est pas très-strict sur les cérémonies, il se contente d'ôter un de ses souliers.

Ambalé.

Mes montagnards, au nombre de neuf, m'ont apporté ici sur une chaise à porteurs qui s'appelle *djampâne*. Je les renvoie dans leurs montagnes en leur donnant cet équipage dont le prix est à peu près 150 francs; et comme il ne m'a servi qu'un été, il est en bon état, et c'est pour eux une très-bonne affaire. Puis ils gardent chacun l'habillement que je leur ai donné en les prenant à mon service, habit, veste, etc., en drap (l'habit grenat, le pantalon rouge, le turban rose). Je suis dans une maisonnette de la Compagnie, bien entretenue, avec gens et vivres, fort commode en un mot. C'est une maison de poste hors de la ville. La ville elle-même est barbare au dernier degré.

Hier j'ai couché près de Schazadpore, ville sike aussi. Vers le soir je me suis mis à parcourir la ville, et suis arrivé au fort. Mais là, une foule de Sikes à longue barbe m'entourèrent pour me représenter qu'il n'y avait rien à voir; que les femmes du radja de l'endroit y étaient ainsi que le radja lui-même, mais qu'il était trop vieux pour me recevoir. Je ne tenais point à être reçu, et n'avais même aucune idée de l'existence de ce vieillard. Je me retirai donc comme j'étais venu, dans mon djampâne, mais escorté d'une bande immense de Sikes jusqu'à ma tente, où l'on venait de tuer un mouton, qu'on me préparait pour le dîner ou plutôt pour le souper. Ces Sikes étaient fort curieux; j'en esquissai quelques-uns. Ce matin, à travers les bouquets d'arbres qui entourent mon bivouac et aux rayons dorés du soleil levant, je contemplai une dernière fois l'Himalaya, que je sais être si terrible, et qui, de là, n'était qu'un doux lointain lilas, se dessinant vaguement sur l'horizon rose. Qui se serait douté que sous ces teintes délicates se cachait le Borendo, si horrible et si menaçant? Dieu merci, je n'y suis plus! Il n'y a rien de tel que les plaines. Ici siégent la grâce et la beauté, pour lesquelles on voudrait avoir cent yeux et cent mains pour tout voir et tout peindre, formes, traits, draperies, ombres, couleurs; tout cela est *over-whelming*.

Dehli, 11 novembre 1842.

Je suis ici depuis quarante-huit heures. A peine vous avais-je écrit, tout enthousiasmé des beautés de l'Inde, et particulièrement des plaines, que je suis entré dans un désert aride de poussière, et cela pour plusieurs jours : c'étaient les approches de Dehli. Aridité, platitude de terrain complète, et chaleur. Mais à Dehli pourtant, on se sent dans une capitale. J'ai traversé le bazar dans mon palanquin tout poudreux pour arriver à la station. C'était avant-hier, au milieu du jour; et vous ne sauriez croire par combien de marchands je fus assiégé aussitôt que j'eus mis pied à terre. La quantité d'armes et de toutes sortes d'autres choses qu'on étala devant moi fut étourdissante. Il y avait là quatre boucliers en fer pour lesquels on demandait de deux cents à deux cent cin-quante roupies pièce; cinq ou six armures complètes; des sabres et des poignards par vingtaines; un arc en fer, des objets en ivoire, un bouclier et un sabre d'en-

fant, des bijoux et des dessins qui font mon tourment;
car tous ces jolis dessins me fascinent à l'instant, et ces
coquins d'Indiens me harcèlent pendant plusieurs jours,
persistant à demander des prix fantastiques. Je ne resterai point dans cette station; car toutes les fois que j'arrive quelque part, je reçois aussitôt des invitations
d'aller loger chez quelque gentleman anglais, militaire
ou civil (comme je viens d'en recevoir une, et même
deux maintenant); et on ne peut les refuser plusieurs
jours de suite sans impolitesse. Le seul inconvénient de
cette hospitalité, au milieu de tous les avantages possibles, est que les Anglais vivent toujours aussi loin des
villes indiennes que leurs affaires le leur permettent, car
ils ont en horreur le bruit, les exhalaisons et l'aspect de
ces villes, et sont persuadés qu'il y règne toutes sortes
de maladies affreuses; enfin, ils veulent éviter la *conta-
mination of the natives*. Dans leurs parcs ils plantent des
arbres qui offrent une vague ressemblance avec ceux
d'Europe, et qui rappellent le *home*. Pour des arbres
d'Europe, il n'y en a point dans l'Inde, excepté sur les
sommets de l'Himalaya.

Cette fois-ci je vais chez un militaire, le général Hun-
ter, généreux, bon vivant et excellent ami, mais qui habite, hélas! à quatre ou cinq milles de Dehli, et trouve
que c'est précisément là le principal avantage de sa demeure. C'est, du reste, un charmant cottage, préservé du
soleil par une vaste toiture de chaume, et entouré de
fleurs dans un délicieux jardin, chose difficile à créer
sur le sol aride des environs de Dehli, qui a été choisi
probablement par les Mogols pour leur capitale, afin de
pouvoir se faire illusion et se croire encore dans les

steppes de la Tartarie centrale. Ce cottage est soigneusement garni de tchiks ou stores transparents, pour intercepter autant que possible les insectes sans empêcher
l'air, et muni de jalousies contre la chaleur et la clarté
du soleil; mais il n'y a point de vitres, et toutes les
portes sont largement ouvertes pour faire circuler l'air
librement. Les poncas ou écrans attachés au plafond
sont dans un mouvement perpétuel, qui vous fait apprécier l'utilité des presse-papiers, vu que, sans cette précaution, lettres, dessins, tout s'envole, aussi bien que les
coiffures si l'on s'avisait d'en avoir d'artificielles, même
les perruques et les toupets. Outre cela, dès que le vent
chaud du jour s'établit, les vastes paravents, faits de
nattes de vétiver, sont placés dans toutes les ouvertures
de la maison du côté du vent et abondamment arrosés
d'eau fraîche. Voilà en quoi consiste le luxe et la véritable hospitalité indo-anglaise ou anglo-indienne; avec
cela des repas exquis et des boissons rafraîchies au sal-
pêtre, par un procédé que je n'ai vu qu'aux Indes et que
je ne saurais expliquer; enfin un lit admirable, ni trop
mou ni trop dur, hermétiquement fermé par une vaste
moustiquière, et une multitude de serviteurs indiens qui
marchent pieds nus sur les nattes, de sorte que vous ne
les entendez pas, mais qui sont toujours prêts à vous
servir comme par magie, pourvu qu'on sache dire son
quay-hay[1]. Il fait d'ailleurs terriblement chaud à cette
station; ce qui, joint aux insectes, fait qu'on dort
très-mal. Je suis donc fort aise d'aller chez le général,
quoique cela m'éloigne un peu de la ville. Hier au soir,

____
[1] Phrase indienne pour appeler.

au moment où j'allais dîner à ma station, car on y fait
la cuisine : le *cari*, — en anglais *curry*, — le canard, etc.;
hier au soir, dis-je, un des nombreux marchands hindous
qui me fréquentent arriva d'un air mystérieux et me dit
qu'il y avait des personnes qui m'attendaient tout près
d'ici. Je le suivis sans bien comprendre son idée, et il
me mena dans la maison d'un vieux Portugais au service du Grand Mogol, quelque chose comme un écrivain,
demeurant dans un bungalo, sous les murs du fort impérial. Ce vieux était à prendre son thé, en habit européen, mais en bonnet de nuit, avec sa femme, mulâtresse, qui faisait le thé, et une jeune fille, qui était la
leur (très-jolie, avec de longues boucles de cheveux châ-
tains tombant en tire-bouchons), et qui s'enfuit aussitôt,
couvrant son visage de ses mains; mais elle revint après.
On me reçut poliment, en me questionnant sur ce que
j'étais. On m'offrit du thé, que je refusai, et un verre de
bière, que j'acceptai. On me présenta à la fille; sa mère
parla beaucoup, mais je me retirai assez vite en disant
que j'allais dîner. En route, l'Indien me fit comprendre
que cette fille avait une sœur encore plus jolie, et que je
n'avais qu'à choisir entre elles.

Voici le fait. A force de questionner mon Indien, je
découvris enfin que c'était un mariage avantageux qu'il
m'offrait d'arranger entre moi et la jeune mulâtresse timide aux tire-bouchons flottants, ou sa sœur.

C'est singulier que les commissionnaires ne sachent
rien acheter; et moi, toutes les fois que je sors, je fais
quelque trouvaille, payant par exemple 5 francs ce qui
en coûte 100 chez nous. C'est ainsi que j'ai eu l'autre
jour, à Ambalé, en me promenant, une pique énorme et

magnifique, que j'arrachai pour ainsi dire de force à un Sike pour 3 roupies, plus du double de ce qu'il disait que cela valait. Il craignait d'abord de la lâcher, parce qu'elle ne lui appartenait pas, mais à son maître, un certain radja; cependant il secoua bientôt ce scrupule, écoutant les conseils des gens du bazar qui se trouvaient présents, et qui lui expliquèrent que ce serait une folie de sa part de négliger un gain, rien que pour ne pas voler son maître. La pique pouvait s'être perdue ou cassée.

J'ai vu le Grand Mogol. Mais il n'est plus temps d'en parler dans cette lettre.

Ambalé, 25 novembre.

Me voici de nouveau dans cet endroit intermédiaire appelé Ambalé, après avoir vu Dehli, et y être resté une dizaine de jours au plus. J'y avais mis pied à terre au bungalo des voyageurs, ignoble endroit, mais proche de la ville, d'où je commençai mes courses par la grande rue, rue longue et très-large appelée Tchandi-Tchok (l'orthographe anglaise est : Chandee-Chok), ce qui veut dire Bazar d'Argent; et en effet, quelque déchue qu'elle soit de sa splendeur primitive, cette rue contient des trésors. Les peintres, les armuriers, les orfévres, les tailleurs, etc., m'assaillirent. En une huitaine d'heures on me fit un habillement complet en drap d'or, et un autre, pour femme, également en drap d'or et d'argent très-fin. En peu de jours on me fabriqua des armes en foulate (erronément toujours appelé damas) incrusté d'or, des bijoux, etc., dont j'avais le choix. J'achetai plusieurs armes chez Notmal, Hindou, marchand d'objets d'occasion, l'homme le plus actif qu'on puisse imaginer lorsqu'il s'agit de gagner quelques roupies.

Dans mes courses, je rencontrai le commandant du fort du Grand Mogol, capitaine anglais, que je connaissais, et qui m'offrit de monter dans son boguey. J'y montai; et en passant sous les murs élevés du Kreml de Dehli, murs d'une espèce de marbre rouge (couleur de rouge antique), nous entendîmes un bruit lointain de timbales, accompagné d'autres sons confus. C'était le cortége royal qui revenait au palais. « Glissons-nous par ici, » me dit-il en indiquant une porte gigantesque, sous laquelle un éléphant n'aurait pas paru plus gros qu'une souris, et avec de lourds battants en cuivre jaune à clous pointus; « glissons-nous par ici dans la première cour du palais, et nous verrons le cortége. » Ce qui fut dit fut fait, et nous nous postâmes sous un arbre à branches étendues.

Le bruit des timbales et autres instruments augmentait rapidement; mais il faisait déjà presque nuit quand parurent, deux à deux, les cavaliers mogols, qui entraient par la grande porte pour traverser la cour et s'enfoncer par une autre dans l'intérieur de cette enceinte immense. Après ces cavaliers, qui étaient assez nombreux, passèrent plusieurs litières et chars attelés de bœufs; puis la foule des musiciens se précipita par la porte dans la cour, tirant de ses instruments, trompettes, timbales et fifres, tous les sons dont ils étaient susceptibles; et soudain une vive clarté de torches nous fit voir un vieillard sec et d'une physionomie sévère, assis, le corps droit, dans une chaise à porteurs, sous un dais. C'était le Grand Mogol. Vingt éléphants le suivaient immédiatement pêle-mêle comme un troupeau, les uns avec des pavillons dorés, d'autres avec des timbaliers qui n'y allaient pas de main morte. En général, il faut rendre aux musiciens du Grand Mogol cette justice, qu'ils ne reçoivent pas leur paye pour rien ; leur zèle est comme une espèce de rage démoniaque.

Après ces éléphants, à l'air morne et à la marche triste et lente qui caractérise ces animaux, vinrent encore quelques cavaliers traînards, avec des houkas immenses, des drapeaux, etc. Puis tout rentra dans le silence.

Je n'ai pas fait mention que le Grand Mogol, assis sur la chaise à porteurs, tenait dans sa main le bout crochu d'un houka gigantesque qu'on portait derrière lui.

A la funèbre clarté et dans la fumée des torches, il avait l'air d'un cadavre embaumé, avec un teint noir de momie, et orné de clinquant.

Le commandant m'offrit de loger chez lui, dans le fort même; j'acceptai avec plaisir. Après m'être installé dans un appartement immédiatement au-dessus de la principale entrée du palais, dans une tour, mon premier soin fut de faire des démarches pour être présenté au Mogol; faveur qui ne fut guère difficile à obtenir, car dès le matin à six heures Sa Majesté m'envoya chercher. On me dit qu'il était déjà sur son trône et m'attendait. Je me précipitai donc. — Le fait est que le Mogol est un malheureux vieillard, qui ne peut subir une cérémonie qu'à force d'opium. On le place alors sur le trône, et il n'y peut rester que tant que l'effet de l'opium dure.

Par plusieurs portes cochères et avenues, je parvins à une vaste cour, au bout de laquelle j'eus à peine aperçu le Mogol sur son trône, sous un kiosque en marbre blanc sculpté et doré, qu'on me fit faire trois profonds saluts; on cria mon nom, ainsi que les titres pompeux et les louanges de l'empereur, souverain de l'univers; puis on me fit avancer rapidement vers lui.

Le trône était une estrade de marbre entourée d'une balustrade.

Au lieu d'une cour splendide, le vide régnait autour du monarque. Quelques vieux serviteurs s'y tenaient debout, mesquinement vêtus, avec des bâtons d'argent. Deux jeunes garçons, parents de l'empereur, je suppose, étaient assis ou plutôt à demi couchés au pied du trône.

Le Mogol avait un air hagard. Ses yeux tantôt brillaient d'un éclat étrange, tantôt devenaient ternes comme de l'étain; il me sembla qu'il tremblait.

Je m'étais muni de dix pièces d'or de 40 francs. Conformément à mes instructions, j'allai vite vers le trône, fis encore trois saluts à la hâte, et présentai à Sa Majesté trois de mes pièces d'or, qu'elle prit et posa près d'elle. Alors on m'emmena avec précipitation, à travers la même cour, dans une espèce de garde-robe, où l'on m'affubla du vêtement le plus grotesque que j'aie jamais vu, de cette espèce de drap d'or et d'argent dont on se sert chez nous à l'église, mais infiniment trop long pour moi, et par-dessus on me mit avec beaucoup de peine une veste étroite en drap d'argent. Puis, sur mon chapeau, on s'empressa d'entortiller une bande interminable d'étoffe argentée qu'on attacha en forme de turban, puis une autre et une troisième; enfin, une espèce d'étole fut jetée sur moi. Ainsi accoutré, on me fit courir de nouveau au *durbar*, c'est-à-dire reparaître devant Sa Majesté, ce que je fis en relevant ma longue robe des deux mains. Les

hérauts crièrent encore de manière à m'assourdir. Je ré-
pétai mes saluts. Le commandant du fort y était, de même
qu'un autre personnage anglais, le résident Metcalf. —
Dans mon burlesque accoutrement, je me précipitai encore aux pieds du trône, et j'exprimai ma reconnaissance
en remettant trois autres pièces d'or à l'empereur, qui les
prit; sur quoi un diadème brillant de pierreries lui fut
apporté, qu'il attacha de ses propres mains sur mon turban, tandis que je me tenais dans une position d'humilité; enfin, il mit à mon cou un collier de perles et me
ceignit du sabre d'honneur. Après chacun de ces dons,
je glissais courtoisement une pièce d'or dans la main impériale, comme on le fait aux médecins en Angleterre;
et il paraissait satisfait, le pauvre homme, quoiqu'il eût,
du reste, l'air d'un automate.

Son habit était en velours imitant la peau de léopard,
et étrangement orné, dans certains endroits, de bandes
de zibeline ou autre fourrure légère. Son visage était
sec, hâve et noir, de même que ses mains; il avait le
nez aquilin, les joues creuses, peu ou point de dents,
une barbe rare et teinte en noir rougeâtre tirant sur le
violet. Sur ses yeux il avait du surmé. Ce vieillard, que
je voyais sur le trône de Dehli, était Bahadour-Schah,
descendant de Tamerlan.

Ainsi, dans mes robes splendides, orné et armé, je
m'élançai rapidement hors de la présence impériale, non
sans faire encore plusieurs saluts et entendre les hérauts proclamer la grandeur du Mogol et ma reconnaissance. Mais au moment de sortir de ce singulier guet-
apens, où je crois que je ne serais vraiment pas allé si
j'avais pu prévoir que ce serait d'un ridicule aussi achevé,

au sortir, dis-je, on m'arrêta pour me dire que l'héritier du trône n'ayant pu, par suite d'une indisposition, venir à mon audience, il serait courtois de lui envoyer une pièce d'or ou deux, et qu'on s'y attendait. J'en envoyai une. A l'instant même une troupe de domestiques avides m'assaillit pour me faire comprendre qu'il était d'usage de leur donner, en pareille occasion, une centaine de roupies à tous ; néanmoins je les renvoyai.

Je ne m'attendais certainement pas à des cadeaux d'une grande valeur de la part du Mogol déchu ; pourtant je fus étonné en rentrant chez moi et en ôtant mon déguisement, qui ressemblait à celui d'une danseuse publique, de voir que mon diadème royal n'était composé que de morceaux de verre grossièrement peint, imitant aussi peu que possible des pierres précieuses, et si mal collés ensemble que cela se cassait comme du pain d'épice. Les enfants de mon commandant s'amusaient à ramasser les morceaux de verre pour me les donner, et j'eus le chagrin de voir qu'il me serait difficile de conserver ces pièces comme souvenir de la farce. Pourtant j'envoyai les restes au bazar pour être rapiécetés tant bien que mal. Le collier de perles était en verre aussi ; mais la veste était, je crois, en fil d'argent vrai, parce que je suppose qu'on n'est point encore parvenu à Dehli à faire de ces étoffes-là en faux. Quelque minime que fût la valeur de ces dons, tout Anglais aurait néanmoins été tenu de les livrer au trésor de la Compagnie des Indes ; mais comme étranger je fus autorisé à garder les cadeaux du Mogol, et l'on m'offrit même, en cas que je voulusse les céder, de m'en faire payer le prix par le trésor impérial. C'était pour les faire servir dans une autre occasion de ce genre. Ce prix n'était, il est vrai, qu'une quarantaine de roupies. D'ailleurs, dans tous les cas, je voulais garder ces chiffons comme curiosité.

J'appris le même jour des choses terribles qui se passent dans l'enceinte de ce palais, où le Mogol, et seulement là, est absolu; mais c'est un espace de terrain comme le Kreml de Moscou, au moins, entouré de murs très-élevés, crénelés, magnifiques, en marbre rouge, avec des tours; le tout d'une belle architecture mauresque. Lorsque, par exemple, quelques pauvres mères, sans rien soupçonner, se hasardent avec leurs enfants près du fort, on détourne leur attention de manière ou d'autre, et des domestiques du palais se saisissent des enfants, puis on les cache dans quelque souterrain, et ils sont perdus pour jamais.

AU MÊME.

En route, entre Dehli et Firouzpore, 30 novembre 1842.

Étant monté en haut de la tour que j'habitais à Dehli, je fus vivement frappé de l'aspect de cette ville grandiose, et j'eus le désir d'en dessiner une vue panoramique; mais à peine m'y étais-je mis que deux perroquets, qui étaient à se battre ou à faire l'amour sous le toit élevé de mon abri aérien, tombèrent sur mon papier; puis aussitôt ils reprirent leur vol, ce qui me permit de persister dans mon dessein ou dessin. Au milieu des nuées de perroquets qui tournoyaient autour de moi, n'étant parvenu à faire qu'une esquisse peu achevée, quoique complète, je la fis voir à deux peintres indiens,

et leur donnai la commission à chacun de faire des vues
semblables achevées, de deux différents points, et de me
les envoyer à Firouzpore, où je vais, en convenant de
200 roupies chacun, à la condition, toutefois, de ne les
prendre que dans le cas où elles me plairaient. Je vous
communique ceci pour vous montrer combien les artistes
indiens sont complaisants[1].

Tout en vous écrivant, sans me presser, je gagne du
terrain. J'ai été à Loudiana, où j'ai passé deux jours, et
je me trouve aujourd'hui à Daramcota, village sur le
territoire de Schir-Sing, où ce souverain bienveillant a
bâti un petit bungalo, précisément à moitié chemin entre Loudiana et Firouzpore, pour la commodité des Anglais, qui passent souvent par ici. Entre Loudiana et
Firouzpore, le trajet est de vingt-quatre heures, en palanquin, par la poste, ce qui est trop long et incommode, surtout pendant que le soleil darde. Ce bungalo,
à mi-chemin, est donc bien agréable. C'est aujourd'hui
le 27 novembre, je crois. Demain je serai à Firouzpore.

Firouzpore, 5 décembre 1842.

Ce qu'on appelle Firouzpore[2] est une vaste mer de
poussière blanchâtre qui s'étend à perte de vue dans tous
les sens sur un terrain plat, parsemé de trous à rats,
scorpions, serpents, etc. Des files de chameaux y glis-
sent comme des ombres. Cette plaine de Firouzpore pa-

---

[1] Il est vrai que je n'ai plus entendu parler de ces vues pano-
ramiques.

[2] Quelques personnes l'appelaient aussi Firozpour, et, selon
moi, un peu plus correctement, car je l'ai toujours entendu nommer par les Indiens même Firodjpour. Ils n'ont point le z.

 s ait un désert, et pourtant ce voile de poussière recèle
e out un amas d'êtres et de choses venant de toutes les
e arties de l'Inde, et une animation qui s'accroît d'heure
s n heure.

s A de grandes distances les uns des autres, des camps
s mmenses s'étendent sur ces plaines. On attend le nou-
eau gouverneur général de l'Inde, lord Ellenborough,
l ui a donné l'ordre de rassembler ici la plus grande
t artie des forces militaires pour recevoir l'armée qui re-
e ient de l'Afghanistan. Il se propose de donner de gran-
l es fêtes pour célébrer les victoires anglaises, et d'avoir,
" n même temps, une entrevue solennelle avec le maha-
" adja Schir-Sing, roi du Pandjab.

t Quand on demande ici à quelqu'un où il loge, il ré-
" ond, par exemple : Au nord de tel camp; vingt minu-
" es de marche. Il faut une boussole pour s'orienter. Vous
, oncevez donc, d'après tout cela, que c'est un endroit
i es plus affreux; et pourtant la politique, la proximité
es Sikes (Lahore n'étant qu'à trente milles d'ici) néces-
tent cette singulière agglomération.

7 décembre.

J'ai un grand plaisir à voir François s'amuser avec sa
énagerie, et à l'entendre chanter des airs allemands.
et excellent homme soigne *con amore* tous mes objets
e curiosité et tâche de m'en procurer de nouveaux,
oujours avec économie et en soumettant son goût au
ien. J'en parle, parce que, dans ce moment, il chante
n tendre *hopp-sassa,* qui est impayable. Je suis campé
ssez agréablement ici dans cette poussière; de ma tente,
entends aussi mes gens indiens, qui chantent au son

du tambour. Ma cuisine se fait en plein air, comme la leur.

10 décembre.

Voici le projet que j'ai formé. Le 1er mars prochain, 1843, je quitterai Bombay pour me rendre en Égypte. J'ai déjà écrit à Bombay pour arrêter une place sur le paquebot à vapeur. Ainsi, dans tous les cas, je serai en Égypte à la fin de mars. Mon bateau est prêt pour descendre classiquement l'Indus.

AU MÊME.

A bord d'une barque, sur l'Indus, 8 janvier 1843.

Me voilà en route pour Bombay. Il y a neuf jours que je me suis embarqué à Firouzpore. Je vogue avec un peuple immense de rats, qui habite dans le chaume dont ma cabine est construite intérieurement et sous toutes les planches. Il est inutile de dire par quelle terreur et quel désespoir j'ai passé. Bref, la nature a succombé, et j'ai fini par dormir d'un sommeil de mort, tandis qu'une danse infernale retentissait sur moi et autour de moi, exécutée par les plus gros rats que la nature ait produits. Je me promettais bien à la première ville de me munir d'une douzaine de chats; mais point de villes jusqu'ici. En attendant, neuf jours se sont passés, et je suis devenu indifférent à ce qui m'avait d'abord paru une calamité véritable. J'ai seulement un énorme tambour près de mon lit, et lorsque les rats font trop de tapage et me passent sur le corps par trop souvent, je frappe sur le tambour comme Norma. Cela les fait fuir et se tenir tranquilles pour quelques instants, et me donne le temps de me rendormir en me couvrant un peu la tête. Si le vacarme est tout à fait intolérable, François est appelé pour les mesures violentes dont il est l'inventeur, et qui consistent à tirer un coup de pistolet ou de fusil dans la cabine, et à la fouiller avec un sabre, en faisant autant de bruit que possible, ce qui occasionne des attitudes martiales. Si le remède n'est pas très-efficace, son comique allemand produit du moins l'effet de détendre un peu les nerfs. Le matin, après ce sommeil interrompu, je prends une bouteille de soda-water avec un peu de vin de Sherry, de Champagne ou de Port. Une heure après vient *una tazza di caffè*. J'ai trois chèvres avec moi qui donnent d'excellent lait en quantité. Mais ceci n'est point de votre ressort. *Verso al mezzo giorno o all' uno la piccola colazione*, composée d'une aile ou cuisse de poulet froid avec des *tchapatys*, qui sont des galettes délicieuses et reconnues stomachiques. Elles sont faites à la minute et servies toutes chaudes, avec du beurre si l'on veut; j'en ai d'un peu salé avec moi. Que n'ai-je pas, excepté du pain? Farine, pommes de terre, poules, canards, moutons, il y a tout à bord. Mais j'admire la manière de vivre de mes Indiens. Ils se lèvent avec le soleil, allument du feu, fument le calumet de la paix assis par terre, se chauffent, et, tout en conversant ou en chantant d'une voix monotone, sans règles, comme des oiseaux, l'un d'eux broie entre deux pierres du blé, dont ils ont un sac avec eux. Lorsque le blé est broyé, il en fait une pâte avec un peu d'eau, en forme de crêpes, les *tchapatys* enfin que je viens de citer; il les pose successivement sur une plaque de fer placée sur le feu,

20.

les retourne, et on les mange. On boit de l'eau et on rallume le calumet de la paix. Parfois l'on s'avise de cuire, dans un vase de fer, du riz ou une espèce de pois ou de lentilles, fort bonne, avec de l'oignon, et on ajoute cela aux *tchapatys*, galettes susdites.

Les crocodiles abondent sur l'Indus, et François et Théodore s'amusent à tirer dessus, François avec un long fusil à mèche sike, dont il a fait l'acquisition à Lahore, et Théodore avec un mauvais fusil anglais que je lui ai acheté pour 30 roupies. L'autre jour ils ont tué un aigle immense. — Au soleil couchant on amarre, pour passer la nuit, de peur des bancs de sable, et l'on va à terre pour s'adonner aux paisibles occupations journalières, c'est-à-dire on y conduit les chèvres pour les traire, le mouton pour le tuer; ou si on n'en a plus, on en achète un lorsqu'on rencontre quelque village. On coupe du bois dans le djungle pour le lendemain, de même que de l'herbe et des branches pour les chèvres. Pendant ce temps je fais une promenade dans le désert; et lorsque vient la nuit, et que j'ai été suffisamment hué par les chacals, je rentre à bord, accueilli par les rats, et on me sert mon dîner, composé d'une soupe de mouton, d'une poule et d'une salade de pommes de terre avec de l'oignon pour laquelle François excelle. Les *tchapatys* accompagnent cela, comme de raison, de même que la bière ou le vin, ou le soda-water, selon qu'on est disposé. La marmelade de groseilles, dont j'ai beaucoup fabriqué dans l'Himalaya et emporté avec moi, paraît aussi au repas nocturne qui a lieu *verso alle sette*. Puis on fume un *cherout*, comme on appelle ici les cigares de Manille, ou on exhale des soupirs avec un houka ou calumet de la paix. Là-dessus on se couche.

Je compte être à Bombay à peu près dans vingt-cinq jours, ou moins peut-être. J'aurai donc le mois de février à y passer. — Reste à savoir si de Bombay je ferai une course d'une quinzaine de jours pour voir les *caves d'Ellora*. Je crois plutôt que je me laisserai aller à passer un paisible mois d'indépendance sous mes tentes, dans une espèce de champ de Mars, près de la ville indienne.

Il y a près de deux ans que nous avons demeuré à Bombay avec Loeve Weimar, dans une maison guèbre. Probablement vous avez eu depuis de ses nouvelles de Bagdad.

Trois jours se sont passés encore, et j'ai fait de nouveaux progrès en fait de patience. Je parle des rats plutôt que d'autre chose. Je suis maintenant dans cet état de découragement apathique qu'on nomme la résignation. — Enfin, j'ai trouvé hier une ville sur notre passage, à une demi-lieue des bords de la rivière ; c'était Boglepore, dans le pays appelé Moultan. Ce Boglepore est agréablement parsemé de palmiers-dattiers, comme ceux *della Sicilia*. J'y ai acheté un chat pour une roupie, et diverses provisions. A présent j'ai en vue une autre ville appelée Sacar-Bacar, qui viendra dans cinq ou six jours. Puis il y aura Haïdrabade, mais dont les habitants sont féroces, et je doute que je descende à terre ; cependant il faudra que François du moins y aille avec son long fusil à mèche et son petit pistolet à deux coups, et il me dira ce qu'il aura vu. J'ai entendu dire que les combats d'animaux sauvages, comme tigres et éléphants, rhinocéros, hyènes, etc., y ont encore lieu fréquemment, et que cet usage s'y conserve intact comme *un pezzo* vivant de l'antiquité. Le pays appelé Béloutchistan doit être quelque part ici. L'individu dont j'ai acheté le chat, et à qui j'ai demandé de quelle nation il était, m'a dit qu'il était Béloutch.

En dépit du fusil de François, les chacals viennent tous les soirs, en masse, hurler à cinq pas de nous. Quant aux crocodiles et aux alligators, nous en voyons tous les jours, au moins une douzaine, à portée de fusil, et bien plus près encore, et on dit qu'il en viendra bien davantage à mesure que nous avancerons.

Je me suis assuré que mes bateliers vivent, c'est-à-dire s'habillent et se nourrissent, pour deux roupies par mois, ce qui fait 4 shillings.

On m'a montré sur le sable humide des traces qu'on prétendait être celles d'un tigre. En effet, l'herbe très-haute et impénétrable des bords de ce fleuve m'a tout l'air de pouvoir servir de réceptacle à ces animaux. Ce fleuve n'est autre chose qu'un furieux torrent de boue, qui change de lit tous les ans, et dévaste dans son cours impétueux tout ce qui se trouve sur son passage. Différent des paisibles fleuves de l'Europe, qui se prêtent aux besoins des hommes, ce farouche et indomptable roi du désert est le fléau de l'Asie centrale; il fait fuir les hommes, détruit et emporte la végétation et les villages mêmes, n'abrite que d'immondes crocodiles, et laisse les tigres et les chacals maîtres du désert qui est son ouvrage.

Adieu : il faut que je cachète. Sacar-Bacar est un endroit magnifique, dans une forêt de palmiers. J'y suis. C'est aujourd'hui le 18 janvier, je pense.

C'est presque un petit Constantinople que ce Sacar-Bacar. Il y a ici des bateaux à vapeur tant et plus.

En barque sur l'Indus, devant Haïdrabade, capitale du Sinde.

Janvier.

Depuis que j'ai quitté Firouzpore, il y a une vingtaine de jours, je n'ai eu de relations avec personne et les événements ont marché. Ayant mis pied à terre ici ce matin, je vis que la maison du résident, le colonel Ootram, était abandonnée et en fort mauvais état. Les alentours étaient arides, comme le sont partout les bords de l'Indus. Un natif passa devant moi sans me saluer; mais jugeant, d'après un gilet européen qu'il portait sur sa veste de mousseline, qu'il ne devait pas être fanatique, je le suivis et l'accostai pour lui demander s'il y avait moyen d'aller à Haïdrabade, que l'on voyait à peine dans le lointain.

Les renseignements que je recueillis de cet individu, ex-écrivain de la résidence, parlant anglais, ne furent point favorables. Une bande de Béloutchi avait attaqué la résidence, sans que les émirs eussent pu l'empêcher. Le colonel Ootram avait quitté son poste. Le général sir Charles Napier s'avançait vers Haïdrabade à la tête de quatre mille hommes; dix-neuf mille cavaliers béloutchi l'attendaient non loin de là aux approches de la ville; mais les émirs avaient encore l'espoir d'un arrangement (les émirs sont au nombre de trois, proches parents entre eux, et règnent en commun sur le Sinde). La ville était à cinq milles, on pouvait trouver des chevaux pour y aller. Il ajouta que les émirs seraient charmés de voir un Européen, leurs dispositions étant des plus pacifiques. (J'appris aussi qu'antérieurement Haïdrabade avait été au bord du fleuve, qui, depuis quelques années, avait changé de lit.) Accompagné de François, qui avait un pistolet de poche, et de cet ex-écrivain, j'allai donc voir la capitale de cet affreux pays. Le terrain, pour y aller, est argileux et crevassé. La ville est assez grande et fortifiée, mais toute construite d'argile, toute grise et d'un aspect triste.

Les habitants que je rencontrai à cheval, à éléphant et à pied, tant Sindiens que Béloutchi, étaient tous armés ; leur barbe, teinte en rouge et séparée en deux, leur donnait un air farouche. Cependant ils me saluaient. Après avoir traversé de longs bazars peu animés, où j'achetai quelques boîtes de bois peint, industrie du pays, je parvins au fort crénelé à tours massives ; mais des soldats béloutchi qui le gardaient croisèrent leurs armes et voulurent savoir si j'avais un permis d'entrée. Mon conducteur entama des pourparlers auxquels je coupai court, l'idée m'étant venue qu'une fois entre les mains des émirs, ils pourraient bien me garder en otage, vu les circonstances, soit comme Anglais, soit comme un protégé de l'Angleterre. Et qui sait le sort que les événements me feraient ? Je me félicitai donc de ce refus, et je me retirai, malgré mon conducteur, qui voulait me persuader de l'envoyer comme parlementaire auprès des émirs, dont il était bien connu, et qui répondait de leur hospitalité. Je revins jusqu'ici par les mêmes bazars et le même désert, et me voilà rembarqué assez aise, malgré le regret de n'avoir pas vu les émirs[1].

---

[1] Une huitaine de jours après, une bataille sanglante eut lieu aux portes de Haïdrabade. Les Anglais furent vainqueurs ; mais ceux qui se trouvèrent sans défense dans le Sinde furent égorgés par les natifs ; entre autres, un général anglais malade, qui voguait comme moi sur l'Indus, et le commissionnaire anglais qui

SECOND VOYAGE

1844, 1845, 1846.

AU PRINCE PIERRE SOLTYKOFF.

Londres, 29 septembre 1844.

C'est aujourd'hui un de ces dimanches si divertissants à Londres; et pour comble d'agrément il fait mauvais pour la première fois depuis bien longtemps : une légère pluie avec un vent monotone et tant soit peu lugubre. On n'entend pas le chant du coq, ordinairement si distinct le dimanche. Pas de voitures, pas de piétons, nul mouvement dans les rues, excepté de temps à autre le pas mesuré d'un gracieux policeman en mantelet de toile cirée. Je suis à ma fenêtre de Clarendon hôtel, Albemarle street; vous savez, cette rue si joyeuse! Je partirai de mercredi en huit pour Southampton, Lisbonne, etc.

Puisque vous êtes assez bon pour me regretter, et que moi-même j'ai un peu le mal du pays, je ne resterai dans l'Inde que dix ou onze mois, et je viendrai vous retrouver où que vous soyez. Lord E... m'a donné rendez-vous à Palerme ou à Malte. Je vais lui écrire pour le prier que

me procura un bâtiment pour quitter le Sinde, à l'une des embouchures de l'Indus, appelée Gara-Bari. Sa femme et ses enfants furent également victimes de la fureur des natifs, et j'eus tout à m'applaudir d'avoir échappé à un sort pareil.

ce soit à Malte. Palerme est bien ; mais c'est un détour, et j'ai peu de temps. En décembre, il faut s'embarquer à Suez, les places sont prises ; et à quoi bon revoir encore ces squelettes des catacombes ? R... est probablement mort. Vous me parlez d'un point de réunion. Les points de réunion sont toujours Pétersbourg et Londres : le premier surtout. Mon voyage aux Indes est arrêté. Adressez mes lettres à Leckie et Cie, à Bombay, et dites à mon intendant d'y adresser aussi l'argent qu'il m'enverra. Cinquante mille roubles assignats me suffiront pour un temps énorme. A présent que j'ai fini toutes mes affaires, je ressens un certain calme.

AU MÊME.

Lisbonne, 19 octobre 1844.

Je suis arrivé ici avant-hier sur un bateau à vapeur de Southampton. Nous avons eu le temps le plus effroyable, une tempête continuelle de cinq jours. Lisbonne est une ville grande comme Padoue, et presque aussi gaie : il y pleut sans cesse. Je suis dans un magnifique hôtel ; l'air y est excellent. Je me repose ici quelques jours ; puis je me transporterai par un bateau à vapeur à Cadix en une trentaine d'heures.

Le voyage de Southampton ici a duré huit jours, trois de plus que de coutume.

Le caractère de Lisbonne et de ses environs rappelle d'une manière assez frappante Palerme et la Sicile.

Cadix, 24 octobre.

Ce qui m'occupe, c'est de savoir si c'est en *vetturino*, à cheval ou à mulet que je ferai mes courses en Espagne, nommément en Andalousie, — ou bien encore en diligence. Il y a, de plus, un bateau à vapeur qui remonte d'ici le Guadalquivir jusqu'à Séville.

Cadix est une ville un peu comme Venise, mais blanche, propre et moins grande; au lieu de canaux, ce sont d'étroites rues, longues et droites; des maisons mauresco-siciliennes, toutes à balcons, à toits plats, à terrasses ornées de verdure et de fleurs. Elle est également assise dans la mer, et ne tient au continent que par une langue de terre. Comme à Venise, il n'y a pas de campagne, pas de jardins, rien que des maisons entassées sur l'espace peu étendu que leur laisse la mer. Comme à Venise, il n'y a pas une voiture dans les rues, animées de piétons et parfois de cavaliers andalous. Je suis dans un hôtel soi-disant anglais, qui est peu de chose, mais propre et tout ce qu'il faut. Le maître de l'hôtel, M. Wall, vieillard tombé en enfance, n'a pas perdu ses habitudes de prévenance envers ses hôtes, quoique tout à fait hors d'état de s'occuper utilement de rien. Il n'a, du reste, l'air ni souffrant ni triste, et il n'est pas non plus triste à voir; au contraire. On nous donne des huîtres et d'excellent poisson.

Quelques Anglais, arrivés sur le même bateau que moi, logent ici dans le même hôtel; je dîne avec eux et avec un seigneur espagnol qui se joint quelquefois à nous; mais il est très-taciturne. En général les Espagnols sont silencieux, calmes, polis et patients; ils ont l'air bons, et me paraissent fort tolérants. Je suis allé au *teatro principal* hier; il y avait une foule énorme, mais qui ne faisait aucun bruit. Les spectateurs fumaient dans les vestibules pendant les entr'actes; presque tous étaient bien et proprement mis. Le costume national, jaquette, chapeau plat et manteau brun doublé de rouge ou de blanc, n'était pas en majorité. Il y avait une grande quantité de jeunes femmes; mais je ne sais pas encore apprécier la beauté espagnole. La plupart ont des figures graves et fières, et beaucoup de roideur dans le maintien. Le rire semble étranger à leurs lèvres pâles.

On a donné un long drame espagnol, où le stylet a été employé par jalousie dans une complication d'intrigues amoureuses; puis la cachucha et autres danses nationales ont été exécutées avec une très-grande vitesse. Ce matin j'ai parcouru l'arène où se donnent les combats de taureaux; mais c'est en été qu'ils ont lieu et au printemps. Puis j'ai grimpé sur une tour d'église pour voir toute la ville.

25 octobre.

J'ai encore été hier à un autre théâtre moins grand, où le public était plus espagnol de costume et de manières; on fumait dans les loges et au parterre, même au premier rang des stalles. Les pièces étaient comiques, à sujets nationaux, comme celles de San Carlino à Naples, mais d'un ordre plus élevé; c'est un théâtre en forme, bien bâti. En général, on ne voit rien ici de vulgaire. On nous a donné après un bolero et une autre danse qui s'appelle *olé* (l'accent sur l'*ó*), et qui est dansée par une femme seule sur une musique mélancolique. Cette femme était habillée de satin rouge, couvert de paillettes d'or et de gaze, car chaque danse a son costume à part. Le bolero était de six personnes, hommes et femmes, qui faisaient des mouvements violents, exprimant toujours la fierté, au bruit incessant des castagnettes, accompagné des acclamations du parterre, *Buen, buen!* Le langage espagnol a l'air d'un fier patois de l'italien. Le climat de Cadix me paraît excellent. Je suis fâché de vous gâter l'Espagne, que vous projetez toujours de visiter ; c'est votre pays de prédilection, je n'avais pas le droit d'y aller avant vous. Mais je vous laisse Madrid vierge, avec tout le prestige du mystère, le voile à lever. En attendant, je vais aller manger des *scalloped oysters* à déjeuner. Adieu.

AU MÊME.

Laroda, village, 31 octobre 1844.

Je suis dans une *posada*, le soir, accablé de fatigue, attendant une perdrix au riz et au lard, sauce tomate. Me voilà donc parcourant l'Andalousie à cheval, avec François, Théodore et un guide andalou, appelé Ximenès, cavalier très-élégant, recherché dans sa toilette et ses manières, qui s'occupe actuellement de la susdite perdrix. On me met le matin à sept heures sur un cheval andalou, et on me traîne jusqu'à huit ou neuf heures du soir, sans arrêter, si ce n'est une heure à moitié chemin, pour manger des œufs au lard et boire du vin de Malaga. A six heures du matin, avant de se mettre en route, on me donne une petite tasse de chocolat, mais qui est si épais et si sucré, que je ne le prends guère. Je porte avec moi une bouteille de vin de Xérès et des perdrix de Séville, car j'ai été à Séville. Le *Barbier* n'y est plus, ni le comte *Almaviva*, mais il y a beaucoup d'enseignes de *sangradores*. Lord Byron a dit :

> He who has not seen it will be much to pity...
> Of all the spanish towns is none more pretty.

A Séville je n'ai pu résister à la tentation coûteuse de réunir chez moi une danse d'Andalouses et d'Andalous. L'olé, la cachucha, le fandango, la gitana, la gallegana, tout fut exécuté par six femmes charmantes et six garçons dans des costumes admirables, avec un bruit étourdissant de castagnettes, force guitares, et des chants lugubres et sauvages, dont je ne puis donner une idée qu'en disant que c'est un peu comme dans l'Inde et chez les Arabes. Mais vous ne savez pas comment c'est dans l'Inde. Enfin, ce n'est pas de la musique comme nous l'entendons; ce sont des cris, des plaintes, des extases et des joies. Vous savez comment chantent les bohémiens à Moscou; eh bien, c'est encore beaucoup trop savant et *sophisticated*. Toutes ces bayadères s'attendent, outre les 30 ou 40 dollars qu'on leur donne, à être régalées de confitures et de vin, qu'il faut prendre avec elles; et, en les congédiant, on doit leur remettre d'immenses cornets de bonbons, comme à une noce, sans quoi elles s'offensent. Cette cérémonie de prendre du vin avec elles est assez piquante. Elles le goûtent, puis vous passent le verre pour en faire autant, et ensuite elles le vident à votre santé et vous serrent la main. Dans les intervalles des danses, elles s'asseyent près de vous et vous tiennent des discours fort obligeants, à ce que j'ai pu juger d'après leur pantomime. Elles changèrent dans la soirée dix fois de toilette pour la danse, — toujours des costumes recherchés, des souliers charmants (elles sont pédantes sur cet article et sur celui des bas), de la dentelle, de l'or et de l'argent. Et il faut leur rendre cette justice, qu'elles étaient presque toutes charmantes.

Je vais donc pour le moment à Grenade. Exprès j'ai pris peu d'argent avec moi, dans l'espoir de rencontrer des brigands; mais j'espère en vain. Nous voyageons le soir, car après six heures il fait sombre, et nous avons de la peine à trouver notre route; mais point de brigands. Patience.

Loja, village, le soir, 1er novembre.

J'ai fait encore une étape. Ce matin à sept heures je me suis mis à cheval, et ne suis parvenu ici qu'à neuf heures du soir par une pluie à verse tout le temps, et au risque de me perdre dans une complète obscurité, par un chemin diabolique, montagneux et glissant. Le guide était au désespoir. L'anxiété continuelle de s'égarer est fort désagréable. Me voilà sur un bon lit, attendant de nouveau le riz au lard sauce tomate, omelette idem, accompagnés d'un perdreau froid, un des perdreaux de Séville que je colporte avec moi, de même que des poulets et un morceau de bœuf rôti.

Grenade, 3 novembre.

Je suis arrivé ici hier, après avoir passé toute la journée et une grande partie du soir à venir de Loja à cheval, par une pluie battante et un vent épouvantable, et la plupart du temps cheminant dans l'eau, car l'Es-

21.

pagne est inondée : il y pleut toujours ! De Séville ici j'ai donc mis quatre jours ; mais ordinairement il en faut cinq. — Mon guide et le conducteur des chevaux, un vieux, ne faisaient que parler de brigands, et toutes les fois que nous rencontrions des contrebandiers, le guide Ximenès les saluait avec force respect et accélérait le pas. En général, il était partout d'une politesse excessive. Un soir nous vîmes un homme à manteau courir vite sur une montagne à notre approche et se perdre dans les arbres. Ils s'en alarmèrent, supposant que peut-être il allait donner avis de notre passage.

Dans une petite ville où nous nous arrêtâmes pour déjeuner, le maître de l'auberge avait dans le coin d'une chambre une quantité de très-jolis fusils qu'il vendait très-bon marché. J'ai trouvé cela un peu inaccoutumé, et après mon guide m'a dit que la plupart des habitants de cette ville, appelée Alméda, étaient plus ou moins brigands ; qu'ils s'en allaient parfois dans la campagne soi-disant à la chasse, et que c'est pour cela que l'aubergiste trouvait tant de profit à vendre ses fusils, quoiqu'il n'en demandât qu'un prix extrêmement modique.

Tous les aubergistes s'étonnaient de ce que nous voyagions si tard ; mais comme j'ai pris l'habitude de ces sortes de voyages en Perse, je ne voulais pour rien au monde me soumettre à me traîner des semaines entières dans les boues, au lieu d'aller tout d'une traite en quatre jours. D'ici, je retournerai à Loja, et de Loja à Malaga, où je compte m'embarquer pour Gibraltar ; mais s'il n'y a pas de bateau à vapeur, il faudra encore continuer de là par terre, ce qui fera trois longues journées de plus, ou bien aller par un vaisseau.

Ce matin, j'ai vu l'Alhambra; franchement, d'après
ce qu'on en dit, je m'attendais à mieux. Ce n'est qu'une
faible et mesquine imitation en plâtre des féeriques palais que j'ai vus aux Indes, non-seulement ceux des environs de Dehli, élevés par les Grands Mogols, mais ceux
de Lahore même, qui n'était qu'une ville éloignée du
centre de l'empire mogol. Tout ce qui est en pierre, en
marbre, en porphyre, en lapis lazuli aux Indes, est en
plâtre à l'Alhambra, et sur une beaucoup plus petite
échelle. Voilà quelle confiance on peut avoir dans les ré-
putations que font les voyageurs. Pourtant l'Alhambra,
avec ses orangers, ses fleurs, son raisin (dont j'ai mangé
considérablement) et ses fines arabesques, est un charmant endroit.

En Perse, j'ai vu des palais de ce genre, mais d'un
travail plus fin, plus curieux comme caractère, et de matériaux plus riches. Au Caire, il y a aussi des choses
bien plus belles, mais plus simples. Là, c'est l'architecture primitive arabe. Dans l'Inde, cette même architecture s'est reproduite, mais plus ornée et plus
splendide.

Je suis allé voir le Généralif. Une jolie jeune fille en
avait la clef, et m'a montré les appartements et les petits
jardins, qui sont remplis de raisin. Dans les chambres
de cette habitation maure on a placé les portraits en pied
de plusieurs conquérants, des Maures et des dames espa-
gnoles des temps passés, et entre autres ceux de Ferdi-
nand et d'Isabelle, dont j'ai vu aussi les magnifiques
tombeaux dans la cathédrale, ce matin, pendant la
messe, car c'est dimanche. Ces tombeaux sont en pierre
et très-élevés, avec les deux statues royales couchées. Il

y a dans l'église beaucoup de vierges et de saints faits en bois et habillés de clinquant.

Je me suis levé un moment pour aller à la fenêtre voir passer un régiment d'infanterie espagnole; il a pour musique des trompettes de cavalerie avec un tambour-major très-gesticulant. Les femmes, après tout, sont très-jolies en Espagne. En voyage même, dans les auberges petites et grandes, ventas et posadas, les servantes étaient fort agréables. Il n'est pas vrai que les auberges soient sales, tout au contraire; seulement elles sont pauvres, et l'on n'y trouve que du porc à manger.

Voilà que le régiment dont je vous parlais tout à l'heure a entouré d'un double front toute la place carrée qui est devant les fenêtres de l'auberge où je loge; je ne sais pas ce que cela veut dire, et la musique a recommencé à jouer, mais pas les trompettes seules, une musique en règle, et ils jouent quelque chose de touchant et de triste d'un opéra que je ne reconnais pas, mais qui me fait penser à vous, et me jette dans la mélancolie. Dieu sait si je vous reverrai; mais je ne veux pas en douter.

Ce matin j'ai vu une quantité de prisonniers qu'on garde dans l'Alhambra. Je ne sais pourquoi on les avait fait sortir; ils rentraient, accompagnés de soldats, par une des charmantes allées des jardins de ce petit paradis. Je vous ai dit qu'il pleut toujours en Espagne; mais je fais amende honorable, car j'ai eu aujourd'hui un très-beau temps pour ma promenade à l'Alhambra et au quartier des bohémiens (gitanos). Maintenant le jour tire à sa fin, et les soldats sont toujours là. Ce soir j'assisterai à une danse de bohémiennes que j'ai commandée. Je suis curieux de voir ce que ce sera.

La danse des bohémiennes a été très-bien. Puis, j'ai été au théâtre, qui est assez grand, et qui était plein comme un œuf. On donnait une féerie : *la Poudre du Diable*. De toutes les bohémiennes qui ont dansé, — il y en avait une douzaine, je crois, — une seule était remarquable ; elle dansait à la moresque ou à l'égyptienne, avec une fougue démoniaque. Elle était très-élancée, très-jeune, d'une grande maigreur, d'une extrême souplesse, et son teint tirait presque sur le vert. Je lui fis demander si elle était mariée. Elle répondit que oui ; mais que son mari était en prison, et allait être pendu incessamment pour avoir tué son frère à elle d'un coup de couteau, par jalousie pour une femme qu'ils aimaient l'un et l'autre. Là-dessus elle versa un grand verre de vin, me l'offrit à goûter, l'avala d'un trait, et se remit à danser avec rage. Tout en dansant, elle hurlait une chanson sauvage, comme les bohémiennes de Moscou, la tête levée et les bras en arrière, avec des mouvements de hanches de plus en plus accélérés, et faisant trembler tous ses membres, avec un bruit de castagnettes étourdissant, une féroce musique, des cris à l'avenant, un chœur de mégères et de jeunes laideronnes qui s'agitaient comme au sabbat.

A Cadix, j'ai vu exposé dans une chapelle le cadavre d'un petit enfant qui était mort rongé par les rats. Le pauvre petit était couvert de plaies profondes et tout tordu. Sa mère l'avait laissé seul, obligée qu'elle était d'aller travailler.

AU MÊME.

Gibraltar, 8 novembre 1844.

Je suis arrivé ici ce matin de Malaga, en une nuit, sur un très-bon bateau à vapeur espagnol. (Ce Gibraltar ne me plaît guère.) De Grenade j'ai continué jusqu'à Malaga, ce qui m'a pris deux jours à cheval. Le baron hollandais M. m'avait persuadé de me mettre en diligence avec lui; mais à peine en avais-je essayé pendant une demi heure, que j'en ai eu assez, car c'est un *tarantas* sans un soupçon de ressorts, rempli comme un œuf d'un tas de gens qui ne font que fumer et cracher de la manière la plus dégoûtante. J'ai bien vite regrimpé sur mon cheval, malgré la fatigue et la pluie, pour éviter le mal de cœur. J'allais, d'ailleurs, beaucoup plus vite que la diligence, malgré tout mon bagage et ma suite.

Je me suis séparé avec regret du baron M. à Algésiras, petit endroit vis-à-vis et tout près de Gibraltar. En venant de Grenade, j'ai donc encore passé par Loja et par la *venta de los ornajos*, ce qui veut dire l'auberge des provisions, mais ce n'est qu'un hangar, où le voyageur harassé cherche en vain le repos et la nourriture. La *venta de los tres Hermánas*, ce qui veut dire *auberge des trois Sœurs*, entre Grenade et Loja, est tout autre chose. — Les trois jolies sœurs, plus naïves les unes que les autres, s'empressent de deviner les désirs du voyageur et l'entourent des attentions les plus délicates. L'une est un peu louche, ce qui lui va très-bien; l'autre marquée de la petite vérole, ce qui la rend fort intéressante, et la troisième mérite le nom de brune piquante, car elle est noire comme une taupe, *mui gitana*, très-bohémienne, c'est-à-dire une femme brune et vive, parlant vite, gesticulant beaucoup, toujours en mouvement. — Ces aimables sœurs ont, de plus, le mérite de faire une très-bonne cuisine espagnole composée de *stockfish*, de jambon, de tomates, de lard, d'ail, d'huile, de piment. A Malaga on fait de délicieuses statuettes représentant les divers costumes espagnols, toréadors, brigands, contrebandiers, danseurs; elles sont pleines de caractère, de fini, peintes de la manière la plus charmante et pas chères; mais, hélas! elles sont en plâtre et trop fragiles pour être transportées. Il y en a d'assez grandes, des figures équestres d'une demi-aune de hauteur, et des groupes de taureaux.

Je dîne aujourd'hui chez le gouverneur de l'endroit, le général Wilson. Il me comble de bontés, ce qui fait que, bien que blasé par mon voyage sur le plaisir de l'équitation, j'ai dû remonter encore à cheval pour toute la journée, afin de visiter en détail les fortifications de cette ville ou plutôt de ce rocher, dont il bâtit plusieurs lui-même *con amore*. Quoique profane et peu capable d'apprécier ces choses, j'ai été vivement sensible à la peine qu'il a bien voulu prendre de me les montrer avec tant de grâce et de cordialité.

Le général Wilson se trouve avoir été en Russie en 1807, 1812 et 1813, et il a connu de nos parents. Il m'a fait la faveur de venir chez moi le premier de très-bonne heure ce matin. Et moi qui loge dans une auberge abominable, bien plus infâme que les ventas et posadas qu'on trouve sur la route en Andalousie!

Malte, 16 novembre.

Je suis à Malte depuis deux jours, dans un bon hôtel
Baker's hôtel, sur la place du palais des *Grands Maîtres*
converti en celui du gouverneur anglais, qui maintenant se trouve être sir Patrick Stuart. Il fait un temps
divin; je dors la fenêtre ouverte, et, le jour, je suis
obligé de fermer les jalousies et de chercher l'ombre en
me promenant.

Il y a en garnison ici un régiment d'Écossais sans cu-
lottes, et tous les soirs, à la retraite, ils font devant mes
fenêtres, sur leurs cornemuses et leurs tambours, un
tintamarre féroce, mais si féroce, si bruyant, si guerrier, qu'il en est presque imposant, quoique tout aussi
discordant que les trompes et tam-tam des montagnards
de l'Himalaya.

AU MÊME.

Le Caire, 22 décembre 1844.

Il fait un temps divin, et la verdure est épaisse comme
chez nous en juin; mais elle se compose principalement
d'acacias et de sycomores, à l'ombre desquels, par un
chemin excellent, on va à cinq verstes d'ici, en voiture, à âne, à cheval ou à dromadaire, jusqu'à Chou-
bra, grand jardin du vice-roi, qui est plein de roses, de
jasmins, d'oranges et de citrons. On évite le soleil et
l'on se promène sans paletot la nuit. A deux heures d'ici
sont les grandes pyramides. Elles sont devant ma fenêtre, séparées de moi par le Nil, et paraissent au-dessus

du premier plan que forme la sombre verdure de la principale promenade, qui s'appelle Ezbékia, et où sont établis des cafés turcs. D'un autre côté du Caire est un désert triste et aride où sont les tombes des mamelouks, et d'autres plus anciennes et plus belles, mausolées des califes, aux minarets ciselés, élancés et gracieux. Plus loin est la forêt pétrifiée, étrange et inexplicable phénomène du désert. D'un troisième côté sont des champs cultivés, très-verts, qui se succèdent à l'infini, séparés les uns des autres par des haies de cactus et des chemins ombragés d'acacias. C'est par là qu'on va voir un arbre vénéré, un sycomore, où, selon la tradition du pays, la sainte Vierge s'est reposée. Là se trouve aussi un obélisque, et ce lieu s'appelle Héliopolis. D'un quatrième côté on va, par des allées d'arbres et le long de vieux pans de murs abandonnés, dans le vieux Caire sur le Nil, où il y a une chapelle souterraine que la Sainte Famille habita pendant longtemps. Beaucoup de Cophtes vivent dans ce quartier.

La ville même, le Caire proprement dit, est un labyrinthe sombre des plus bizarres qu'on puisse rêver, et plein d'une foule étrange de gens de toutes les contrées de l'Arabie, de l'Abyssinie, du Nil Bleu, du Nil Blanc et de toutes les oasis du désert. Les rues sont très-étroites et tortueuses. Les vieilles maisons, d'un caractère arabe extrêmement curieux, chargées d'arabesques compliquées, sont si hautes, que le jour pénètre à peine dans ces sentiers mystérieux. Un crépuscule vague enveloppe le monde singulier qui s'y trouve rassemblé. Ce sont des Cophtes au teint jaune, vêtus de noir; des Bédouins du désert drapés de couleurs fauves, des Arabes de la Mecque à la coiffure jaune et rouge qui rappelle les momies antiques; des Nubiens noirs aux traits réguliers, vêtus de blanc ou de bleu, des esclaves éthiopiens couleur de bronze, dont l'étrange coiffure en cheveux est exactement pareille à celle que portent les rois de l'antiquité dans les fresques de la haute Égypte; des Berbérins à l'air farouche, au teint couleur de cendre, à l'œil inquiet et hagard, suivis de leurs victimes qu'ils mènent au marché : ce sont de malheureuses jeunes filles arrachées à leurs parents, Abyssiniennes, Gallas, Cafres et Négresses, du Darfour, du Cordofan, du Sennar. Un haillon gris couvre à peine leur corps svelte et d'une beauté parfaite. La douceur de leur regard profond et mélancolique est inconnue dans nos climats. Elles ont traversé les déserts brûlants pour arriver jusqu'à Assouan ou Sioute, d'où elles sont venues par le Nil jusqu'ici. Mais la moitié est morte de fatigue, de privations, et la partie mâle de ces troupeaux humains a subi l'opération cruelle qui en a tué les deux tiers, mais décuplé le prix des restants. Cette atrocité se commet dans les villages isolés qui avoisinent le Nil, aux environs de Sioute et de Girgès. Là, des centaines de malheureux enfants de cinq à huit ans sont jetés dans des fosses, où ils sont mutilés et enterrés jusqu'à la ceinture pour un certain temps, afin que la plaie se ferme.

Toute cette foule est entremêlée de chameaux qui la traversent avec peine, attachés à la file les uns des autres, et venant de l'intérieur de l'Afrique ou de l'Arabie avec des marchandises. Quelques fonctionnaires du viceroi, sur de beaux chevaux arabes avec une suite de gens à pied, caracolent au milieu de tout cela, ou bien quelques hideux eunuques de la cour, suivis de dames masquées, à califourchon sur des ânes. Toujours mysté-rieusement enveloppées de blanc ou de noir, leur aspect est lugubre et monacal. Souvent, au lieu d'un eunuque, ces fantômes sont précédés d'un iman à la barbe blan-che, au turban vert, au *machla* ou *abaï* blanc et or, qui monte une mule blanche caparaçonnée de rouge et d'or. Cela veut dire que le saint homme mène son harem au bain. De petits nègres eunuques portent des aiguières dorées et du linge à frange d'or. Je perce rapidement, sur un petit âne, cette foule étrange et compacte, sans rien culbuter, suivi d'un enfant arabe de six à huit ans armé d'un bâton et criant à tue-tête pour écarter les passants, qu'il apostrophe selon leur condition, leur âge ou leur sexe. — Sorti enfin de ce tourbillon bruyant, je traverse des rues désertes, je passe devant des mos-quées antiques, vastes édifices de pierre ciselée, des pre-miers temps du mahométisme, du style arabe le plus pur et le plus simple, et j'arrive à de sombres bois de palmiers, dont les arbres sont encore chargés de dattes, qui pendent en grappes d'un brun rouge et transparent. Je laisse reposer mon petit âne, et je m'assieds sur l'herbe à l'ombre, près d'une fontaine. Les orangers remplissent quelques intervalles entre les palmiers. Le vieux jardinier me cueille quelques dattes bien mûres, tandis qu'un autre a déjà coupé des roses et des jasmins pour me les offrir. Un troisième me présente de l'eau de fleurs d'oranger fraîchement faite, dans une bouteille d'argile qui la tient froide, et le tchibouk est allumé.

AU MÊME.

Kandy, Ceylan, 10 mars 1845.

Je me tenais tout prêt à partir pour Bombay, où je dois trouver des lettres, et je n'osais m'écarter de Colombo. Mais comme tout le monde ici m'avait persuadé qu'il n'y aurait aucun bateau à vapeur avant un mois ou six semaines au moins, — que je pouvais monter en toute confiance sur les hauteurs de Ceylan, et être averti à temps pour revenir m'embarquer s'il en venait un, — comme, en outre, la chaleur de Colombo était intolérable, — je m'en allai sur une montagne appelée Niura-Ellia, et à peine y étais-je, que voilà qu'il arrive à Colombo un bateau à vapeur, qui repart incontinent pour Bombay, me laissant frappé de stupeur sur ma montagne.

Pour me distraire je redescendis aussitôt, et vins ici, où je trouvai la société anglaise préparée à aller à une cinquantaine de verstes dans la forêt de Karnigâl pour voir attraper des éléphants. Je me laissai entraîner; et après un voyage fatigant, à cheval, et avoir vécu plusieurs jours dans des cabanes improvisées, au milieu d'une étouffante forêt tropicale, impénétrable sans hache et sans feu, un soir, à la lueur des torches, je vis ou plutôt j'entendis un troupeau d'éléphants sauvages, cernés et chassés par un millier de Cingalis, armés de torches et de lances, vers une enceinte préparée à cet effet, tout près de la hutte où j'étais juché avec d'autres Européens, des Anglais, sur un très-gros arbre. Je fus averti du moment décisif par le bruit des feuilles et le craquement des branches, et par les cris de triomphe des Cingalis. Le lendemain matin je retournai à mon poste d'observation, à cette hutte de bambous et de feuilles de palmiers, et je vis trente-sept éléphants traqués dans l'enclos et qui se tenaient en masse. Il y en avait de vieux et d'énormes, et aussi trois tout petits qui se pressaient sous leurs mères. Alors les Cingalis les plus déterminés entrèrent dans l'enclos, le *krâl*, comme cela s'appelle, sur quatre éléphants privés, pour tâcher de dérouter les sauvages par des menaces bruyantes ; et s'approchant du premier qui se trouva détaché de la bande, ils réussirent avec beaucoup d'adresse et de courage à lui mettre un lacet au pied, et à le garrotter à un arbre trop gros pour qu'il pût le déraciner. Le malheureux se mit à faire des efforts grotesques et à trompeter de détresse. Alors la troupe des éléphants sauvages s'avança vers lui comme pour le délivrer. Mais les Cingalis, par leurs cris et leurs piques, et les quatre éléphants privés, avec leurs défenses, les repoussèrent. On emmena le captif garrotté, et maté à coups de trompes et de défenses par les éléphants apprivoisés.

Ayant eu assez de la chaleur étouffante de cette forêt humide, je m'en revins alors du krâl à Kandy. Il se passera du temps avant qu'on attrape les trente-six qui restent. Si j'avais du loisir et du calme, je serais pourtant demeuré un peu, car la vue de cette espèce de guerre est assez excitante. Le malheur est que la fièvre règne dans cette contrée basse de Ceylan si surchargée de végétation. L'air ne circule pas dans l'épaisseur des bois ; les miasmes qui s'évaporent de la végétation putréfiée sont pestilentiels. Le krâl, enclos d'un quart de verste carré, avait pour palissade de hauts troncs d'arbres très-forts, serrés les uns contre les autres, et dont plusieurs se trouvaient être des ébéniers. Dès que les éléphants sauvages y eurent été traqués, tout le krâl fut entouré de piques et de flambeaux, et des feux immenses furent allumés pour empêcher les éléphants furieux de briser l'enclos avec leurs fronts. Les hurlements, les feux et les longues piques blanches les faisaient reculer invariablement lorsqu'ils se mettaient à faire une charge contre la barricade.

Je suis arrivé à Kandy à temps pour voir sortir de tous les couvercles et cloches d'or à pierreries, la célèbre relique du bouddhisme, la dent de Bouddha, montrée à nu, toute pourrie, noire et crochue, à des ambassadeurs siamois, des bonzes jaunes, qui sont venus exprès pour rendre hommage à la dent. Lord E..., avec lequel je me trouvai devant l'autel du temple, prit la petite boîte d'or, où se trouvait fichée la dent sacrée, pour l'examiner de plus près; et les bonzes, tant cingalis que siamois, s'en alarmèrent beaucoup, quoique les bouddhistes soient très-tolérants; mais ceci était par trop fort. Alors les prêtres, en la lui reprenant, la posèrent sur une fleur artificielle de lotus en or, fleur sacrée, pour qu'on pût la bien voir et adorer.

Je vais demain à Colombo, qui est au bord de la mer, afin de saisir au passage le premier vaisseau qu'il y aura pour Bombay, puisque j'ai laissé échapper le *vapore;* ce qui me vaudra une affreuse traversée d'une vingtaine de jours peut-être, au lieu de six. L'autre jour, à Colombo, François a eu un coup violent d'apoplexie, causé probablement par l'excessive chaleur et sa disposition sanguine, et surtout par le manque d'exercice, car le soleil empêche d'en prendre, et le seul moyen est d'empiéter sur la nuit, ce qu'il n'avait pas l'occasion ni peut-être l'envie de faire. Il a failli mourir ; mais à force de lui tirer du sang et de lui administrer des doses d'une certaine huile nommée *cruten*, purgatif des plus violents et d'invention nouvelle, on est parvenu à le sauver. Dieu veuille qu'il en soit quitte pour cette attaque !

Colombo, 11 mars.

Je me suis transporté ici par une diligence en quelques heures. C'est une centaine de verstes. J'apprends qu'il y a un vaisseau à voiles qui va, dans trois jours, partir pour Bombay et en mettre vingt [1] pour y arriver. Il faudra m'y résigner. Ce qui me console, c'est que ce vaisseau vient de la Nouvelle-Hollande, pays assez froid, et par conséquent ne contient probablement que peu ou point de ces immondes cockroaches [2].

12 mars.

J'ai fait prendre des informations, et le guignon veut que ce vaisseau ait changé de destination et n'aille plus à Bombay. Me voilà donc le bec dans l'eau.

31 mars.

Grâce à mon arrangement pour les lettres, et du reste je ne vois guère comment j'aurais pu faire autrement, je suis toujours privé de vos nouvelles. Mais le petit bateau à vapeur qui doit me transporter à Bombay part enfin

---

[1] Il en a mis à peu près trois fois autant.

[2] Autre erreur fatale, car il en contenait des millions.

aujourd'hui. Je ne m'attendais pas à cette bonne fortune, et j'étais déjà décidé à m'embarquer dans un méchant vaisseau à voiles qui, au dire du capitaine lui-même, n'aurait pas pris moins d'un mois pour me conduire à Bombay, et les cockroaches n'y manquaient pas. Il est probable que mon petit bateau à vapeur mettra une huitaine de jours pour faire ce trajet [1], au bout duquel je recevrai vos lettres et de l'argent, je n'en doute pas.

AU MÊME.

Aroungabade, 15 juin 1845.

Je suis arrivé ici hier. C'est une ville curieuse. A une vingtaine de verstes d'ici, sont les fameuses caves d'El-lora. J'y vais aujourd'hui.

Je n'ai pas eu la patience de rester sur les montagnes de Mahableschwar jusqu'au commencement des pluies. Dans les plaines l'hospitalité m'avait été offerte chez le colonel Havelock, une de mes anciennes connaissances, commandant maintenant un régiment européen de dragons, cantonné à Kerki, village qui est à six milles anglais d'une ville márate, appelée Pouna. J'y arrivai donc par un vent brûlant et au milieu du malaria, qui se développe ordinairement lorsque les pluies tardent à venir. Le jour même de mon arrivée, le choléra éclata dans ce régiment de dragons, et treize individus robustes furent emportés en quelques heures. L'inquiétude qui s'ensuivit, et bientôt les progrès rapides de l'épidémie, les tin-

[1] Il en a mis neuf.

tements continuels de la cloche dans l'église voisine de notre maison, la musique lugubre qui accompagnait les cercueils par trois et quatre à la fois, les pleurs des femmes en noir, le sifflement sinistre du vent chaud chargé de malaria, le hurlement des chiens de chasse du colonel, enfin l'état alarmant du colonel lui-même qui, la nuit, au plus fort du mal, se levait pour se mettre dans un baquet d'eau froide, et boire des quantités d'eau, selon la méthode de Græfenberg, dont il se trouvait très-bien[1]; tout cela fit qu'au bout de huit jours, je dis au colonel que je voulais aller demeurer à Pouna pour être à même d'y faire mes préparatifs de voyage dans l'intérieur.

A Pouna, où je logeai à l'hôtel, le choléra était aussi; mais du moins ce n'était pas la même tristesse, Pouna étant un endroit très-peuplé. Maintenant je suis de nouveau en voyage. Les premières pluies sont tombées en abondance et ont mis fin à l'épidémie. — J'avais l'estomac dérangé depuis bien des semaines.

16 juin.

Je suis dans le village appelé Roza par les Anglais et Rodja par les Indiens, près des caves d'Ellora, que j'ai vues hier soir à la lueur des torches, et ce matin au soleil. C'est tout à fait merveilleux, mais on s'en fatigue vite. Je m'étais esquivé seul d'Aroungabade pour voir à mon aise ces excavations et ces sculptures gigantesques. Pourtant j'ai eu du plaisir à trouver ici un capitaine Johnstone qui habite pour le moment ce village avec sa femme et sa belle-sœur ou nièce, dans un tombeau mu-

---

[1] Il échappa au choléra pour être tué peu de mois après en se battant contre les Sikes.

sulman converti en habitation à peu de frais. — Il y a
une vingtaine de jours que le choléra a fait quelques ra-
vages parmi les Indiens d'Aroungabade ; — aucun Européen n'a été attaqué, excepté la femme du capitaine,
une jeune femme grande et très-bien, qui, après avoir
pris son thé le soir en fort bonne santé, à deux heures
de la nuit s'est réveillée malade. Son mari, en attendant
le médecin, lui donna, je crois, une soixantaine de gouttes
de laudanum, ce qui fait plus d'une cuillerée à café. Ce
remède, qui est le plus répandu et qui réussit, dit-on,
généralement le mieux, la sauva, et elle se trouve ici
maintenant pour achever de se rétablir dans un air
meilleur, ce village étant plus élevé et moins chaud
qu'Aroungabade. J'ai déjeuné chez eux ce matin, et elle
m'a dit que sa sœur a eu aussi le choléra, et a été sauvée
également par le laudanum. — Ils sont très-bons. — Je
dîne chez eux ce soir, et demain je retourne à Aroungabade. — Les caves d'Ellora sont une chose si compliquée
et si vaste que je n'essaye pas de vous les décrire. Je n'y
ai rien dessiné. Les représentations nombreuses qui s'en
trouvent et que je possède d'ailleurs dans le grand ouvrage de Daniel me paraissent d'une très-grande perfection, et en donner une idée fort exacte. Ayant résolu
d'en voir d'abord l'effet de nuit, et remarquant que mes
porteurs de palanquin voulaient s'arrêter à Roza, et ne
me mener à Ellora que le lendemain et en plein jour, je
pris le parti d'y aller à pied, et avec deux guides. Je
parvins à l'un des principaux temples, fait d'un roc
coupé dans la montagne. Les Indiens sont tellement soigneux et consciencieux, que celui de mes conducteurs
qui portait la torche ne me permit pas d'entrer dans l'en-

ceinte avant d'y avoir pénétré pour en faire l'examen, car, disait-il, un tigre pouvait s'y être caché [1].

L'apparence de ces temples antiques, non bâtis mais taillés dans le roc, est très-imposante, surtout à la lueur des torches. Je passai entre de longues rangées d'éléphants de grandeur naturelle et de monstres mythologiques d'un culte indien mort on ne sait depuis quand, un rêve pétrifié, comme dit M. Méry.

Lorsque j'étais à Sattara, il y a quelques semaines, j'allai près de là voir un village bramine appelé Maholi. J'y aperçus, au bord de la rivière Crichna, plusieurs tas arrondis et oblongs de ces morceaux ronds et plats de fiente de vache, qu'on appelle dans le midi de la Russie *kizéki ;* ils étaient allumés et on y brûlait des cadavres humains. Je m'approchai d'un très-vieux bramine, une espèce de squelette qui, accroupi comme un singe près d'un cadavre, attisait son feu d'un air de béatitude. A mon approche, il se leva, et, me montrant le tas brûlant, me dit avec un redoublement de satisfaction : *Vè hamàra màmma hàï ;* ce qui veut dire : c'est mon oncle. — A en juger par le neveu, l'oncle devait être agréable ; mais je ne pus m'en assurer, car la flamme était grande et l'oncle un tison ardent, grâce aux soins du neveu, qui tour à tour soufflait dessus et y versait de l'huile. — Dans un autre endroit, à Sassour, pendant qu'abrité sous un arbre banian je dessinais un temple curieux qui était vis-à-vis de moi, de l'autre côté de la même rivière Crichna, étroite dans ce pays, distrait par les allées et venues d'une foule d'hommes, de femmes, d'enfants, de

---

[1] Lord Elphinstone, qui y est allé quelques semaines plus tard, en a tué un dans ce même endroit ou bien près de là.

buffles et de bœufs braminiques qui se baignaient tous
ensemble, je ne remarquai pas que près de l'endroit où
j'étais il y avait sur le sable plusieurs tas de fiente de
vache allumés qui recouvraient des cadavres. Il est vrai
que le soleil était éblouissant, et que le vent emportait
la fumée du côté opposé, et je ne m'aperçus de la chose
qu'à l'arrivée de deux jeunes gens qui apportaient un
mort et qui le posèrent sur un bûcher auquel ils mirent
aussitôt le feu, après l'avoir couvert du même com-
bustible.

17 juin.

Je viens de recevoir des lettres de Russie du mois de
mars. Je loge au *Sirkar-bungalow*, la station; mais les
avances du colonel Bagnold, qui commande ici, m'obli-
gent d'accepter l'hospitalité chez lui. Pourtant je ne le
fais qu'à demi, car je laisse mon domestique, mes palanquins et mes effets à la station. Le colonel est un vert
vieillard de soixante ans, avec une jeune femme de
vingt-six, très-gracieuse et excessivement comme il faut,
quoique ayant le malheur d'être louche d'un œil. Elle a
deux petits enfants, dont l'un en Angleterre. Elle l'y a
mené dernièrement toute seule et est revenue ici. — Le
colonel Bagnold dit qu'il a eu trois fois le choléra et s'est
guéri lui-même. J'ai été au bazar d'Aroungabade, je
veux dire la ville indigène, — *the native town*, comme
on dit ici. Il y a très-peu de cas de choléra, et ceux-là
sont rarement mortels; dans la ville anglaise et parmi
les troupes, dans ce qu'on appelle le *cantonnement*, où
je suis; il n'y en a pas du tout. Il a fait horriblement
chaud tous ces jours-ci, mais maintenant l'air est rafraî-

chi par les pluies. — En passant par les ruines de la ville native d'Aroungabade, je vis dans la rue le cadavre d'un vieillard gisant par terre, et quelques personnes le regardant. Tout y est dans un délabrement complet. On y voit des maisons à façades très-curieusement sculptées en bois et à balcons gracieux et très-indiens, mais tous croulants ; — des meutes de chiens sauvages hurlant d'une manière assourdissante ; — d'immenses tombeaux musulmans ; — des restes de vastes palais entourés de murs et de tours à créneaux et de jardins verts, aux masses touffues d'aréquiers, aux étangs poissonneux qui débordent et du milieu desquels jaillissent des jets d'eau. Des femmes en grand nombre y blanchissent le linge ou se lavent elles-mêmes, et les bramines et autres y font aussi leurs ablutions à l'ombre des grands arbres banians, sur les dalles unies qui encadrent ces grandes pièces d'eau.

Aurengzeb, dont Aroungabade a été pendant long-temps le séjour, a son tombeau à Roza, près d'Ellora, ou, comme les indigènes l'appellent, *Yéroulla*. — Ils ont ici l'imitation du Thadj-Mahal d'Agra, ce fameux mausolée de je ne sais plus quelle impératrice ou mogolesse de l'Hindoustan. — Je me prépare à partir pour Haïdrabade, près de Golconde, dans le royaume du Nyzam, et j'écris au général Fraser, résident auprès du Nyzam, pour réclamer sa protection.

AU MÊME.

Haïdrabade, capitale du Nyzam, près de Golconde, dans le Deccan.

2 juillet 1845.

Hier, en allant voir un des jardins réservés du Nyzam, en compagnie du colonel Macdonald, nous fûmes salués, à l'entrée, par une rangée de jeunes soldats, vêtus de rouge, qui me présentèrent les armes, au son des tambours et des clairons. L'extrême jeunesse, l'air délicat de ces soldats attirèrent mon attention ; et quelle fut ma surprise lorsque j'appris que c'étaient des femmes, un régiment d'amazones, spécialement affecté à la garde du harem royal ! J'examinai alors, avec une vive curiosité, ce peloton de filles armées. Elles avaient des schakos rouges et galonnés à plumet vert, sous lesquels se voyaient par derrière leurs belles tresses noires, roulées en masse ronde ; leur teint était jaunâtre ; et leurs traits délicats, mais légèrement aplatis, attestaient leur origine mongole. Leur corps svelte se dessinait sous leur uniforme en drap rouge, et sur leur poitrine se croisait la buffleterie blanche ; les pantalons étaient verts, et sur leurs pieds nus étaient des pantoufles brodées à pointes recourbées, qu'elles ne gardaient point dans les appartements. Elles tenaient des fusils à baïonnette sur l'épaule. Leur chevelure en tresse et la poitrine un peu développée étaient les seuls indices auxquels on pouvait reconnaître leur sexe ; n'était cela, on les eût prises pour de très-jeunes gens. Je demandai au premier ministre du Nyzam la permission d'en faire un croquis, et il eut l'obligeance d'en faire venir un détachement d'à peu près une vingtaine dans une des nombreuses cours de son vaste palais, au milieu de laquelle était une pièce d'eau. Là, elles exécutèrent d'abord quelques manœuvres au son de leur musique guerrière ; et puis j'en fis un croquis très à la hâte pour ne pas les fatiguer, mais de l'exactitude duquel je suis assez content, même sous le rapport de la ressemblance des têtes. Ce ministre eut aussi la bonté de faire venir toutes les danseuses royales musulmanes et hindoues, de même que des Arabes, soldats mercenaires du Nyzam, pour que je pusse en dessiner autant qu'il me conviendrait.

Je loge dans le magnifique palais du résident, le général Fraser.

AU MÊME.

Vizagapatam, sur la côte de Coromandel, 21 juillet 1845.

L'Inde doit vous avoir terriblement ennuyé. Vous ne m'entendez, depuis des années, parler que de l'Inde ; j'en ai moi-même par-dessus la tête et ne pense qu'à en sortir au plus tôt. Jusqu'à Bombay, cela me prendra six mois, par les pays que je veux voir, et de Bombay, avec tous les délais, je serai à Paris dans une dizaine ou une douzaine de semaines. Il faut pourtant ajouter à cela encore quatre ou cinq semaines, pas plus, que je resterai à Bombay et peut-être à Goa, les deux endroits compris. Alors je n'aurai plus rien à regretter dans l'Inde, excepté Cachemire, où je suis décidément trop vieux pour aller maintenant, quand même les obstacles insur-

montables du voyage, coupe-gorges, Thugs, bandits,
esclavage ou famine, seraient, par miracle, mis de côté;
car la plupart de ces fléaux existent réellement sur la
route de Cachemire, je n'en doute pas. Ce qui me dé-
goûte tellement de l'Inde est la représentation continuelle. On arrive à la station, où, au lieu de se jeter sur
un grabat en robe de chambre, il faut faire une toilette
et paraître en société, de dames la plupart du temps. Le
palanquin est mon repos physique et moral, car pour le
physique le mouvement est peu de chose, la pose est
commode, et je me récrée par des lectures agréables et
les vues qui se présentent chemin faisant. Mais en ce
moment la route offre bien peu d'intérêt; pourtant dans
trois jours je vais arriver à Djagarnate, ce fameux temple de Bernardin de Saint-Pierre dans *la Chaumière indienne*.

Cuttack, ville entre Djagarnate et Calcutta, 26 juillet.

Quel horrible ennui! Imaginez-vous : mes porteurs de
palanquin, au lieu de me déposer à Djagarnate, m'ont
conduit ici par une autre route, à soixante verstes au
delà. Je ne puis découvrir comment la méprise a pu être
commise. Cela s'est passé de nuit. Je vais être obligé de
revenir sur mes pas pour aller à ce Djagarnate, que je
ne veux pourtant pas laisser échapper; ce serait dommage.

Djagarnate, ou plus correctement Djaganate, 30 juillet.

J'y suis depuis trois jours, et j'ai déjà dessiné d'après
nature le temple et le grand prêtre; il ne me manque
que le Paria de Bernardin de Saint-Pierre. Dans ce temple sacré jamais personne d'impur n'est admis; on n'a

que la faculté de se promener autour tant qu'on veut; mais c'est bien assez. Ce Djaganate est un temple fort laid, existant, dit-on, depuis à peu près huit cents ans. Ce qui le rend si infiniment supérieur en sainteté à tous les autres, c'est que les Indiens croient que l'Esprit sans nom qui anime tout l'univers y fait sa résidence, ni plus ni moins, et déjà depuis des centaines d'années.

Le grand prêtre, Tchatissàni-Djôg-Naïk, est amateur de perroquets et de colibris; il en a dans une infinité de cages, qu'il montre avec plaisir. C'est un gros et grand bramine, attaqué d'une éléphantiasis, mais qui n'a pas l'air de l'incommoder beaucoup; malgré l'enflure de ses jambes et autres parties du corps, il marche tout à fait bien, et monte, avec ses cages et son singe noir, qu'il estime aussi beaucoup, sur les toits et terrasses de sa baroque maison située vis-à-vis du temple. La sale ville hindoue qui contient Djaganate s'appelle Pouri, et est bien digne de son nom, car la puanteur en est atroce. On ne peut guère s'attendre à mieux dans un endroit où toute la tourbe de l'Inde s'assemble. Le radja du lieu, tant soit peu sous la surveillance des Anglais, professe une haine profonde et religieuse pour les Européens. C'est un grand vieillard, maigre et tout courbé par l'âge, à la peau noire, habillé de blanc, et le front tout resplendis-sant de trois larges bandes de couleur opaque, jaune et blanche. Non loin de son palais lugubre et mesquin se trouve un immense étang avec un temple au milieu, d'où s'échappe, au coucher du soleil, une musique fé-roce de trompes en cuivre, de gongs et de tam-tam. L'étang pullule de crocodiles.

Pouri est au bord de la mer; et tout près des vagues

23.

est la maison, isolée sur le sable, où je loge chez un des trois seuls Anglais qui soient ici, un magistrat, M. Shore, pauvre petit jeune homme de vingt-quatre ans, d'une faible santé, séparé de sa famille, etc., et qui a pour perspective de passer une vingtaine d'années encore à juger les Indiens. Il n'est là que depuis quatre ans. Mais il pense, avec délices, que dans six ans il ira en congé voir ses parents en Angleterre, et reviendra pour continuer les vingt ans qui lui procureront une pension de 800 à 1,000 livres sterling. A présent ses appointements ne sont que de 700 livres sterling; mais ils augmenteront, et il fait des économies. La mer, près de sa maison, fait un bruit effroyable, le vent est violent et frais. Les vagues sont furieuses, mais le sable est très-bon, et j'ai une terrible envie de me baigner dans la mer; mais j'y résiste à cause des requins. Du reste, je me verse, matin et soir, sur le corps, plusieurs baquets d'eau froide non salée. J'ai fini par m'y accoutumer dans ce climat si horriblement chaud. On est rarement dans le cas d'avoir de l'eau chaude; et puis, quelle eau peut s'appeler froide dans cette zone torride?

Au bord du même étang est une chaumière indienne ou espèce de chapelle qui pullule de rats, et où demeure un individu qui les nourrit. Je ne sais pas si je vous ai écrit que, près de Haïdrabade, j'ai vu l'ancienne ville de Golconde, sa forteresse et son cimetière, qui, rempli de mausolées immenses, semblables à des églises, a l'air d'une seconde ville abandonnée. Je n'y suis pas entré pour ne pas déranger les chauves-souris, les loups et les hyènes qui y ont élu domicile. A une centaine de verstes de là, j'ai passé devant les mines de Golconde, mines de diamants délaissées depuis longtemps comme épuisées ou demandant trop de travaux. J'écris ces dernières lignes à Cuttack, où je me suis retransporté ce matin de Djaganate, que j'ai quitté hier vers le soir.

Balassor, 5 août.

J'avance lentement vers Calcutta au milieu des pluies et des boues, par des marais sans fin où règnent les grenouilles. Quelquefois, lorsque, faute d'ordre, les porteurs manquent sur la route, on me dépose à terre dans mon palanquin, et j'y reste des heures à attendre, la plupart du temps la nuit. Soudain une grenouille solitaire se met à bêler comme un bouc près de mon palanquin, tant leurs voix sont fortes ici. C'est à faire frémir. Alors je réveille François, qui est aussi couché dans son palanquin, et je lui dis de faire du bruit. Et ainsi se passe parfois la nuit, quand la station n'est qu'un lieu de rendez-vous des porteurs sans aucune baraque. Le matin, ou plus tôt, les porteurs se trouvent de manière ou d'autre, comme les chevaux de poste en Russie; et une fois hors d'embarras, on oublie le désespoir du moment. On oublie les grenouilles, dont la voix est couverte par celle des porteurs, qui ne cessent de chanter un récitatif monotone, mais assez agréable et favorable au sommeil. Balassor est une station où il y a une très-bonne petite maison pour les voyageurs, avec un lit, un bain, une cuisine, cinq ou six domestiques indiens et tout ce qu'il faut pour être fort commodément. Par conséquent, je m'y établis pour vingt-quatre heures et plus, afin de changer de vêtements et de me reposer de l'ennui de ce voyage par la pluie. Dans la partie de l'Inde où je passe maintenant, on rencontre de ces maisons toutes les quatre-vingts verstes à peu près, et je me suis décidé à profiter de tous ces endroits et à m'y arrêter des journées et des nuits entières. Parfois non loin de ces stations il y a des employés anglais, civils et militaires, qui logent dans de bonnes maisons de campagne, à distance les unes des autres. Quand ils apprennent qu'un voyageur est arrivé à la station, ils s'empressent de l'inviter à loger chez eux, ou au moins à dîner, déjeuner, etc., et lui offrent même parfois des provisions pour la route. Ordinairement je résiste, préférant ma solitude, surtout pour loger, quand la station est bonne. Mais pour dîner je suis moins récalcitrant; il ne faut pas toujours être loup garou, et parfois la société divertit.

C'est ainsi qu'un docteur D..., arrivant hier à cheval à ma porte, m'apprit qu'il y avait ici à Balassor un détachement de cipayes commandé par un capitaine anglais, deux ou trois employés civils pour la perception des taxes, etc., un capitaine de port, un service de bateaux à voiles établi entre cet endroit et Calcutta pour un commerce de sel qui existe en ce lieu, et qu'autrefois les Hollandais et aussi les Danois ont eu ici des établissements de ce genre.

Dans l'Inde, souvent on ne se doute pas qu'on a près de soi des vivants, tant les maisons sont basses, disséminées au loin et cachées par les bois.

Le soir donc, invité à un dîner européen, j'obtins facilement des porteurs, car la population ne manque pas, mais les gens sont cachés, Dieu sait dans quelles huttes; et à la clarté d'une torche, comme de coutume, on me mena en palanquin chez ce docteur. Après avoir cheminé longtemps dans un désert boisé, je vis enfin luire des lumières entre les arbres, et je fus introduit dans une charmante maison où était dressée une table richement servie. Je trouvai au salon une élégante société, mi-partie hommes et femmes; la proximité de Calcutta se fait déjà sentir. L'une de ces dames était jeune et attrayante; une autre, jeune aussi et fort bien; la troisième distinguée, mais d'un âge un peu plus avancé. La première était née et avait été élevée dans l'Inde. L'Inde donne une *disinvoltura* qui tranche avec la roideur *genuine* de l'Angleterre.

Cette dame nous chanta de simples chansons anglaises, sans accompagnement et sans méthode, mais si naturellement, avec une si complète absence d'affectation, que c'en était touchant et agréable. M. H., un des convives, qui est capitaine de cipayes, a pour mission de supprimer autant que possible les sacrifices humains. Depuis un an et demi qu'il parcourt les environs, il a sauvé quarante personnes, et empêché indirectement, par son influence, la destruction d'une centaine d'autres. Un des sacrificateurs, dont il s'est emparé, et qui maintenant, bon gré, mal gré, est forcé de lui servir à en découvrir d'autres, lui a fait des récits effroyables de ces sacrifices. Des misérables font métier de voler des enfants, et les vendent secrètement aux gens de cette secte, qui, le prix une fois payé, croient que le sang répandu ne retombe pas sur eux, mais sur le vendeur. Pendant longtemps, pendant des années, ces enfants, quoique prisonniers secrets, sont traités comme ceux de l'acheteur, jusqu'à ce que quelque malheur menace sa famille. Alors on décide qu'il est temps de les sacrifier au génie du mal, qu'on

croit aimer la chair. Imaginez-vous ce qu'on leur fait.
D'abord on leur coupe les jointures pour les priver de
tous mouvements; on les assujettit encore avec des bambous, et alors c'est à qui tombera sur eux avec des couteaux pour enlever la chair par tranches, jusqu'à ce qu'ils
ne soient plus que des squelettes sanglants, dont les intestins et les boyaux mis à jour continuent encore leurs
fonctions.

Voici, autant qu'il m'en souvient, les propres paroles
de M. H.

*The way is positively to cut by slices every bit of the
flesh from the body and the face, and to scrape it off the
bones, whilst the victim is yet alive and the bowels
and other intestines are fearfully moving even a long time
after that.*

AU MÊME.

Calcutta, 21 août 1845.

Je suis ici parfaitement bien traité par le gouverneur
général, sir Henry Hardinge, qui est extrêmement poli
et rempli d'attentions pour moi. Il va bientôt voir le
Pandjab, et laisse à Calcutta sir Herbert Maddock à sa
place, comme vice-gouverneur; et en ma qualité de pa-
rasite, de *toad-eater*, comme on dit en anglais, me voici
déjà établi dans sa maison, qui est au milieu d'un parc
charmant, où l'on fait excellente chère, et où l'on fume
le meilleur houka du monde.

La température est rafraîchie par les pluies dont c'est
maintenant la saison, et le ciel est couvert. Pourtant il

ne serait pas prudent d'interrompre le jeu de l'éventail pendu au plafond, même avec toutes fenêtres et portes ouvertes, car au bout de quelques instants on se sentirait baigné d'une transpiration abondante, on ne serait plus présentable, et il faudrait se rebaigner et changer. Vous concevez que, dans un pareil climat, se baigner deux fois au moins par jour est de rigueur. Pourtant, un Anglais m'a dit qu'il ne trouvait pas prudent de se baigner, et ne le faisait jamais; qu'au lieu de cela il se faisait étriller comme un cheval avec des gants de crin, qui, selon lui, le nettoyaient aussi parfaitement que possible. Cela me parut un peu fort, sachant combien les Anglais aiment l'eau. Quoi qu'il en soit, il a eu la bonté de me faire cadeau d'une paire de ces gants.

J'ai été passer quelques jours à la campagne, chez le gouverneur général, à une vingtaine de verstes d'ici. C'est un endroit appelé Barakpore. Le parc est beau et situé au bord du Gange. Les appartements du château sont très-vastes. Un grand nombre de serviteurs, de race hindoue et d'une classe à part, sont uniquement consacrés au service des éventails suspendus à tous les plafonds. Un intendant, qui est à leur tête, est responsable si ces éventails s'arrêtent; il faut qu'ils aillent jour et nuit, mus par des hommes qui se changent toutes les heures, et tirent les cordes sans discontinuer. Au-dessus de chaque lit il y a un de ces éventails, appelés ponkas, qui, non-seulement rafraîchissent extrêmement l'air et empêchent la transpiration, mais chassent tous les insectes par le vent qu'ils produisent. Souvent le tout, lit et ponka, est encaissé dans une vaste moustiquière pour plus de sécurité contre les insectes. On peut comparer le service des éventails à Calcutta à celui des poêles à Pétersbourg.

Sir Herbert Maddock prépare un bal, et vient de recevoir de Londres une infinité de lustres en cristal, qu'on adapte maintenant au plafond de la salle de danse, car il veut qu'elle ne soit, à ce qu'il dit, qu'un *blaze of light,* enfin comme un soleil au milieu du sombre parc indien qui l'entoure. Mais la difficulté est de faire les découpures nécessaires dans l'immense éventail qui traverse toute la longueur du plafond, et dans une infinité d'autres secondaires, pour que tous les lustres puissent y être malgré ce meuble si indispensable, surtout dans une salle de bal; et il craint que ces grandes découpures faites pour les lustres ne diminuent considérablement l'effet rafraîchissant du ponka. Sir Herbert Maddock aime à avoir tout en perfection chez lui; ses plats français sont vraiment très-bons, et, excepté lui, personne dans l'Inde ne les a tels. Je dis les plats français.

L'autre jour il y a eu un grand bal costumé chez madame Morton, auquel je me trouvai. Je n'aime pas à veiller tard, et je ne suis resté que fort peu. C'était très-plein et très-animé; on a dansé la polka et la mazourka.

AU MÊME.

Allahabade, 17 octobre 1845.

Je viens de quitter Bénarès, où j'ai passé une dizaine de jours. L'Inde n'a plus le même prestige pour moi, quoique à Bénarès je me sois trouvé pendant les plus grandes fêtes de l'année, et que les représentations et processions religieuses fussent fort intéressantes. Dans ces scènes de la mythologie indienne figuraient une infinité de gens de tout sexe et de tout âge, habillés ou plutôt peints en dieux, déesses et autres puissances célestes et infernales. Tantôt c'était, porté sur une estrade, Crichna, peint en bleu saphir de la tête aux pieds, chargé de bracelets, de colliers, d'une couronne étrange et de gigantesques boucles d'oreilles, exactement tel que les sculptures et dessins qu'on voit de ce dieu, s'appuyant sur ses laitières indiennes et jouant de la clarinette ; tantôt c'était Rama, tout rose, armé d'un bouclier et d'un sabre droit, avec lequel il faisait semblant de combattre, prenant des poses belliqueuses fort drôles, et entouré de gens peints et costumés en singes à longue queue et à museau pointu, qui combattaient aussi en cadence tout en suivant la procession. Puis c'était un char magnifique, tout brillant de clinquant, avec trois charmants enfants coloriés de jaune et couronnés comme des dieux, très-ornés de faux bijoux, armés d'arcs et de flèches, et assis immobiles comme des statues. On dit, hélas ! que ces pauvres enfants sont toujours sacrifiés peu de temps après, et qu'il est impossible de rien découvrir ou prouver, mais qu'il n'y a pas d'exemple qu'ils n'aient pas disparu avant la fin de l'année, après la fête où ils ont figuré. J'espère que ce n'est qu'un de ces contes qu'on fait si souvent aux voyageurs.

Une des meilleures représentations que j'aie vues dans ces processions était celle de Kali, déesse de la mort et de la destruction. C'était une femme coloriée en bleu presque noir, échevelée, debout, portée sur une estrade, foulant aux pieds un homme peint en blanc et en rose, dont la tête était cachée dans un trou entre des linges tachés de rouge, de manière que cela ressemblait à un homme auquel on avait tranché la tête. D'une main elle tenait une tête en carton par les cheveux; de l'autre elle brandissait un sabre, et l'abaissait d'un air furieux sur l'homme mort. Sa bouche était salie de rouge. Il y avait aussi un enfant colorié de jaune, porté sur une estrade et assis les jambes croisées, représentant un petit vieillard, une espèce de religieux, chauve, avec une barbe blanche. Le soir il se livrait, à la lueur des torches, des guerres de géants en plein air, des monstres en carton, hauts comme des maisons, sous lesquels on voyait courir de petits pieds. Ces scènes nocturnes se passaient près de l'habitation qu'a hors de la ville le radja de Bénarès; car il existe encore un radja de Bénarès, gros jeune homme noir, souriant et mâchant du bétel, campé sur son éléphant. Moi aussi j'étais campé sur un éléphant, au milieu de la foule des spectateurs et acteurs. Mais en ville, une fois, entraîné par une de ces processions, sur lesquelles on jette des masses de fleurs de tous les toits, fenêtres et balcons chargés d'une foule innombrable, insensiblement j'entrai sur mon éléphant dans le cortége avec mon large chapeau blanc, et ce n'est qu'en entendant les éclats de rire de tous les spectateurs, de tout Bénarès enfin, que je m'aperçus de ma position, car j'avais l'air de vouloir jouer un rôle dans cette scène.

AU MÊME.

Aroul, une station, 24 octobre 1845.

A Allahabade, je suis allé voir dans un jardin plusieurs grands édifices moresques, qui sont les tombeaux d'un Grand Mogol appelé Djehan-Guir, de sa femme, de sa fille et autres. Je les ai dessinés. J'avais, selon l'habitude quand il n'y a pas d'autre équipage, des porteurs de palanquin à la journée, six hommes, le tout pour 3 francs par jour au plus; c'est ce qu'on fait payer à un étranger; mais les gens du pays payent encore moins. Ces hommes sont fort serviables, connaissent tous les endroits, et vous devinent très-bien quand on ne parle pas leur langue. Ils m'ont aussi mené, à Allahabade, dans un souterrain qui rappelle les catacombes de Kief. Dans ces cavernes on descend avec une torche dans un labyrinthe noir, et on y trouve à droite et à gauche une quantité de lingams en pierre, et des statues moitié homme, moitié éléphant. Ces lingams sont régulièrement huilés, beurrés, parsemés de fleurs, et saupoudrés de farine ou de graines. Mais quelle fut mon horreur lorsque, à la lueur livide de la torche, j'aperçus, rampant sur ces lingams, d'immenses cockroaches, attirés par l'huile et la graisse !

Biwar, autre station, 25 octobre.

D'Allahabade à Agra, mon voyage est organisé et payé d'avance, selon l'habitude du pays. Je vais la nuit en palanquin, et m'arrête le jour pour éviter l'ardeur du

soleil; mais cette précaution n'est presque plus nécessaire; il fait de plus en plus froid, et je vais la mettre de
côté, ce qui fera que j'avancerai plus vite.

Un régiment de lanciers anglais, en route vers le
Pandjab, se trouve campé ici aujourd'hui, et la quantité d'éléphants, de chameaux, de chars à bœufs, de
tentes, de feux et de gens qui s'ensuit est incalculable.
Il y a une fort jolie dame anglaise dans une tente qu'on
vient de dresser tout à côté du dâk-bungalo (maison de
poste) que j'occupe, et l'on place encore d'autres tentes
autour de mon habitation, de sorte que je serai cerné.
Il paraît que le régiment s'établit ici pour plus d'un jour.
Quant à moi, je partirai le soir, comme à l'ordinaire.

Agra, 28 octobre.

Je suis arrivé hier, comme je l'avais prévu, à deux
heures du matin. Le dâk-bungalo est très-commode, de
sorte que j'y reste, quoique le gouverneur général, qui
se trouve ici, ait la bonté de m'offrir une tente dans son
camp, et le gouverneur d'Agra un appartement dans sa
maison, qui est au milieu d'un parc. Cependant je risque
considérablement, vu que si quelque autre arrivait à la
station, je serais forcé de lui céder la place; c'est le rè-
glement. On n'en a ici la jouissance que pendant vingt-
quatre heures, au lieu de trois jours, qui est le terme
ordinaire, attendu qu'Agra est un lieu de passage, et
que la probabilité d'une guerre avec les Sikes occasionne
un grand mouvement vers le nord. Après cela, tout arrivant à le droit de vous expulser; mais 1° ladite maison
est composée de deux appartements totalement séparés.
J'ai un voisin, il est vrai, qui occupe l'autre apparte-

ment; mais j'espère qu'il décampera bientôt. 2° Je compte beaucoup sur les relations que la plupart des voyageurs anglais, tant civils que militaires, ont à Agra, et qui les engageront plutôt à se loger chez leurs connaissances qu'à la station.

Ayant trouvé un cabriolet à louer, je suis allé hier voir, entre autres choses, le palais des Grands Mogols, qui est vide, et dans l'enceinte d'un magnifique fort, espèce de kreml; et là, dans ces pavillons de marbre aériens, j'ai été tout surpris de rencontrer le gouverneur général avec ses aides de camp, établissant des daguerréotypes, dont il s'occupe *con amore*.

Agra est un des plus admirables endroits du monde, sous le rapport de l'architecture moresque, peut-être le plus admirable. Les trois plus beaux que je connaisse à cet égard sont : Agra, Debli et le Caire. — Ici, à Agra, il y a nombre de monuments du plus beau marbre, chacun unique dans son genre, d'un goût pur, majestueux, et avec des détails compliqués, mais harmonieux, et ne dérangeant nullement la chaste simplicité des lignes architecturales. Le pays est plat et laid, et la poussière abonde ; mais par-ci par-là il y a des jardins charmants où les perroquets piaillent et les eaux bruissent. A cela près, ce sont des plaines arides, parsemées de tentes, peuplées de chameaux et d'éléphants, de gens qui font la cuisine en plein air, de femmes portant de l'eau, tout cela couvert de poussière; — ou des bazars longs, étroits et pleins de monde, bordés de maisons à balcons moresques. Là sont exposés les divers comestibles indiens, des jouets, des houkas, du tabac et des vêtements éclatants, mais d'un travail grossier.

24.

Le gouverneur général a eu la bonté de me proposer d'aller voir avec lui ce soir, dans les environs, un couvent de nonnes françaises. C'est assez bizarre au milieu de l'Inde. Je compte y aller.

Agra, 29 octobre.

C'est un spectacle assez triste que de voir ces pauvres nonnes françaises, la plupart de Lyon. Pourtant elles ont un joli jardin pour se promener, et vont quelquefois dans l'Himalaya, où elles ont aussi un petit établissement, pour reprendre un peu de forces, lorsque la chaleur les a par trop énervées. L'air sec et frais qu'il y a ici maintenant me donne du ton, et je fais à pied des courses de six verstes. Je viens de recevoir une lettre de Natmal, mon marchand de Dehli, qui me dit qu'il a beaucoup d'objets pour moi, et je me décide à y aller.

Agra encore, 4 novembre.

Le passage du gouverneur général par ici a fait que tous les porteurs sont employés et que j'ai dû y rester tout ce temps. Enfin, voilà que mon dâk est commandé pour demain soir. Faute de mieux, je dessine l'architecture, ce qui va assez mal et n'est pas très-absorbant. Des lignes droites et parallèles à n'en plus finir, des vingtaines de colonnes l'une comme l'autre, des dizaines de coupoles absolument semblables, et Dieu sait combien d'arcades, fenêtres, portes, etc. Mais cela n'est pas totalement inutile.

Dholpour, 6 novembre.

Enfin, après avoir remué ciel et terre, j'ai obtenu comme une faveur, en payant une grosse somme, de

partir pour Gwalior ; mais voilà qu'à la troisième station
je me trouve de nouveau retenu depuis hier soir, — et
il est près de midi, — dans un endroit vraiment *dolente*.
Vous allez de plus en plus vous moquer de ce que je me
suis refourré dans cette galère. — Le comte F. dit donc
que tout l'Orient ne vaut pas un voyage d'une heure.
Mais lequel, vous ne me le dites pas ? — J'ai reçu à Agra
votre lettre de Paris, au moment de votre départ pour
Pétersbourg. C'est fort bien. Dieu veuille que je me dé-
pêtre un jour de toutes ces entraves, et que je vous
revoie !

Agra, 10 novembre.

Au milieu d'un désert se trouve une forteresse sur un
rocher, au bas duquel est une ville peuplée d'environ
cinquante mille Marates. C'est Gwalior. J'y arrivai la
nuit du 7, et le résident, M. Shakspeare, envoya bientôt
prévenir le maha-radja qu'un voyageur russe était venu
exprès de très-loin pour le voir, ainsi que sa capitale.
Sur ce, vers le soir, deux éléphants vinrent nous chercher, moi et le résident anglais, qui demeure assez loin
de la ville. Nous passâmes par des rues à balcons pleins
de monde. Arrivés dans la cour du palais, nous mîmes
pied à terre, et, conduits par les gens du radja, nous
montâmes par un escalier étroit, un à un, jusqu'à une
porte obstruée de gens armés, de danseuses et de musiciens. Dans ce moment, la musique et la danse commencèrent, et nous continuâmes à avancer, en échangeant
des saluts à droite et à gauche entre deux rangées de
guerriers marates qui bordaient une salle longue et
basse, au bout de laquelle était assis le maha-radja sur
son trône. C'est un petit garçon de dix ans, chargé de

perles et de diamants, et tenant d'une main un poignard gwaliorais, et de l'autre une dague d'aspect indo-germanique. Il est noir comme tous les Indiens, mais fort joli, fort gracieux et très-grave. A tout moment un jeune serviteur, qui se trouvait derrière, lui glissait dans la main des feuilles fraîches de bétel, que le petit homme mettait aussitôt dans sa bouche.

On m'assit à côté de lui, et alors il me demanda comment je me portais. Sur quoi je fis la réponse que je n'étais pas souffrant. A mon tour je demandai comment il se portait lui-même, et ayant reçu une assurance satisfaisante à cet égard, il n'en fut plus question. Alors des tissus précieux furent étalés devant moi en abondance, ainsi que des perles et de petits diamants. Je refusai ces riches présents, en témoignant ma gratitude; mais lorsqu'une armure marate de pied en cap me fut présentée, je pensai à vous, et vite, mettant la main dessus, je la fis porter à la maison. Elle sera envoyée à Indor, où je la prendrai et vous l'expédierai. Un feu d'artifice bruyant commença, et toute la ville fut illuminée de lampions.

'Ce jeune prince gwaliorais a une charmante cousine de quatorze ans; mais, selon l'usage des personnes indiennes du haut rang, elle vit en recluse.

Immédiatement derrière le trône en cristal sur lequel était assis le maha-radja son cousin, savoir une chaise incrustée de miroirs, elle se trouvait cachée par un rideau vert sur lequel était ingénieusement pratiqué un trou fermé par un petit filet, où la jeune princesse pouvait approcher, sans être vue, sa fine oreille et sa jolie bouche.

Je m'assis par terre près de ce petit trou, et j'entendis une voix fluette qui me demanda comment je me portais : « *saab atcha haï?* » Et après avoir répondu que je ne me portais pas mal, *kharab neï*, aussitôt, avec la présence d'esprit que donne l'usage des cours, je retournai la question, et je m'enquis à mon tour de sa santé. La charmante princesse, avec la sagacité et la vivacité de répartie naturelles aux peuplades primitives de l'Inde, me répondit, sans hésiter, qu'elle se portait parfaitement bien. Ayant ainsi terminé le colloque à notre mutuelle satisfaction et à celle des assistants, je retournai vers le jeune maha-radja, et lui témoignai l'intention de me retirer. « Puisqu'il en est ainsi, me dit-il, je vais vous orner de guirlandes de fleurs et vous parfumer d'essences. » Et là-dessus il me chargea de guirlandes de jasmin, tandis que les essences et les huiles de rose et de sandal étaient prodiguées sur ma personne, et mes mains remplies de bétel et de clous de girofle dorés.

Ensuite on retraversa les deux rangées de guerriers gwaliorais, le bouclier au flanc et la dague à l'épaule, et l'on regrimpa sur les éléphants pour retourner à la maison du capitaine Shakspeare, par les rues illuminées de Gwalior, où affluait la foule et où retentissait la bruyante musique marate.

Cette réception exagérée me fait croire que l'on m'a pris à cette cour pour quelque radja d'Europe. Une des causes en fut, je crois, une lettre très-bienveillante du gouverneur général sir H. Hardinge, qui m'avait annoncé au jeune prince.

AU MÊME.

Dehli, 14 novembre 1845.

J'arrivai hier au milieu de la nuit à la station de Dehli, affreux hangar. J'allai rôder bien avant le jour par les rues encore désertes, en paletot, — car il fait déjà froid pendant la nuit, — et je me dirigeai vers la grande mosquée, édifice imposant, en marbre blanc et rouge, où je montai par un large escalier extérieur, *come quello della Santa-Trinita a Roma, piazza di Spagna,* et puis sur un de ses sveltes minarets, d'où je contemplai la capitale mogole, encore enveloppée dans le mystérieux crépuscule gris du matin. Le Grand Mogol dormait dans son palais de marbre, entouré de jardins, de cours, de divers kiosques, de mosquées élégantes, et d'un amas de huttes formant des ruelles poudreuses et rustiques, le tout enclavé dans un magnifique fort crénelé en pierre de couleur rouge antique, dont les murs élevés et les tours moresques forment un vaste carré sur un terrain plat au bord de la rivière Djumna.

En passant par la grande rue, le Regent-street de Dehli, appelée Tchandi-Tchok, je fus aperçu par quelques marchands qui me reconnurent; et en revenant vers mon habitation, j'y trouvai déjà rôdant autour, avec ses enfants, mon brocanteur favori Natmal, enveloppé seulement d'un linge rouge, et qui me dit qu'il était en deuil, qu'il allait brûler son père et revenir tout de suite. Sur ces entrefaites arriva une autre compagnie de marchands, celle de Djowar-Lall, qui remplirent ma

petite chambre de boucliers, sabres, haches et poignards,
dont j'achetai pour trois cents roupies. Vers le soir seulement Natmal revint, après avoir complétement brûlé
le défunt et jeté la cendre dans la sacrée rivière Djumna.
Les objets qu'il produisit avec un tremblement nerveux
à force de désir de vendre bien, et que j'achetai pour
sept cent cinquante roupies, furent un kaman ou arc en
acier foulate, incrusté d'or, un bouclier idem, maints
poignards, une armure, etc.

Le choléra-morbus fait malheureusement quelques ra-
vages. Dans ce moment, dit-on, il ne récolte, par jour,
qu'une vingtaine de victimes sur une population comme
celle de Rome. Mais c'est beaucoup pour la saison, où
ordinairement le *malaria* et les maladies cessent.

Le gouverneur général part aujourd'hui pour la frontière du Pandjab, qui donne quelques inquiétudes au
gouvernement anglais. Il n'a pas cessé d'être fort gracieux pour moi, ce qui m'a paru d'autant plus doux
après l'accueil médiocre que m'avait fait son prédécesseur.

Dehli, 22 novembre.

J'ai fait une course à Miroute, qui est à une soixantaine de verstes d'ici, et je viens de retourner à Dehli;
mais j'ai déjà ordonné mon départ pour après-demain.
C'est un peu à regret que je quitte Dehli. Le jour de
mon arrivée à Miroute, qui est une place militaire anglaise plutôt qu'autre chose, un lancier anglais mourut
du choléra : ce que j'appris par le colonel du régiment,
chez qui je logeais. La maladie a été très-forte à Miroute,
mais est extrêmement diminuée à présent. Ce régiment

de lanciers européens est celui qui a le moins souffert,
et pourtant il a perdu vingt hommes dans un mois. Les
autres régiments européens en ont perdu des centaines
dans le même temps, et les natifs mouraient par milliers. La saison, cette année, est défavorable. On attribue le mal à ce que les pluies ont manqué; maintenant
ce ne sont plus que des cas isolés.

A une station de Djaïpour, dans le Radjpoutana, 4 décembre.

Me voilà déjà bien loin de Dehli. Le jour de mon départ une nouvelle pacotille d'armes assez curieuse, mais
chère, me fut offerte, et nous ne pûmes nous entendre
sur le prix. J'espérai jusqu'au soir qu'on me les rappor-
terait; mais il me fallut partir, assez désappointé.

J'étais presque hors de Dehli, au bout d'une longue
rue-bazar, populeuse et bruyante, lorsque mon palanquin fut rejoint par l'un des brocanteurs, qui me renou-
vela ses offres. Je les acceptai, et je consentis à attendre
avec mes palanquins et mon kahor (l'ensemble des porteurs, j'en avais quarante) hors la porte de la ville.
Bientôt, à la clarté des torches, les armes furent étalées
devant moi, l'argent compté (somme assez exorbitante),
les effets vite empaquetés, et tous mes porteurs et François reçurent une bonne main des brocanteurs, selon un
usage très-établi dans l'Inde.

Après avoir fait cet achat, je partis avec mes quarante
hommes, les mêmes pour toute la route, vers Djaïpour,
qui est à trois cents verstes de Dehli, ce qui prend cinq
nuits, à soixante verstes par nuit, à travers des sables
et un désert affreux, et restant le jour dans un infâme
caravansérai. Jugez comme c'est pénible pour ces pauvres

porteurs. Cette course, avec ces quarante individus, coûte deux cents roupies, et je leur donnais deux roupies par nuit de pourboire. Ce Djaïpour est une belle ville, dans un beau style moresque, au milieu d'un désert, et peuplée de deux cent cinquante mille âmes. J'ai vu, dans un grand étang, des crocodiles qu'on attire avec des intestins d'animaux, et sur lesquels on monte. Ces crocodiles ne sont pas tout à fait aussi longs que ceux du Gange et de l'Indus. Les plus longs sont de dix pieds; ceux des grands fleuves sont de vingt et vingt-cinq.

A une huitaine de verstes de Djaïpour est Amber, l'ancienne ville, qui a un fort dans les rochers, et qui rappelle Grenade et l'Alhambra, sauf ses vastes étangs et ses jardins mystérieux et sombres. Là, j'entrai dans un temple païen, où l'on préparait justement une victime pour la sacrifier : c'était une chèvre. Il y a soixante ans, c'eût été une victime humaine. On amena la chèvre devant l'idole; le bramine lui jeta sur la tête de l'eau et des fleurs jaunes en marmottant des prières; puis un enfant et un homme l'entraînèrent sur un carré de sable, où sa tête fut tranchée d'un seul coup avec un couteau tenu à deux mains, et qui avait la forme d'un rasoir. La tête et le premier sang furent reçus dans un bassin de cuivre et placés devant l'idole, sur laquelle on tira le rideau. Elle était dans une espèce de sanctuaire au fond d'une cour carrée. Le rideau tiré, le cou de l'animal fut placé dans un trou fait exprès pour cela, afin que le reste du sang s'y écoulât. Nous nous en allâmes alors, et nous déjeunâmes dans un agréable jardin orné d'un pavillon cintré, de marbre rouge.

Lorsque je fus admis chez le jeune maha-radja de

Djaïpour, enfant laid de treize ans, il nous reçut sur son trône. Après s'être informé de ma santé, où était la Russie, et combien de temps l'on mettait pour y aller de Djaïpour, le maha-radja se fit interroger par son maître d'anglais sur quelques mots de cette langue, qu'il apprend par complaisance pour le résident. Puis il se leva du trône, marcha vers un tir, prit un arc et des flèches, se mit en position, et nous montra son habileté comme archer. Dans le mur à droite étaient de petites ouvertures par lesquelles on pouvait parler à sa mère; un eunuque se tenait auprès. Elle me dit qu'elle aurait désiré que je vinsse passer une journée au palais, dîner et assister à un combat d'éléphants. Les jouets du maha-radja étaient des chevaux et des éléphants de bois, proportionnés à sa taille, et qui se trouvaient dans la salle du trône. Après cela nous passâmes sur un verandah donnant sur une cour assez vaste, et où des siéges de velours étaient placés; une petite voiture, très-indienne, attelée de quatre gazelles, arriva, et on lui fit faire un tour. Vint ensuite un rhinocéros en liberté, que deux individus poursuivaient avec des bâtons pour le diriger, comme si c'eût été un buffle.

Un petit cheval fut amené, le maha-radja monta dessus et fit quelques tours pour nous montrer ses talents équestres. Puis, mettant pied à terre, il releva soigneusement la manche de son bras droit, prit un petit sabre, et trancha successivement la tête à plusieurs bêtes féroces qui étaient dans cette cour. C'étaient des tigres, des lions, des ours, des hippopotames. A chaque tête qui tombait, des flots de sang jaillissaient du cou de la victime, et l'aimable enfant était tout triomphant. — Mais, rassurez-vous, ce n'était qu'une fiction ; les animaux étaient de main d'homme et d'une substance molle et peinte.

AU PRINCE DMITRI SOLTYKOFF.

Entre Indor et Baroda, 8 janvier 1846.

J'ai quitté Indor, et après avoir cheminé la nuit en palanquin, je me trouve campé sous des arbres, ce qui ne m'empêche pas de vous écrire et de dessiner pour vous. Dans le pays appelé Radjpoutana ou Radjestan, j'ai rencontré, à Ratlam, un jeune fiancé dont je vous envoie le portrait. Maintenant me voici dans le pays des Marates. A Indor, j'ai vu le jeune radja marate, appelé Holcar. C'est un enfant comme votre frère ; mais il a des boucles d'oreilles en émeraudes, un collier de perles, des bracelets d'or, un turban rose, un habit blanc, un bouclier et un sabre. — Il était assis sur les genoux de sa grand'mère, accroupie sur un divan très-bas. Cette vieille dame, qui est fort aimable, me questionna beaucoup sur l'île de Ceylan, disant qu'elle avait entendu parler de personnes qui y étaient allées, mais jamais qui en fussent revenues.

Le jeune Holcar est âgé de onze ans, et va se marier dans peu de jours avec une princesse, marate aussi, âgée de six ans. On est occupé à faire des préparatifs charmants pour la noce à Indor. Ce sont des maisons ou plutôt des palais, fragilement bâtis pour la circonstance, dans le style le plus orné moresco-indien, tout resplendissants de clinquant et de miroirs. Le jeune Holcar est le petit-fils d'un fameux Holcar (c'est leur titre hérédi-taire) qui a combattu contre les Anglais, et dont la sœur s'est signalée aussi contre eux à la tête de la cavalerie de son frère, qui était absent. Je suis allé voir cette guer-rière à Indor; mais elle est devenue imbécile par suite d'une chute qu'elle a faite d'une fenêtre. — A côté de la ville d'Indor, sous de beaux arbres, sont les tombeaux des Holcars, espèce de chapelle en pierre de taille fine-ment sculptée, dans lesquels sont assises des poupées de grandeur naturelle, très-bien faites, — peintes et riche-ment vêtues, — représentant les défunts Holcars. On en prend un grand soin, on les éclaire de lampes et on les entoure de fleurs.

Le dessin que je vous envoie se compose du petit radja, de sa grand'mère Mâ-Saab, de sa tante Taï-Saab derrière la grille, et de son oncle dont j'ai le nom quelque part. Taï-Saab n'est pas mal. L'oncle est laid, je l'ai un peu flatté.

Un autre dessin représente le radja de Ratlam (Radj-poute), nous montrant son talent d'équitation, à moi et au résident anglais. Ce radja est reconnu pour un des meilleurs cavaliers de son pays. L'art consiste dans une espèce de danse continuelle, lançades et changements de pied.

Il y a eu des combats terribles entre les Sikes et les Anglais. Le gouverneur général lui-même a été subite-ment attaqué la nuit dans son camp au milieu du bois. Excepté son fils cadet âgé de seize ans, tous ses aides de camp, mes amis de Calcutta, ont été blessés ou tués. Le capitaine Fitzroy Somerset, nouvellement marié et à peine remis de ses dangereuses blessures de Gwalior, est mort avec cinq balles dans la poitrine et plusieurs coups de sabre. Les autres aides de camp sont Harris, Monroe, tués; Wood et Hillier blessés; cinquante-deux officiers anglais tués. Les Sikes étaient au nombre de soixante mille; ils avaient quatre-vingt-dix canons qu'on leur a tous pris. Les Anglais, dit-on, n'étaient que le quart de ce nombre.

AU PRINCE PIERRE SOLTYKOFF.

Brotche (en anglais *Broache*), 23 janvier 1846.

Demain je compte être à Surate, où je prendrai le bateau à vapeur pour Bombay. Depuis quelque temps je ne demeure plus que dans des tentes et même sans tentes, sous les arbres seulement, dormant dans mon palanquin. Les Indiens sont les plus terribles sectaires qu'on puisse se figurer; ils seraient capables de démolir leur maison si un individu qui n'est pas de leur caste y couchait. Le fait est qu'ils n'y laissent guère entrer, à moins que ce ne soit quelque hangar abandonné. Mais ces endroits mêmes sont ordinairement sales; car, bien que les Indiens, sans aucun doute, se baignent deux fois le jour au moins, tout autour d'eux est extrêmement malpropre; et les rues, les bazars et les maisons sont comme dans le Vecchio-Napoli ou à Civita-Vecchia, cet amusant séjour!

Surate, 24 janvier.

Je suis arrivé ce matin, et n'ai pas encore vu grand'chose. C'est une ville principalement composée de Guèbres, adorateurs du feu, auxquels dans l'Inde on donne

25.

le nom de Parsis. Ils sont de la religion de Zoroastre, et ont émigré en masse à Surate et à Bombay, lors de l'introduction du mahométisme en Perse. Leurs traits rappellent ceux des Géorgiens. Leur costume est particulier et parfaitement monotone, pour tous le même; un singulier bonnet, léger et roide, fait de perse grisâtre, luisante comme de la toile cirée, empesée, ouatée, sans la moindre variation pour le riche comme pour le pauvre; une tunique de mousseline blanche, assez longue, sans taille, ou plutôt la taille sous les aisselles, et un pantalon de même étoffe, ni large ni étroit. Les prêtres, parmi eux, ont des barbes, le bonnet blanc au lieu de gris, et des pantoufles noires. Ils prient au lever du soleil et au coucher, et ont des chapelles de feu sacré. Jamais Guèbre ou Parsi ne vous allumerait une pipe ou un cigare; ils regardent cela comme une profanation du feu. Je ne sais pas trop comment ils font leur cuisine; pourtant il m'est arrivé de loger chez eux, et rien ne me manquait sous ce rapport. Si je ne me trompe, ce n'est que dans les cas d'absolue nécessité qu'il est défendu parmi eux d'user du feu, et surtout de l'éteindre, car on éteint les incendies. Ils sont très-industrieux, commerçants et riches. Le grand millionnaire parmi eux à Bombay est Djemsedjidjidjiboy.

Le dessin que je vous envoie représente un radja marate, indépendant et riche, qui réside à Baroda, d'où je viens. Le chiffre de son revenu fait l'admiration des Anglais; c'est un million de livres sterling. Mais il est avare, et vit salement, comme les Hindous de cette contrée, ce qui est moins admirable; car, quoiqu'ils se lavent plusieurs fois par jour, souvent c'est dans la boue, dans quelque mauvais étang plein de grenouilles et tout vert de mousse, dont ils boivent l'eau, les malheureux, ou dans un marais peuplé de crocodiles, que jamais ils ne songent à éviter, quoique parfois ils en soient dévorés. Hier, pendant que j'étais en bateau avec un Anglais, sur la rivière nommée Narbudda, allant vers une île, pour y voir le plus grand arbre de l'Inde, mon compagnon a tiré sur un de ces animaux, mais l'a manqué, comme cela arrive la plupart du temps.

Le radja en question, appelé Gaïquoir, voulait absolument l'autre jour, au plus fort du soleil, me faire monter dans son char de chasse, — qui est traîné par des bœufs blancs à bosses, fort agiles et magnifiques, — côte à côte avec un léopard très-doux, qui sert à attaquer les cerfs, élans ou gazelles, dans les plaines. Je me suis excusé, car il n'était pas au fond très-aimable, et ne méritait guère ce sacrifice. Le soir, alors, il m'invita chez lui à une représentation que donnait une troupe de comédiens attachée à sa cour, et qui joue des farces dans le genre de San-Carlino. Elles ont un cachet tout à fait national, et sont toutes pleines de comique et de naturel.

Dans une de ces bouffonneries entre autres, un des acteurs transforma un petit garçon en violon ou en une espèce de guitare. Voici comment il s'y prit. En un clin d'œil il le renversa dans la position de l'instrument, lui arracha son turban de mousseline, qu'il déroula de la tête aux pieds en guise de cordes; puis il l'accorda par les oreilles, et se mit à en pincer et à en râcler, complétant l'illusion par la manière admirable dont il imitait avec sa voix les sons de l'instrument. Pendant ce temps

son voisin, avec un grand sérieux, battait du tambour
sur un autre petit garçon qui était à quatre pattes.

AU MÊME.

Surate, 1er février 1846.

Je m'étais décidé à partir pour Bombay, à bord d'un
bateau à voiles, lorsque le steamer arriva. Ma santé
étant meilleure, j'ai repris mon régime ordinaire et l'eau
non cuite, qu'à cause d'une légère attaque de dyssenterie j'avais dû éviter pendant quelques jours. Surate est
un affreux grand village; les Guèbres ou adorateurs du
feu le rendent seuls supportable, remplaçant ici les Juifs
de la Russie Blanche, et vendant tout ce qu'il faut pour
les Européens. J'ai plusieurs invitations pour loger chez
des Anglais, juges, collecteurs, sous-collecteurs d'impôts, capitaines de régiments résidant ici. L'hospitalité
ne manque pas; néanmoins, je préfère rester à la station
publique pour les voyageurs, quoique dénuée de confort
et ressemblant à un lazaret ou corps de garde vide; mais
j'y suis libre, *my own master*. J'y étais volé considérablement, car les fenêtres et portes sont mal fermées, et
les voleurs y entrent presque aussi facilement que le
vent, qui, du moins, lui, est le bienvenu. Mais j'ai fait
connaissance avec le maître de police de Surate, un
fort aimable Guèbre, qui a aposté deux soldats à mon
logement, et depuis ce temps l'on ne me vole plus. Les
choses volées comme par magie sous mon nez et sous
celui de François sont des couverts d'argent, une redingote de drap noir assez neuve de Jackson, qui était une

chose utile et convenable, et une bouteille d'un vin fort rare.

Il y a des marchands indiens à Surate, des *Banians*, comme on les appelle, qui font le commerce de l'opium, et qui ont au moins quarante mille francs de revenu par mois. Les noces de leurs enfants sont curieuses. Outre qu'en ces occasions ils sont couverts de bijoux et promenés en grande procession par Surate, leurs petits visages sont presque déguisés par une infinité de très-petites paillettes d'or, d'argent, et de toutes couleurs, qu'on leur colle sur le front, autour des yeux, sur les joues et le menton, en petites arabesques très-compliquées. On dirait un fin tatouage, brillant et joli comme un ouvrage de mosaïque, quoique ces petits êtres ainsi ornés n'aient plus l'air de créatures humaines, mais d'idoles curieusement ouvragées.

Pendant neuf jours j'ai erré dans un bois qu'on appelle Paria Djungle (entre Baroda et Surate), où je n'avais que des choses malsaines à manger, et toujours de mauvaise eau. Il s'ensuivit que j'eus la dyssenterie, qu'à Surate on me guérit avec du laudanum, de l'ipécacuanha et des *blue pills* ou calomel en petite quantité, trois grains du dernier, et un peu d'huile de ricin ou castor, accompagnés d'une diète assez prolongée, de cinq à six jours, de sagou à l'eau et d'eau cuite panée.

Bombay, 9 février.

J'ai commencé des dessins pour vous à Surate, et je les ai continués ici. Cette occupation remplit mes longues heures monotones. Mon bateau à vapeur pour Suez ne partira que le 1er de mars, et je compte profiter de cet intervalle pour aller faire un tour à Goa.

De l'Égypte, je me propose d'aller par Vienne et Londres à Pétersbourg. Dans ma dernière lettre je vous parlais de ma visite au radja marate de Baroda, appelé Gaïquoir. Ce radja est superstitieux et craint les magiciens. L'autre jour un ermite errant ou faquir est venu à Baroda, et, se postant devant son palais, a exigé l'hospitalité avec des cris sauvages. Le radja envoya son chambellan pour l'inviter à dîner; mais le mendiant se mit en colère et s'exprima insolemment, disant que, pour un personnage aussi saint que lui, le radja lui-même aurait dû descendre, et il quitta Baroda en proférant des malédictions. Le radja eut si peur qu'il envoya sur-le-champ une députation vers lui avec un cadeau de 5,000 roupies. — Il donne à un soi-disant médecin qu'il a auprès de sa personne, un très-ignoble Hindou, les appointements exorbitants de 15,000 roupies par mois. Ces monstruosités sont presque incroyables; mais les personnes qui me l'ont dit sont parfaitement informées, et il n'y a pas de doute. Les Anglais sont trop forts en arithmétique pour se tromper dans leurs comptes.

FIN DES DEUX VOYAGES DANS L'INDE.

VOYAGE

EN PERSE.

INTRODUCTION.

J'avais connu dans mon enfance M. Orlofski, un de nos meilleurs peintres de genre, qui s'occupait de préférence de sujets orientaux. Je crois que cette circonstance fut en partie cause de mon goût pour le dessin et aussi de mon goût pour l'Orient. Vers la même époque, il fut question d'une grande ambassade qui devait arriver de Perse à Saint-Pétersbourg, et pendant tout le temps qu'elle mit à faire le trajet, je ne saurais dire avec quelle impatience je comptai les instants. Enfin elle arriva. C'était un jour d'hiver et de brume. Vers trois heures de l'après-midi, alors que commence le crépuscule, après une longue et fiévreuse attente à une fenêtre de notre maison sur le quai de la Néva, j'entendis une marche guerrière des chevaliers-gardes, — elle résonne encore à mes oreilles, — et je vis de loin deux masses étranges qui s'avançaient avec un balancement particulier. C'étaient des éléphants bottés, fantastiquement peints et drapés, qui ouvraient à pas lents la marche du cortége. Je crus voir une apparition de l'autre monde. Deux Abyssiniens, magnifiquement vêtus de velours galonné, les suivaient sur des étalons couverts d'écume. Puis vinrent douze chevaux fougueux, presque tous gris, présent de Feth-Ali-Schah à l'empereur Alexandre. Ils étaient tenus en laisse par des Persans habillés de noir qui marchaient à pied, et auxquels le froid dont ils souffraient donnait un air singulièrement farouche. Une troupe de cavaliers persans, toute resplendissante de drap d'or et de cachemires, parut ensuite, précédant la voiture dorée de la cour. Dans cette voiture, attelée de huit chevaux et entourée de coureurs et de pages, était l'ambassadeur Mirza-Aboul-Hassan-Khan, en robe de cachemire blanc, avec l'étoile en diamant et le cordon vert de l'ordre du Soleil. Neuf chevaux étrangement harnachés et menés en laisse par des cavaliers persans vêtus de rouge passèrent encore, et la marche se termina par des Cosaques et des cuirassiers. Cette scène singulière, attendue depuis très-longtemps, produisit une impression profonde sur mon imagination et me donna une envie extrême d'aller en Asie, et surtout en Perse, envie que je ne satisfis que longtemps après, en 1838.

LE CAUCASE.

Je passe sous silence le trajet de Pétersbourg à Ou-rukh. Ce nom ne promettait guère, et l'endroit se trouva digne du nom. Heureusement je parvins à m'y emparer d'une baraque vide, car on voulait me loger avec une femme et trois enfants.

La veille, à Yékatérinograde, j'avais eu le tort de me soumettre aux volontés tyranniques de mon hôte, un boiteux, qui, après avoir refermé brusquement sur moi sa porte cochère, s'était fait un malin plaisir de répondre négativement à toutes mes questions. Je lui demandais d'aller informer de mon arrivée le commandant de la place. « A onze heures et demie du soir! dit-il; mais il n'est plus visible, et il ne le sera pas avant sept heures du matin. » — Et comme je me récriais, insistant pour qu'on lui envoyât mes papiers : « Ah! mais, reprit-il d'un air nonchalant, ce n'est pas ici comme ailleurs. Vous attendrez peut-être demain et après-demain, et bien des jours encore, qui sait? »

On conçoit ma perplexité. « Mais c'est impossible, lui dis-je; je voyage par ordre du gouvernement. — Et vous espérez peut-être avoir des chevaux de poste? répliquat-il. — Sans doute. — Mais il n'y a plus de poste à partir d'ici; c'est fini; il n'y a rien. Il faudrait louer des chevaux, et il n'y en a pas un seul dans la ville. »

Que faire en présence de tant d'obstacles? Il fallut bien me résigner à attendre qu'il fît jour chez ce terrible commandant; mais, malgré ma crainte d'indisposer contre moi l'arbitre de mon sort, j'exigeai que l'on me conduisît chez lui à six heures au lieu de sept; et quel fut mon étonnement de le trouver tout habillé, fort empressé et fort aux regrets que je ne lui eusse pas envoyé mes papiers la veille au soir; si bien qu'il mit sur-le-champ à ma disposition une escorte, que les chevaux se trouvèrent comme par enchantement, et qu'après un copieux déjeuner je partis, au grand désappointement des autres voyageurs, envieux de mon bonheur.

A Ourukh, où, après avoir fait trente pénibles verstes avec mon escorte d'infanterie, je m'arrêtai pour coucher, mon étoile me fut plus favorable encore; car tout obligeant que j'eusse trouvé le commandant d'Yékatérinograde, j'eus plus encore à me louer de celui d'Ourukh. C'était un officier de l'armée, un grand homme à la figure prévenante; et sa physionomie n'était pas trompeuse, car il s'occupa avec sollicitude de tous les détails de mon établissement pour la nuit. Il me fit apporter deux qualités d'eau, dont une pour le thé. Quoiqu'il fût bien tard, il alla m'acheter, lui-même, plusieurs espèces de vins : haut sauterne, vin du Rhin, madère et cette tisane de Champagne indigène que nous appelons en Russie demi-champagne. Enfin, après m'avoir donné tous les renseignements qui pouvaient m'être utiles pour mon voyage, et être entré dans toutes sortes de détails sur le climat et sur les précautions à prendre contre la fièvre, il me demanda à quelle heure je voulais partir le lendemain, combien de gens de convoi je voulais avoir, et il me quitta pour s'occuper de me préparer des chevaux. A peine était-il parti que l'on vint me dire qu'il avait envoyé une sentinelle pour garder mon équipage pendant la nuit. Il était impossible de pousser plus loin les attentions. Voyant que ma cabane était propre, qu'elle était exempte de tout *tarakan* (blatte) et de toute mauvaise odeur, je fis faire mon lit sur de la paille, et je m'y étendis en sybarite, après avoir mangé trois œufs avec du pain et bu un verre de vin du Don. Il y avait bien longtemps que je ne m'étais étendu dans un lit; j'en avais besoin. Ce repos me restaura, et je me remis en route, le lendemain, dans une excellente situation de corps et d'esprit pour admirer le site, qui commençait à devenir montagneux et très-beau.

J'arrivai bientôt, en effet, à Vladikavkaze, au pied des montagnes du Caucase. L'air, brûlant jusqu'alors comme il l'est au mois d'août, commençait à devenir humide et frais. Ici se terminait enfin la plaine que je venais de traverser depuis Pétersbourg, sans autre interruption que les soi-disant montagnes de Voldaï, entre Novgorod et Tvére, qui ne sont qu'un plateau entre-coupé de ravins. Ici m'abandonnait l'escorte de cavalerie et d'infanterie qui m'avait accompagné depuis Yékatéri-nograde, à peu près l'espace de cent verstes, à travers la plaine de la Kabarda, hantée par les Tcherkess enne-mis, Tchetchènes et autres. Il ne me restait plus que cent soixante-dix verstes à faire pour arriver à Tiflis.

Le chemin que j'avais suivi dans cette plaine passe par

des champs de hautes herbes, fréquemment entrecoupés de courants d'eau limpide et froide. Par intervalles, dans l'éloignement, s'étendent des forêts basses et touffues, et derrière, à l'horizon, des montagnes bleues. De temps en temps on rencontre un troupeau de moutons conduit par un Ossète ou un Kabardien. Les diverses peuplades qui fréquentent ces lieux se ressemblent. Leur physionomie a généralement une expression farouche. Quelle en est la cause? Est-ce leur humeur féroce et belliqueuse, le peu de sécurité qu'offre leur état demi-sauvage, ou bien plutôt, comme le supposait M. Capher, médecin de notre mission en Perse, est-ce simplement l'effet du soleil qui les force à froncer les sourcils? Pourquoi aussi dédaignent-ils la mode russe et ne mettent-ils pas de visière à leurs bonnets?

Par moments, j'entendais dans ces plaines comme une musique étrange. On aurait dit des gémissements lointains; mais bientôt ils croissaient rapidement, et se changeaient en grincements intolérables. Ce bruit était produit par les roues non-graissées de nombreuses charrettes ossètes, attelées de bœufs, qui passaient en files. Quant à des chaumières, il est rare d'en rencontrer. J'entrai dans une de ces pauvres habitations. Une femme y était assise, blonde, grande, vêtue de blanc, encore jeune, sur un canapé de bois sculpté, dont la forme et les détails avaient un cachet particulier qui ne permettait pas de supposer que ce fût une imitation de l'art européen, quoique une certaine analogie de style indiquât peut-être l'origine des Ossètes. Mon entrée inattendue ne parut faire aucune impression sur l'Ossétienne. Elle ne m'honora pas même d'un regard.

La position de Vladikavkaze au pied des glaciers du Caucase rappelle la vallée de Botzen dans le Tyrol. Les hommes que je vis au bazar étaient évidemment de différentes races; mais desquelles? mon inexpérience ne me permettait pas de le distinguer encore. Je n'aurais pu dire davantage à quel peuple appartenaient les femmes qui y apportaient les pauvres productions de leurs villages. La forme de leur vêtement de toile peinte avait le cachet des premiers temps de l'Asie. Je pouvais me croire transporté en pleine antiquité. L'expression de leurs visages m'étonna. Je n'avais encore jamais vu autant de naïveté sauvage. Vivant sans doute dans les profondeurs d'une des vallées solitaires de ces montagnes, elles venaient rarement à la ville.

Au sortir de Vladikavkaze, je me trouvai dans une vallée assez étroite, et fermée de toutes parts. De gracieux montagnards la parcouraient sur leurs chevaux agiles; d'autres étaient assis ou couchés sur l'herbe. Le soleil du matin commençait à éclairer une partie de ces champs de verdure. Des buffles noirs qui y paissaient en relevaient la couleur émeraude. Une femme passa sur une charrette; elle n'était pas mal. Sa tresse de cheveux était entortillée dans une toile grossière, tandis que son sein et ses jambes étaient nus. Quelle singularité dans les idées de décence!

La rivière serpente et bout dans la vallée, qui se rétrécit de plus en plus. Un poste de Cosaques, établi sur une colline escarpée, semble indiquer que ce lieu n'est pas tout à fait sûr. Néanmoins les pauvres habitants me saluent, les enfants me demandent l'aumône, et une femme qui porte un fardeau s'arrête et voudrait attendre aussi qu'on lui donnât quelque chose; mais son pantalon est trop déchiré, et elle passe en rougissant.

La vallée, cependant, se rétrécit encore; elle devient humide et sombre; le chemin se resserre et s'abaisse. Une autre vue se découvre, triste et sauvage. Les montagnes s'entassent les unes sur les autres autour de moi. Un *aoul* (village) solitaire se cache dans une gorge ténébreuse. Les forêts s'obscurcissent. Des brebis sont éparses sur les pentes des rochers; les pâtres reposent sur l'herbe jaunie, en bas dans la vallée; leurs chevaux broutent près d'eux. De quelle incommensurable hauteur descendent ces sentiers dans cette vallée mélancolique! C'est par ces voies pénibles que ces pâtres sont venus de leurs pauvres villages abrités aux creux des rochers.

Nous nous arrêtons, pour donner à manger aux chevaux, dans un endroit des plus sauvages, en vue d'un vieux château bâti sur un roc à pic. Habité naguère par des Ossètes, il est maintenant abandonné.

Nous poursuivons notre marche. Une pierre énorme est sur mon passage au fond de ce ravin. Elle se sera un jour détachée de ces murs où je suis enfermé comme dans une forteresse. Des cavités noircies par la fumée prouvent que des hommes se sont réfugiés sous cette pierre. Le chemin passe par des broussailles qui portent de petits fruits rouges. — Le torrent bourbeux se précipite avec fracas entre les rochers. Les montagnes se rapprochent de plus en plus. Sortirai-je jamais de ce sombre labyrinthe? S'il y a un bout du monde, c'est ici qu'il doit être.

J'étouffais au fond de ce gouffre, et mes regards s'attachaient avec anxiété sur le ciel, mon dernier espoir, dont je n'apercevais plus qu'une bande de plus en plus étroite, lorsque, ô bonheur! je rencontrai un soldat russe, le fusil sur l'épaule et dans toute la rigueur de l'uniforme. Je n'étais donc pas égaré dans des solitudes inconnues aux hommes; je n'étais donc pas en butte au mauvais génie du Caucase, courroucé de les voir pour la première fois violées par un profane.

Une autre remarque acheva de calmer mon imagination et de dissiper toute cette poésie terrible, c'est que mon postillon se mouchait dans ses doigts.

Tout à coup, — est-ce un accident réel de la route, ou parce que le charme funeste a été rompu? — voici que la gorge s'élargit! Voici qu'un rayon de soleil perce cette solitude effrayante, et y répand une vive et chaude lumière qui me pénètre aussi jusqu'au fond de l'âme. Une sombre ruine, posée comme un nid d'aigle sur la cime d'un roc isolé, et que mon imagination attristée peuplait naguère d'hommes féroces torturant de déplorables victimes, maintenant que ses roches noires et ses tours dégradées brillent d'un éclat d'or, ne m'apparaît plus que comme un château enchanté dans une vallée magique.

Pour jouir autant que possible de la nature, j'allais le plus souvent à pied, laissant ma voiture me suivre à une petite distance. J'aurais pu aussi le faire par prudence, car nous côtoyions en ce moment un précipice; mais comme le chemin n'était pas mauvais, je crois que le danger était plus apparent que réel.

Après avoir passé encore devant un vieux château habité, à ce qu'il me parut, par des indigènes, et sous les tours duquel étaient groupés des *sakli*, ou chaumières, j'arrivai sur la Krestovaïa Gara (la montagne de la

Croix). Tout le sauvage de la nature avait disparu. Sous mes pieds, devant mes yeux, se découvrait un espace immense. Des montagnes, des vallées, des forêts, des prairies se réunissaient en un seul tableau grandiose et plein d'harmonie. Je ne sais si le contraste m'exagérait l'effet de ce spectacle, mais jamais je n'avais vu un calme plus imposant, une tranquillité plus majestueuse. Ce pays était la Géorgie.

Je descendis pendant longtemps du Caucase, et lorsque j'entrai en Géorgie, me dirigeant sur Tiflis, le paysage qui m'entoura me rappela celui qu'offrent les bords du Rhin. C'étaient aussi des montagnes, des rochers tapissés de lierre et couronnés de vieux châteaux. Seulement, au lieu d'un large fleuve, un torrent blanchâtre, l'Aragva, serpentait dans une vallée spacieuse, pleine d'arbres fruitiers, de vignobles, de plantes grimpantes et de broussailles, qui s'entrelaçaient en berceaux et formaient des abris impénétrables à l'ardeur du soleil.

Un trait particulier de ce paysage, c'est l'absence de maisons. Les Géorgiens n'en ont que de souterraines, profitant pour se les construire des accidents du sol; et lorsqu'il n'est point accidenté, ils se creusent simplement des trous dans la terre, qu'ils recouvrent de feuilles. L'idée d'être un jour enterré pour tout de bon ne doit pas effrayer beaucoup des gens qui passent leur vie de cette manière. Comme ces terriers humains sont couverts d'une végétation épaisse, et qu'on n'en voit pas même l'entrée, cela donne à ces vallées un aspect singulièrement mystérieux et solitaire. Les prairies y sont rares, et l'herbe en était jaune; — le soleil l'avait brûlée; c'est l'inconvénient des beaux climats. Des cochons, qui se promenaient sur les gazons, gâtaient un peu la poésie de ces lieux charmants. Le costume de leurs gardiens se rapprochait du persan.

Dans certains endroits, de grands noyers projetaient leur ombre sur cette végétation inférieure, et bientôt sous leur abri j'aperçus çà et là de petites constructions en pierre, composées de trois murs et d'un toit de feuilles. Le devant en est ouvert. Il s'y vend du vin et un fromage des plus repoussants, fait de lait de chèvre. Il ne me paraît pas possible qu'un étranger puisse le manger, quoique les indigènes aient l'air de l'aimer beaucoup. Autour de ces boutiques, appelées ici *doukhan*, d'insouciants Géorgiens étaient nonchalamment couchés, fumant, buvant, et laissant leurs femmes vaquer aux soins du jardinage.

A mesure que j'approchais de Tiflis, les bords de l'Aragva devenaient pierreux et arides, et je commençais à être désireux d'arriver. J'aurais dû y être depuis longtemps, si je n'eusse été retenu aux relais pendant des demi-journées, — et quels relais encore! rien qui ne fût en désaccord avec le charme de ces beaux lieux. J'y vis jusqu'à un billard!... Un billard au milieu de toute cette poésie transcaucasienne! Un écrivain de régiment y essayait son talent; je me détournai avec horreur.

Entre autres endroits où le manque de chevaux me força de rester, je me rappellerai toujours Douchète, la plus vilaine ville que j'aie jamais vue sur une hauteur. Il était tard, j'avais grand'faim; et, en sortant de voiture, je demandai à souper avec l'aplomb d'un homme qui, par son ton d'assurance, espère prévenir un refus; car « il n'y a rien ici, » est la réponse qu'on vous fait généralement en Géorgie et au Caucase. Éclairé par mon expérience et stimulé par mon appétit, j'étais même déterminé cette fois à faire au besoin une scène pour triompher du mauvais vouloir de l'aubergiste; mais à mon grand étonnement et à ma vive satisfaction, sans me pousser à cette extrémité, mon hôte s'agita, fit du feu, et réveilla du pied ses garçons, qui dormaient sur le perron, à la belle étoile. Ils se levèrent lentement, mais enfin ils se levèrent. Moi, cependant, je me promenais de long en large sur la grande et triste place de Douchète. Le ciel était profond et tout parsemé d'étoiles. Aucun zéphir ne troublait l'air endormi, qui était chaud comme la vapeur d'un bain russe, et saturé par les herbes aromatiques d'une odeur de pharmacie.

Non-seulement j'avais grand'faim ce soir-là; mais depuis huit jours je n'avais eu pour toute nourriture que des œufs, dont je m'étais vite dégoûté, et de mauvais pain tout rempli de sable. J'attendais donc avec impatience les résultats de l'activité de mon hôte; et, fidèle au vœu que j'avais fait de ne rentrer dans l'auberge que lorsque mon souper serait prêt, je continuais d'aller et venir, voyant de loin se consumer les bougies que mon valet de chambre allemand était tout fier d'avoir apportées de Moscou, et entendant déjà les cris des premiers coqs qui se répondaient comme des sentinelles, — quand tout à coup d'autres cris, plus sinistres, des cris de détresse, des cris de mort vinrent frapper mon oreille. C'était une malheureuse victime de ma gourmandise qui se tordait sous le couteau d'un maladroit Géorgien. — Je me fis l'effet d'un assassin. C'était pour moi, parce que je ne me contentais pas de pain au sable, qu'on enlevait un fils à sa mère, qu'on privait de la douce vie, qu'on égorgeait dans l'ombre un être sans défense. Mon cœur se souleva et mon estomac aussi, à ce point que lorsqu'on m'apporta le cadavre du poulet, dont une moitié, toute noire, était rôtie et imbibée d'une graisse infecte, et dont l'autre nageait dans un liquide qui répandait une odeur de cimetière, je me levai de table avec horreur et demandai des chevaux. Il n'y en avait point, — du moins mon soigneux Allemand me le dit avec un sourire qui me parut satanique, et où je lisais le souvenir des bougies brûlées inutilement.

L'aurore jetait déjà une lueur blafarde sur cette scène funèbre. — Je tombai dans un état de désespoir inerte, et, me jetant sur un lit ou plutôt un grabat tout délabré, j'y restai sans connaissance jusqu'à une heure assez avancée du jour. Les chevaux avaient été attelés : je me laissai emmener vers Tiflis.

A la station suivante, même histoire, point de chevaux. Il me fallut rester près de cinq heures dans une chambre vide. Enfin j'obtins les moyens de continuer ma route, et je ne tardai point à apercevoir Tiflis dans le lointain ; — mais, hélas! combien peu semblable à ce Tiflis que j'avais rêvé! Je fermai les yeux, pour tâcher de ressaisir ma vieille fiction ; mais la réalité l'avait chassée à tout jamais. Les tableaux que je m'étais tracés ne se reflétaient plus dans le miroir terni de mon imagination.

Et ce n'était pas seulement l'effet de la faim, de la chaleur, de tous les ennuis que j'avais soufferts. Tiflis, il faut le dire, n'est ni très-beau, ni très-grand. Des bâtisses européennes, blanches et grises, sont tristement resserrées entre des rochers arides. Je m'étais attendu à des jardins touffus, au luxe oriental uni à la sauvagerie montagnarde, et voilà que je n'apercevais ni verdure, ni somptueuse architecture asiatique, au moins de l'endroit où la ville s'offrait, pour la première fois, à mes regards.

Mon désappointement fut vif; mais plus vive encore fut l'inquiétude qu'il me jeta dans l'esprit. Tous mes autres rêves allaient-ils s'évanouir comme celui-ci? Téhéran, Tauris, la Perse, — allais-je être déçu dans toutes mes espérances? O funestes emportements de l'imagination!... ou plutôt funestes relais, funestes auberges!

DE TIFLIS A L'ARAX.

Je partis de Tiflis pour Téhéran dans la matinée du
21 septembre 1838 ; mes compagnons de voyage étaient
le colonel Du Hamel, sa femme et le docteur Capher.
Nous avions profité du beau temps pour aller à cheval,
et nos voitures nous suivaient. Jusqu'à Érivan on trouve
une route superbe, grâce au colonel Espejo, Espagnol
au service de la Russie, qui a passé plusieurs années
dans le défilé de Dilidjan pour y pratiquer ce chemin
au milieu de précipices effrayants et de rochers inaccessibles.

Notre première marche ne fut que de six lieues. Nous
cheminions fort paisiblement pour ne pas fatiguer nos
montures, qui devaient nous servir jusqu'à Tauris. A
quelque distance de Tiflis, nous trouvâmes l'hospitalité
chez un Arménien, le colonel Schemir Khan Beglaroff,
interprète au service de la Russie, et on nous servit à
déjeuner dans un grand jardin, tout ombragé de vignes,
dont les voûtes épaisses couvraient de fraîches allées.
Tous les jardins de Tiflis sont plantés d'après ce système,
et offrent un délicieux abri contre le soleil.

Nous couchâmes dans un village géorgien, où se trouvait une maison russe récemment bâtie pour les voyageurs. Les villages géorgiens, je l'ai déjà dit, ne se composent d'ordinaire que de réduits souterrains, qui ressemblent moins à des habitations humaines qu'à des tanières de bêtes fauves. — Celui-ci était, du reste, agréablement situé. Des vallées et des montagnes, peuplées de troupeaux de buffles et riches de verdure, des arbres robustes et touffus, entourant les habitations dispersées dans un désordre pittoresque; enfin, dans le lointain, des hauteurs couronnées de neige.

Le lendemain, même température et même charme dans le voyage, qui semblait une véritable partie de plaisir; les sites qui se déroulaient à nos yeux devenaient à chaque instant plus intéressants, et me rappelaient parfois la contrée qui se trouve entre Florence et Rome, après Arezzo.

Vers les trois heures de l'après-midi, nous nous arrêtâmes dans une maison assez convenable, également de construction russe, à un demi-quart de lieue environ d'un village tatare. Tandis qu'on préparait le repas, nous nous dirigeâmes à pied vers ce village, avec le docteur Capher; et, arrivés près des habitations, nous nous rapprochâmes d'une des sakli, où nous fûmes poliment accueillis par des femmes. On étendit près du feu un matelas rouge, sur lequel on nous fit asseoir, et la conversation s'engagea par gestes, et à l'aide de quelques fragments de l'idiome turc de Constantinople.

Malgré l'air sombre de leur physionomie, deux de ces femmes me parurent d'une beauté et d'une grâce ravissantes. L'une d'elles devait avoir dix-huit ans et l'autre vingt. Un pantalon, un habit court serrant la taille, qu'on nomme alkhalokh, un mouchoir noué sur la tête et un autre autour du cou, une chemise découpée à la persane, que le vêtement du corps, très-serré du reste, laisse découverte et flottante sur la poitrine; tel était l'ajustement de ces jeunes femmes. Leurs pieds étaient nus. Leurs cheveux noirs descendaient le long de leurs tempes et sur leurs joues, et leurs traits réguliers avaient une expression charmante de modestie et de pudeur naïve. Bien que le soleil eût terni les couleurs de leurs vêtements et bruni leur peau délicate, la misère n'avait pu détruire leur beauté. En les quittant, nous leur donnâmes quelques *abazes* (monnaie géorgienne qui équivaut à 80 centimes), qu'elles reçurent comme machinalement, et sans aucun signe de reconnaissance.

A la nuit tombante, je revins au village avec le docteur. Les chiens-loups qui le gardaient nous reçurent à coups de dents. J'en fus quitte pour quelques déchirures à un vieux manteau, et le docteur ne souffrit pas non plus grand dommage. Nous entrâmes dans une autre habitation, et nos regards s'arrêtèrent d'abord sur une charmante petite fille de six ans, qui, depuis plusieurs mois, s'était cassé la jambe en tombant de cheval. Son grand-père, ôtant le bandage avec précaution, nous fit voir la jambe malade, qui paraissait extrêmement enflammée, et nous montra tristement un os qu'on en avait extrait et qu'il gardait dans sa poche. La pauvre enfant ne pleurait pas, et nous expliquait quelque chose avec de jolies petites paroles gutturales. Le docteur prescrivit les sangsues, et indiqua à un Tatare qui se trouvait savoir un peu le russe, et qui lui-même avait la fièvre, le traitement qu'il convenait de suivre, tandis que la petite malade et sa mère essayaient de deviner, avec une attention touchante, des paroles qu'elles ne pouvaient comprendre.

Dans la même soirée, je m'aperçus, avec inquiétude, que j'avais perdu la clef de la cassette qui contenait toutes les ressources de mon voyage. Le lendemain matin, au départ, je traversais le village dans le vague espoir de la retrouver, lorsque je vis venir la grand'mère des jeunes femmes que nous avions vues la veille. Elle m'appela et me remit la clef que j'avais laissée tomber à l'entrée de sa maison. Je m'arrêtai un moment pour témoigner ma reconnaissance à ces pauvres gens, qui commençaient à faire pour moi les apprêts d'une hospitalité en règle, lorsque le bruit de notre caravane qui me rejoignit me donna le signal du départ.

A mi-chemin du trajet que nous avions résolu de faire ce jour-là, nous nous arrêtâmes dans un village nommé Astan-Begly. C'est un lieu pittoresque dont les habitations sont semées sur de riantes collines et dans de vertes vallées.

En quittant Astan-Begly, nous eûmes presque sans interruption à gravir des hauteurs. Déjà les montagnes de neige se rapprochaient de nous; et l'aspect des sites devenait de plus en plus austère et sauvage. L'obscurité était complète lorsque nous arrivâmes à Bibiss, village arménien, situé dans un lieu romantique, mais aride. Suivi d'un Tatare, j'avais devancé mes compagnons, et comme rien n'avait été préparé pour madame Du Hamel, j'essayai de remplir les fonctions de quartier-maître. Je fixai mon choix sur la maison d'un prince arménien qui n'avait pas l'air trop content de notre visite.

Mais que faire? Toutes les autres soi-disant maisons étaient des antres souterrains dont la vue seule faisait frémir, et j'avais longtemps erré dans l'obscurité avant de me heurter contre l'habitation princière, qui, du reste, ressemblait plutôt à une étable. En effet j'y trouvai des buffles en compagnie des dames de ce palais, qui s'éloignèrent précipitamment sans vouloir même agréer mes excuses. Peu à peu notre société se rassembla. Nos équipages, qui étaient restés en arrière, finirent par arriver. Nous soupâmes tant bien que mal, — je puis même dire mal, et bientôt chacun ne songea plus qu'à se reposer des fatigues de la journée. Quant à moi, j'avais remarqué avec inquiétude que le plafond de la chambre était tapissé de toiles d'araignée, et j'eus à ce sujet, avant de me mettre au lit, une conférence avec mon fidèle domestique Yégore. Son avis fut qu'il serait de la dernière imprudence de troubler les anciens locataires du palais. Je me rendis sur-le-champ à cette observation judicieuse, frappé de l'idée qu'ils se disperseraient dans toute la maison au premier coup de balai, et je me couchai sans bruit, de peur de les réveiller. Mais, malgré cette précaution, voilà qu'au milieu de mon sommeil il me tomba sur la main une goutte de liquide froid! Était-ce du venin de tarentule? — Une lumière jaunâtre pénétrait déjà à travers deux ouvertures décorées du nom de fenêtres, que j'avais mal bouchées, et mon étrange logement, à cette clarté douteuse, me fit l'effet d'un vaste nid d'araignées. En effet, dans cette salle arménienne, il y avait une telle absence d'architecture quelconque, — à ses vieux murs tant de crevasses, — sur son plafond noirci un tel labyrinthe de poutres sans symétrie, de si ténébreux enfoncements, et sur tout cela une teinte si poudreuse, si monotone, que je n'y reconnaissais plus la main de l'homme.

J'étais livré à ces réflexions, quand tout à coup la porte s'ouvre, et il entre deux jeunes buffles qui s'approchent sans façon de mon lit. Un grand et svelte Arménien se chargea de les expulser. Ce n'était rien moins qu'un parent de notre hôte, un jeune prince à la physionomie rêveuse, et portant sur toute sa personne l'empreinte de cette indolence apathique qui caractérise les Orientaux.

De Bibiss à Caravanseraï, le chemin traverse une véritable vallée tyrolienne, entourée de montagnes dont les cimes sont couvertes de neige. Des forêts de chênes ombragent les pentes inférieures, et projettent sur la route leurs branches toutes festonnées de lierre.

Caravanseraï, situé à six lieues de Bibiss, est, comme ce dernier, un village arménien. Nous y fîmes une halte pour faire reposer nos chevaux, et nous y trouvâmes M. Espejo, ce colonel espagnol au service de la Russie, qui, comme je l'ai dit, a été chargé d'ouvrir, entre Tiflis et Érivan, un chemin dont les travaux sont aujourd'hui presque terminés. Cet officier nous fit avec beaucoup de grâce les honneurs de la plus singulière des habitations du genre de celles dont j'ai déjà fait mention. Sa demeure nommément était une espèce de caveau, dont l'humidité, l'obscurité, le froid sépulcral et la privation presque absolue d'air respirable faisaient un séjour aussi insalubre qu'incommode. Après un excellent dîner, assaisonné par une conversation agréable, le colonel nous abandonna son funèbre appartement, et

alla chercher un abri dans une autre grotte en comparaison de laquelle celle qu'il nous cédait eût pu passer
pour un palais. J'eus la fatale idée de suivre l'exemple
de mes compagnons, et je m'établis pour la nuit dans ce
caveau, au lieu d'aller chercher le sommeil dans ma voiture; mais je ne tardai pas à m'en repentir. Mon valet
de chambre m'avait à peine quitté, emportant ma lumière, hélas! et mes bottes, qu'une indicible angoisse
s'empara de moi, l'humidité me saisit et l'air commença
à me manquer. Cependant M. Du Hamel et le docteur,
couchés à quelques pas, dormaient déjà si paisiblement,
que je craignis de les réveiller, et je me résignai, en attendant le chant du coq et le lever du soleil, à passer
une interminable nuit avec les tristes sentiments d'un
homme enterré vivant.

Les coqs chantèrent; mais le soleil ne parut pas; la
pluie nous força de quitter Caravanseraï en voiture.

Les villages occupés par les Arméniens ont une physionomie moins animée que ceux qui sont habités par les
Tatares. Les jeunes femmes ne s'y montrent jamais qu'enveloppées de voiles épais. Rien n'égale leur sauvagerie.
Si elles aperçoivent un homme, elles s'empressent de
fuir, car pour ces chrétiens, devenus musulmans par
leurs habitudes, la présence d'une femme est considérée
comme une souillure. Tant qu'une fille n'est pas mariée,
elle est obligée de garder le silence, et de ne s'exprimer,
autant que possible, que par signes. Ce n'est même qu'a-
près une première couche qu'il est permis à une femme
d'adresser la parole à ses parents.—Tels sont, du moins,
les renseignements que j'ai recueillis, et Dieu veuille
qu'ils soient fort exagérés. — Ainsi s'écoule la jeunesse

de ces infortunées, privées du plus noble privilége de notre espèce, végétant au fond de souterrains humides; ainsi s'explique leur teint flétri, leur air morne et maladif. L'avarice et la jalousie, traits distinctifs du caractère arménien, se lisent sur la physionomie sombre des hommes; leur visage est long et blême, leurs yeux sont caves, leur regard inquiet.

En traversant cette magnifique vallée de Dilidjan, je ne pouvais m'empêcher de comparer, par le souvenir, certains sites que nous parcourions avec le passage situé entre Terni et Narni, sur la route de Rome. Tout ici semble se réunir pour former un des plus admirables spectacles que la nature agreste puisse présenter : les rochers, mêlés de verdure, dont les formes pittoresques varient à chaque pas; le fracas des cascades, la douce fraîcheur de l'air, la richesse de la végétation. De toutes parts, le paysage est animé par de nombreux troupeaux de moutons et de chèvres au poil jaunâtre et aux oreilles pendantes, comme celles des chiens d'arrêt. Tous ces animaux sont d'une rare beauté; le porc lui-même, cette bête immonde et grossière, prend ici des formes presque gracieuses, élégantes et sveltes. Je ne le reconnais plus avec ses hautes jambes, son corps mince. Serait-ce le manque de nourriture? Non. C'est qu'on s'aperçoit bien, suivant une expression locale qui s'applique à la fois à la Perse et au schah, qu'on approche du *centre du monde*. Tout semble en effet s'ennoblir, s'embellir, à mesure qu'on avance, les hommes et les animaux, les sites et le climat.

De longues caravanes de vaches, harnachées comme des chevaux, chargées de ballots en étoffe rayée, mon-

tées par des hommes couverts de peaux et par des femmes
vêtues de chiffons de couleurs tranchantes, contribuaient
à peupler le ravissant paysage que nous traversions.
C'étaient des Tatares qui descendaient des montagnes
pour aller choisir leurs demeures d'hiver dans les vallées.
Nous remarquâmes que le teint des femmes, quoique
basané, est bien plus frais et plus animé que celui des
Arméniennes, ce qui vient sans doute de ce qu'elles vivent tout l'été dans des tentes dressées sur des hauteurs,
tandis que les Arméniennes ne quittent jamais leurs tristes et humides caveaux; — les jeunes, du moins; — car
les vieilles se traînent d'un trou à l'autre, comme des
mortes errant parmi des tombeaux.

Dilidjan, que nous atteignîmes durant la nuit, le 27
septembre, est une petite ville ou plutôt un village de
l'apparence la plus chétive. Quelques amas de fumier,
placés à ses abords, annoncent seuls le voisinage d'une
agglomération humaine; ils en sont les seuls monuments
visibles, les habitations continuant de n'être que des
trous creusés dans la terre, dont on voit sortir, comme
des apparitions, de rares habitants à peu près vêtus à la
persane. Quelques chevaux de belle race, mais amaigris
par la fatigue, errent au milieu de cette solitude peuplée;
ou bien on les voit soudain surgir de dessous terre montés par des cavaliers d'un air assez distingué, car on est
entouré de fosses qu'on n'aperçoit pas, et il faut prendre
garde. La seule maison de Dilidjan qui ne fût pas souterraine était heureusement celle où nous couchâmes.
C'était un petit bâtiment blanc, de forme peu précise et
assez difficile à définir, à toit plat, avec une cheminée
dans la salle, — je donne ce nom à la seule pièce qu'il

contînt, — enfin, à peine comparable aux plus misérables bouges qu'on rencontre dans d'autres pays.

Le lendemain j'étais debout de fort bonne heure pour jouir de l'aspect du paysage, éclairé par le soleil levant. C'était véritablement un grand et splendide spectacle. En face de moi, dans un lointain vaporeux, les lueurs naissantes de l'aurore coloraient une gigantesque montagne couverte d'arbres à feuillage épais, et blanche de neige à la cime.

Notre intention était d'aller coucher le soir à Tschiboughly, à cinq lieues environ de Dilidjan. Nous nous mîmes en route, mes compagnons à cheval, moi en voiture. Le chemin qui conduit à ce village est très-pittoresque ; mais les branches des arbres qui le bordent, et qui forment en s'entrelaçant une voûte sur la tête du voyageur, sont souvent un obstacle à la marche des voitures et des bagages. A chaque nouvel embarras du chemin une horde d'hommes déguenillés, au nombre de plus de cent, sortant subitement des bois, se précipitait, avec des hurlements horribles, sur nos équipages pour les pousser dans la montée ou les retenir dans la descente ; et certes, à voir ces figures sinistres, ces membres demi-nus sous leurs haillons, on eût dit bien plutôt une bande de brigands réunis pour nous assassiner, qu'une troupe de pauvres mercenaires empressés à nous secourir. Bientôt les forêts cessèrent ; la végétation herbacée remplaça les arbres, et la neige se montra dans les ravins qui bordaient la route ; les montagnes devinrent de plus en plus arides, jusqu'au moment où un lac magnifique s'offrit à nos regards. C'était le lac Sévan, environné de montagnes bleuâtres, dont les cimes couvertes de neige se cachaient dans les brouillards. Au delà de ces montagnes était la Perse !

Du sein du lac s'élève une île sur laquelle est un couvent vieux et triste. Tout est morne dans ces lieux. Une fois Tschiboughly franchi, la nature revêt un aspect tout à fait stérile et désolé ; les vallées s'étendent, les montagnes dépouillées jettent au loin une teinte grise et monotone sur le paysage. En nous rapprochant de l'Ararat, au moyen de sentiers en pente, nous parvînmes à Érivan par un chemin bordé de murailles de boue, derrière lesquelles se dressaient des maisons basses et informes, des jardins abandonnés, des ifs malades et des peupliers desséchés, insuffisants pour protéger de leur ombre de maigres potagers noyés dans une eau stagnante.

Le maître de police, qui était un capitaine russe, borgne et de peu d'apparence, mais fort obligeant, m'indiqua l'entrée d'une maison assez bien construite dans le goût mauresque et blanchie à l'extérieur. Cette maison avait été récemment habitée par un khan du pays, à ce que me dit le maître de police, entre autres renseignements qu'il me donna du ton le plus éloigné de l'enthousiasme qui m'exaltait ; car je m'attendais en toute chose aux merveilles des *Mille et une Nuits,* et je m'étonnais fort en voyant les autres partager si peu mon illusion, surtout mes compatriotes habitants de ces lieux, officiers de l'armée, ou du service civil, en général peu enclins aux rêveries de l'imagination, ou qui avaient dû perdre l'intelligence de toute cette poésie au contact de la réalité des fièvres, des privations et des ennuis du service.

Je disais que la maison que m'indiqua le maître de police avait une apparence passable. Une petite fontaine d'eau sale et des tournesols flétris représentaient, dans une cour assez misérable, le luxe oriental; mais la chambre où je fus introduit ensuite me causa une charmante surprise. Les murs couverts d'un vernis à la manière persane étincelaient de dorures et de fleurs. La cheminée s'enfonçait sous une élégante ogive, et une grande fenêtre, bariolée de vitraux de couleur, occupait presque toute l'étendue d'un mur de cette jolie demeure. Toutefois comme, à part ce luxe fait pour les yeux, cet appartement n'était rien moins que confortable, je résolus de chercher un meilleur gîte dans cette maison, qui, du reste, laissait beaucoup de choix. Le maître de police m'introduisit, à travers des jardins quelque peu délabrés, dans un harem, alors inhabité, et composé de quelques pièces assez commodes, mais un peu sombres. J'y fis allumer un grand feu, et y passai la nuit assez commodément. Mais avant de me décider à dormir, l'imagination montée par l'impatience de me trouver en Perse, j'errai longtemps dans le jardin en costume de nuit, car l'air était chaud, et j'entendais le bourdonnement des cousins. Enfin je me couchai pourtant, mais cette même envie d'arriver en Perse et des méditations profondes sur les mystères impénétrables des harems me tinrent à moitié éveillé.

Il avait été décidé que nous passerions la journée du lendemain à Érivan, pour faire reposer nos mulets et nos chevaux. Nous profitâmes de ce loisir pour aller visiter, à quatre lieues et demie de cette ville, le monastère antique d'Etsch-Miadzine, dont l'origine, m'a-t-on dit, remonte à l'an 303 de l'ère chrétienne. On remarque dans l'architecture byzantine de l'église des sculptures fort étranges.

Après avoir reçu la bénédiction du patriarche et avoir été régalé par ses ordres d'un repas composé de fromage de brebis, de kaïmak, espèce de crème en morceaux, de tranches de buffle, et de vin conservé dans des peaux de cochon, nous retournâmes à Érivan, où je passai une seconde nuit dans mon harem désert, assez incommodé par les cousins et les rêves sur les houris, qui, hélas ! avaient quitté ces lieux.

Notre départ fut signalé par un accident, de peu d'importance partout ailleurs, mais très-regrettable dans ces contrées. Au sortir de la ville, sur la plaine unie d'Érivan, mon cocher, qui était un colon bavarois (les Bavarois sont dans ce pays conducteurs de voitures, comme les Tatares et les Arméniens sont conducteurs de mulets), mon cocher, dis-je, trouva le moyen de me verser, profitant pour cela d'un canal d'irrigation, et j'y perdis la lanterne de ma dormeuse. Une glace fut aussi brisée, que je me promis de remplacer à Tauris par un vitrage de couleur des plus compliqués. Il faisait d'ailleurs un temps superbe, et une grande chaleur, tempérée par intervalles cependant par un petit vent glacial venant de l'Ararat qui, à cinq lieues de nous, élevait dans les airs sa crête blanche et ses flancs sillonnés, comme l'Etna, de longues crevasses noires. Plus nous avancions, plus le voyage devenait intéressant. A peu de distance de la station suivante, les habitants, auxquels se joignirent des Kurdes campés sur le bord de la route, vinrent à notre rencontre. Les tentes des Kurdes étaient misérables, et leurs femmes en guenilles ; mais, en revanche, les hommes étaient bien montés et bien vêtus. Leurs costumes rappelaient assez l'ancien vêtement des Turcs et des

Mamelouks. Parmi cette foule accourue de la ville de Nakhitschevan au-devant de l'envoyé, se trouvaient deux princes tatares, habillés tous deux en satin rouge, et si semblables l'un à l'autre, qu'on les aurait crus jumeaux. Ces jeunes gens simulèrent tour à tour plusieurs combats avec la lance, le *djirid* et le fusil, tandis que leurs compagnons, au nombre d'une vingtaine, se mêlant à leurs manœuvres et nous devançant toujours, faisaient de visibles efforts pour égayer notre route. Enfin, dans les villages que nous traversâmes, deux ou trois laids garçons, à longs cheveux, travestis en femmes, vinrent gambader autour de nos voitures, accompagnés d'un musicien qui jouait, à l'aide d'un archet, d'une espèce de mandoline incrustée de nacre et d'une forme très-singulière.

Nous étions encore sur le territoire russe; mais déjà nous aurions pu nous croire au fond de l'Asie, tant nous remarquions d'originalité dans les types et dans les usages.

Le 3 octobre, nous fîmes notre entrée à Nakhitschevan. Rien n'est sauvage, et, si je puis le dire, fantastique, comme l'affreux pays au milieu duquel cette ville est située. Ce sont des vallées et des montagnes de lignes étrangement austères, aux teintes verdâtres et volcaniques. Quant à la ville, c'est un assemblage informe que l'œil d'un Européen a peine à détailler. De petites murailles de boue, qui semblent construites par des enfants maladroits, se dressent çà et là, et on voit sortir de ces misérables demeures des vieillards décrépits, des femmes en haillons, des enfants frais et roses, mais hideusement sales. C'est là ce qu'on appelle une ville en Arménie. Et moi qui ai entendu les Arméniens à Pétersbourg et à Moscou vanter unanimement Nakhitschevan comme un paradis terrestre!

Je dois dire cependant que la maison du gouverneur Ekhsan-Khan, située en dehors de la ville, offre un aspect agréable, peut-être par la comparaison. On m'y avait préparé un excellent logement où je trouvai bien des ressources inespérées, un grand feu, des tapis moelleux et un élégant salon doré. Cet appartement faisait face à un harem du khan; mais l'existence des femmes est entourée dans ce pays d'un si profond mystère, que je ne me donnai pas même la peine de savoir où elles étaient reléguées. Notre hôte, Ekhsan-Khan, a le grade de général au service de la Russie, et exerce les fonctions de gouverneur de la ville de Nakhitschevan et de tout le triste pays qui l'entoure. Ce dignitaire arbore fièrement ses épaulettes de général sur l'habit géorgien, costume qui prédomine encore ici.

Les mahométans de l'Arménie, et la masse des habitants de Tauris et de tout l'Aderbaïdjan, que l'on confond vulgairement sous le nom de Persans, appartiennent cependant à une race tout à fait distincte des véritables Persans, *Irani*, dont ils ne connaissent pas même la langue, qui est le *pharsi*. Ils sont réellement de race tatare, tandis que les Persans, qui habitent les contrées au delà du Caphlancou, doivent être considérés comme une race primitive, ou du moins d'origine inconnue. Les langues des deux nations n'ont entre elles aucune espèce d'analogie; il existe pareillement entre les habitants des différences si sensibles, tant dans le caractère que dans la conformation et les habitudes, qu'il est impossible de les confondre, pas plus que les Russes avec les Allemands des provinces conquises de la Baltique.

Je couchai pour la dernière fois sur le territoire russe, car nous devions le lendemain passer la frontière, — formée par le fleuve Arass, qu'on appelle ordinairement Arax, — pour entrer dans le domaine du schah. Cette idée me tint éveillé, et j'allai faire une promenade nocturne dans le jardin, où l'air me sembla tiède et épais comme dans un bain.

DE L'ARAX A TABRIS.

Depuis l'Arax jusqu'à Tabris notre voyage fut plus commode et plus agréable. Après avoir péniblement passé le fleuve, presque un à un, dans un bateau des plus primitifs, — je me rappelle qu'il était carré, — nous aperçûmes, dans une plaine déserte, des tentes nombreuses. C'étaient celles d'un mihmandar qu'on nous envoyait de Tabris, et qui nous attendait, avec une suite considérable, pour nous escorter et fournir à tous nos besoins jusqu'à cette ville. Ce Persan, nommé Ali-Khan, — un très-grand seigneur, à ce qu'il nous dit, — était un gros homme laid, bavard, complimenteur et plein de forfanterie. Il s'empressa de nous montrer les tentes qui nous étaient destinées; elles étaient spacieuses et garnies de très-bons tapis. Grâce à lui, nous fîmes assez bonne chère en route; mais, quant à du vin, au lieu de nous en procurer, il but le peu que j'en avais, tout en se plaignant qu'il ne fût pas assez fort; — c'était du vin de Bordeaux.

Ma voiture l'intriguait beaucoup; mais pour rien au monde il n'y voulut monter, et il m'engageait vivement à ne plus m'y mettre moi-même, ne comprenant pas qu'on pût être assez imprudent pour confier sa vie à cette boîte roulante et à des chevaux que non-seulement on ne tient pas entre ses jambes, mais qui sont conduits par un autre. Je persistai néanmoins à ne pas m'en séparer, malgré ces excellentes raisons, et quelques autres encore, telles que les facilités du terrain et l'agrément du voyage à cheval. La cause de mon obstination, je m'en rends compte aujourd'hui que j'ai eu le temps de descendre au fond de ma conscience. C'était tout simplement la terreur des taracans, ces abominables bêtes qui ont empoisonné une grande partie de mon existence et dont je ne prononce le nom qu'avec horreur. Il pouvait s'en trouver dans quelqu'un des gîtes où je m'arrêterais, et, faute de voiture pour me servir de refuge, il me faudrait dormir à la belle étoile, sous la rosée, au risque de prendre la fièvre, comme cela m'arriva une fois dans le Caucase à Alexandroff. La maison où j'étais descendu était pleine de taracans, et, n'ayant point d'équipage fermé, j'avais dû passer la nuit dans la cour, sur un télègue rempli de foin. J'y gagnai une fièvre qui me mit à deux doigts de la mort, et une expérience salutaire qui ne me quittera qu'avec la vie. Du reste, la précaution, en Perse, était superflue, et après avoir traîné à peu près inutilement ma voiture jusqu'à Tabris, m'apercevant qu'il y avait peu ou point d'insectes dans ce pays, à cause de la sécheresse du sol et de la pureté de l'air, je me décidai à y renoncer.

Une de mes occupations, chemin faisant, était de bien observer les cavaliers qui m'entouraient, pour en faire de mémoire des dessins quand nous faisions halte, à commencer par Ali-Khan, notre très-illustre mihmandar.

La ville de Marand, qui se trouva sur notre passage, me parut comparativement assez agréable et animée. Une espèce de moufti ou cheikh-islam s'y joignit à notre caravane, et devint aussi pour moi un sujet d'étude. C'était une des figures les plus persanes que j'aie jamais rencontrées.

Toutes les demi-heures, Ali-Khan se faisait donner une pipe que son ferrasch lui présentait fort adroitement à cheval. Il m'en offrait les prémices; puis il l'aspirait profondément deux ou trois fois, et alors elle passait de main en main et de bouche en bouche aux gens de sa suite jusqu'à ce qu'elle fût épuisée. C'était un simple tuyau de cerisier, mais le fourneau était d'argent. Il était garni, au fond, de petits morceaux de charbon destinés a absorber l'âcreté du tabac et à en intercepter la poudre, sans empêcher le passage de la fumée. On les change lorsqu'ils se cassent et engorgent le conduit. C'était du tabac d'Ouroumié que fumait Ali-Khan, un tabac très-doux et d'un goût exquis. La couleur en est pâle, et l'on dirait de petites cassures de bois sec. Nous n'avions pas encore atteint les provinces où l'on ne fait usage que de la pipe d'eau, si délicieuse lorsqu'elle est dans sa perfection. La plus renommée est à Chiraz, où croît la meilleure espèce de toumbak ou tembeki, plante qui ne se fume qu'à travers l'eau, étant trop narcotique.

Tabris est une des grandes villes de la Perse. On me dit qu'elle avait quarante mille habitants. Tout ce que je sais, c'est qu'elle est loin d'être grandiose. C'est un labyrinthe de ruelles grisâtres, non pavées, que bordent des murs bas, inégaux, de même couleur et de même matière que le sol. On y entre sans s'en douter comme dans un déblai de chemin de fer, et quelque direction que vous preniez, à vos côtés et sous vos pas vous trouvez partout la même argile et la même teinte monotone : ce qui a fait dire à un de nos consuls généraux qu'on questionnait sur Tabris, que Tabris n'existait pas, et que ce qu'on appelait de ce nom n'était qu'un fossé dont on avait rejeté la terre à droite et à gauche.

Quant à moi, en y voyant errer des femmes affreusement voilées, telles que des spectres dans leur linceul, ces fossés me faisaient bien plutôt l'effet de fosses, et Tabris prenait l'aspect d'un cimetière qui s'anime dans le crépuscule. Nulle part au monde les femmes ne sont plus entourées de mystère qu'en Perse. Jamais elles ne laissent voir leur figure, pas plus dans les villages que dans les villes, ce qui n'est nullement le cas parmi les musulmans de l'Égypte, de l'Inde, et même de la Syrie et de la Turquie.

Il y a à Tabris une fort belle mosquée en ruines, couverte d'émail bleu. Le bazar est grand et animé; les khans ou magasins y sont vastes et beaux. Mais ce n'est qu'en souvenir que je me les représente ainsi, après en avoir vu d'autres et avoir été mis au fait de ce qu'on admirait en ce genre; car leur mérite tout relatif ne me, frappa point de prime abord, et ce n'est qu'à Téhéran que je pus apprécier l'activité commerciale de Tabris.

Kahraman-Mirza, fils du réformateur Abbas-Mirza, petit-fils du somptueux Feth-Ali-Schah, et frère de Mohammed-Schah, alors sur le trône, était gouverneur de l'Aderbaïdjan, et résidait à Tabris, capitale de cette province : je me fis présenter à ce prince. Pénétré comme je l'étais de respect pour son rang et pour son pays, je me mis en grande tenue; à mon entrée dans la salle d'audience où il se trouvait déjà, je lui fis la plus profonde des révérences, et lorsqu'il me donna l'ordre de m'asseoir, je ne me posai que sur le bord extrême de la chaise qu'on m'avait préparée en face de la sienne, encore ne fut-ce qu'en protestant contre cette gracieuse violence, et en essayant de donner à mes jambes et à mon corps les courbes les plus humbles.

Et qu'on ne croie pas que je fusse ébloui par le faste de sa réception, non, j'étais ému du contraste de tant de simplicité chez un homme d'un si haut rang. Il fallait ou que ce prince fût bien modeste, ou que la Perse fût bien déchue de sa splendeur. Il était assis sur un fauteuil orné de mosaïques; il était vêtu en partie à l'européenne, en pantalon de drap gris et en redingote brune à boutons de cuivre, par-dessus laquelle il portait une pelisse plus courte en cachemire doublée de fourrure. Il avait des bas blancs pour toute chaussure. Son bonnet de peau de mouton de Boukhara, au poil frisé et plat, noir et luisant comme le plumage d'un corbeau, lui couvrait le front jusqu'aux sourcils et la moitié des oreilles, et s'élevait en pain de sucre à une hauteur démesurée. Son nez aquilin ne manquait pas de finesse; ses joues étaient arrondies; son teint, d'un blanc mat, avait quelque chose de monacal; ses lèvres minces étaient ombragées de moustaches épaisses et très-longues; sa barbe en collier était noire comme chez presque tous les Persans. Je doute qu'il y ait parmi eux un seul blond châtain ou roux; mais il serait difficile de s'en assurer, car tous se teignent le poil, la plupart en noir, et quelques-uns en rouge ou en violet. Quant à des barbes blanches, je n'en ai jamais vu qu'une ou deux dans quelque pauvre village, et encore ne suis-je pas parfaitement sûr de ne pas l'avoir rêvé.

Son air était calme et doux; son sourire était fin; il tenait souvent baissés ou demi-clos ses yeux d'oiseau de nuit; ses mouvements étaient rares et lents; il parlait peu et à voix basse. Je ne citerai pas sa conversation, car elle fut à peu près nulle, ou du moins je n'en ai conservé aucun souvenir.

J'allai voir aussi le fils aîné du roi. Tabris était-elle sa résidence habituelle? l'usage voulait-il que l'héritier du trône habitât loin du roi? y était-il venu simplement pour accompagner ou visiter sa mère? c'est ce que je ne saurais dire, et j'ignore également à quelles règles d'étiquette l'existence de cette princesse était soumise. Tout ce que je sais, c'est que sa présence m'y fut révélée par de splendides cadeaux de bonbons au beurre, — d'autres disent à la graisse de mouton, — accompagnés de compliments des plus gracieux et de la demande de faire pour elle le portrait de son fils chéri, puisque j'avais le don, qu'elle appelait merveilleux, de transporter sur le papier la physionomie des hommes. Je m'empressai de satisfaire de mon mieux à ce désir, et je reçus, en retour, les remercîments les plus flatteurs et encore de ces mêmes bonbons en si grande quantité que mes deux chambres en furent véritablement encombrées.

DE MIANA A TÉHÉRAN.

A Miana, où nous passâmes la nuit du 25, nous avions été avertis d'un ignoble et redoutable fléau. Des punaises, dont la piqûre passe pour mortelle, désolent ce pays. Nous échappâmes à ce danger, grâce à la précaution qu'on avait eue de nous dresser des tentes hors de la ville, si l'on peut donner le nom de ville à un ramas de misérables huttes habitées par quelques mendiants rongés de vermine. On raconte cependant que ces punaises ne piquent que les voyageurs, ce qui me paraît assez fort.

A peine installés, le soir, les sons d'une musique barbare qui nous arrivaient de la tente du mihmandar, officier chargé d'escorter les voyageurs et de veiller à leurs besoins, nous engagèrent à nous diriger vers sa demeure. Yahia-Khan (tel était son nom), ci-devant grand écuyer d'Abbas-Mirza, alors défunt, et son fils Farrough-Khan, assis dans leurs robes de gala en cachemire, contemplaient gravement une danse fort étrange, accompagnée d'une musique aussi lugubre que discordante. Les danseurs étaient deux garçons de douze à treize ans, travestis en femmes, portant de grandes jupes et les cheveux longs; leurs mains étaient armées de castagnettes de cuivre, et leur danse lente et grave devenait par intervalles incroyablement rapide et sauvage. Quelques lanternes en papier, suspendues aux arbres ou tenues par des domestiques, et deux chandelles placées à terre éclairaient mesquinement cette fête nocturne.

Le mihmandar se leva à notre vue, nous invitant à nous asseoir. C'était dans une tente, dont un côté avait été relevé. Cette tente était dressée, comme les nôtres, dans un assez vaste enclos carré, bordé de murailles, et que l'on nous disait être un jardin royal. Il l'avait peut-être été, mais lors de notre présence on ne pouvait plus lui donner aucun nom, et la désolation y régnait. La danse, un instant interrompue, recommença d'abord par de grands saluts de la part des jeunes danseurs. Prenant ensuite un air inspiré, ils s'évertuèrent, au bruit d'une musique tour à tour lamentable et déchirante, à tourner lentement en rejetant la tête en arrière pour faire flotter leurs cheveux, et en élevant leurs bras en l'air pour développer leur taille, se baissant quelquefois pour faire résonner leur clochette près du sol, ou les approchant de leur oreille et paraissant en écouter le son avec une grande attention. Par moments, ces malheureux enfants accompagnaient leur danse d'un chant plaintif et monotone; puis, tout à coup et sans transition, se mettaient à bondir en secouant la tête comme avec rage et à pousser des cris de détresse, leurs longs cheveux et leurs robes volant en désordre, tandis que les instruments redoublaient d'énergie. L'amour et la douleur, tel me parut être le thème choisi pour ces chorégraphes en plein vent. Tous les Persans et le mihmandar lui-même, homme d'ordinaire gai et pétulant, contemplaient d'un air recueilli et profondément rêveur ce spectacle singulier et presque repoussant.

Nous ne résistâmes pas longtemps à son pénible effet sur des sens européens, et ne nous jugeant d'ailleurs pas à notre place au milieu de cette espèce d'orgie barbare, nous nous retirâmes discrètement, le docteur et moi, chacun dans notre tente, pour nous coucher; mais les sons discordants de la musique persane, les clochettes de cuivre et le chant plaintif des enfants, qui paraissaient pleurer sur leur sort, continuèrent longtemps à entretenir en nous une vague mélancolie.

Dans cette triste nuit, peu disposé que j'étais au sommeil, la Perse se montrait à moi telle qu'elle est en réalité et non telle que je l'avais rêvée dans mon enfance. Ce n'étaient plus ces jardins embaumés de roses, aux fontaines bruissantes, où, dans les mystères du feuillage, erraient des femmes telles qu'en voit seule l'imagination. Toutes mes brillantes fictions avaient disparu. La terre aride et ravagée à perte de vue semblait couverte d'un linceul de lave. Ces chants lamentables qui me poursuivaient devenaient les cris de souffrance de ce pays voué au malheur.

Après avoir franchi la chaîne de montagnes qui termine l'Aderbaïdjan, nous entrâmes dans l'Irac, ou plutôt Aragh, province plus stérile encore, s'il est possible, que celle que nous avions déjà traversée. Un caravanséraï nous abrita pour la nuit. C'était un édifice en pierre de taille, mais en ruines, où nous fûmes introduits par une grande porte en ogive donnant sur une cour. — A l'extrémité d'un sombre escalier tournant était une terrasse sur laquelle s'ouvraient quelques portes à rideaux bariolés. Ayant visité l'affreux logement qu'on m'avait préparé, je ne pus m'empêcher d'en témoigner mon mécontentement au mihmandar, dont peu de jours auparavant j'avais stimulé le zèle par des présents convenables, tels qu'une montre d'or et quelques aunes de drap bleu et brun que ce dignitaire et son fils ne manquèrent pas de trouver de qualité inférieure et indigne d'eux, selon l'usage des gens de ce pays qui sont bien nés et qui se respectent; — ce qui n'empêcha qu'ils ne s'en fissent des habits superbes. Ils m'offrirent alors un des appartements de la terrasse ; mais le chef du caravanséraï, vieillard à figure rébarbative, tenta de s'y opposer, en alléguant qu'on avait rassemblé, pour nous faire place, les jeunes filles de cinq différentes maisons dans un réduit voisin de cet appartement, et que les convenances exigeaient qu'il fût occupé par l'envoyé, attendu qu'il était marié. Toutefois, comme M. et madame Du Hamel avaient préféré s'établir sous des tentes qu'ils avaient fait dresser hors du caravanséraï, dans une espèce de jardin potager, j'insistai pour prendre possession de ce gîte, et les domestiques y transportèrent enfin mes effets.

Me croyant en possession paisible de ce logis, j'avais allumé une bougie pour lire avant de me coucher, lorsqu'à ma grande surprise, je vis que le mur humide, près duquel je venais de m'asseoir, avait l'air de remuer! L'illusion ne fut pas longue : c'était une masse innombrable d'insectes des plus repoussants qu'on puisse imaginer. Saisi d'horreur, je fus un moment cloué à ma place. Mais bientôt, surmontant cette stupeur, je m'enfuis à tâtons par des escaliers sombres et semblables à

des précipices, heurtant du pied les gens qui y dormaient
étendus, et poursuivi par les aboiements des chiens qui
gardaient mes voisines.

Au point du jour, le mihmandar accourut s'informer
de ce qui avait causé mes alarmes; le maître du caravanséraï, lui aussi, vint m'affirmer que la chambre dont je
me plaignais était excellente, et que Schah-Abbas en personne y avait couché plusieurs fois. C'était une autorité,
sans doute; mais elle ne me persuada pas, et quoique les
villages dans lesquels nous passâmes les deux nuits sui-
vantes fussent bien misérables, je m'y trouvai fort
agréablement en comparaison.

Semblables aux chaumières de la petite Russie, les
maisons de ces villages sont bâties de terre glaise, ou
même simplement de boue, pour m'exprimer plus franchement. Les malheureux paysans qui les habitent paraissent dociles, serviables et assez intelligents; et, malgré
la pauvreté du pays, le mihmandar parvenait toujours à
nous procurer en abondance tout ce qu'on peut raison-
nablement désirer loin des villes : du lait, du pain, des
melons d'eau, des grenades, du raisin, et même quelque
peu de vin.

Ce ne fut pas néanmoins sans une certaine série
de fatigues et de mauvais gîtes que nous arrivâmes à
Zendjan.

Depuis le lac Sévan, dont j'ai parlé précédemment, et
où finit la vallée de Dilidjan, l'aridité de ce pays est
presque inimaginable. Mais aussi pourquoi, malgré tant
de livres ou de personnes qui m'avaient prévenu, avais-
je toujours persisté à me faire de la Perse un paradis sur
terre? et même pourquoi, le voile tombé, me restait-il

encore des doutes sur des merveilles cachées? Érivan, Nakhistchevan, Miana, Tauris, ou plutôt Tabris, sont réellement frappés de stérilité; montagnes et vallées offrent uniformément la teinte brûlée et cendrée qu'on retrouve près du cratère des volcans; toute cette immense contrée semble porter le poids d'une malédiction divine.

Zendjan est une petite ville à l'aspect grisâtre et sale, comme celles que j'avais déjà visitées; elle me parut cependant assez florissante. Je parcourus d'abord à cheval une partie du bazar; puis on me fit visiter les ruines d'un ancien palais, en passant par différentes portes qui devenaient de plus en plus étroites et basses. Je dus enfin mettre pied à terre pour ne pas me cogner la tête, et l'on me fit traverser un jardin rempli de domestiques, où je vis plusieurs bâtiments irrégulièrement dispersés. Le moins délabré d'entre eux, aujourd'hui l'une des maisons du gouverneur de Zendjan, était naguère une habitation royale. J'y montai par un mauvais escalier tournant, et me vis, à ma grande surprise, introduit tout à coup dans un appartement d'une magnificence inouïe.

Le kaléidoscope peut seul donner une idée des formes et des couleurs qui s'offrirent à mes regards. Des espèces de loges, ouvertes et soutenues par des colonnettes en cristaux, s'élevaient autour de cette habitation. On voyait fixés dans les murs et au plafond des myriades de miroirs à facettes, entremêlés de dorures étincelantes et de brillantes peintures représentant des fleurs, des chasses, des combats et une foule de sujets gracieux.

Un vaste bassin rempli d'eau occupait le milieu de cet élégant édifice, dont la forme était octogone, et tout à l'entour étaient disposés, à la façon des loges de théâtre, des appartements simples occupés par les domestiques. C'était au rez-de-chaussée. Mais, au premier étage; toutes les chambres, distinguées chacune par une décoration particulière rivalisant d'élégance, étaient séparées les unes des autres par des portes en glace et des portières en drap d'or.

Jamais l'hospitalité ne fut exercée d'une manière plus délicate et plus grandiose que celle qui me fut offerte par le hakem ou gouverneur de Zendjan. Les tapis furent couverts d'une profusion fabuleuse de fruits et de bonbons. On m'apporta un superbe calian en or, et le hakem vint se placer devant moi sans mot dire, trop poli apparemment pour me parler un langage que je ne connaissais pas. En effet, force me fut, bien à regret, de rester muet devant tant de prévenances, car des deux langues dont l'usage est général dans ces contrées, le tatare m'était presque inconnu, et le pharsi me l'était entièrement.

Le hakem donna l'ordre à voix basse qu'on me servît du café, du pilaw, du tschâ, ce qui veut dire thé, et du tschurek-murek, tschurek voulant dire pain, et murek n'étant qu'une particule sans signification qui s'ajoute en tatare pour l'effet. C'est le génie de la langue, et il ajouta même toough-moough, le premier de ces deux mots désignant le poulet et le second rien. Enfin, il ne se retira qu'après m'avoir installé dans un des ravissants réduits latéraux, dont on tira soigneusement le rideau blanc. Je m'empressai de le rouvrir pour ne pas être privé de la vue du bassin qui rafraîchissait l'étage inférieur et de l'aspect féerique de l'appartement où le soleil se jouait dans mille glaces en stalactites, à travers la

dentelle des vitraux de couleur et sur les peintures les
plus singulières. Tout le monde s'occupait de moi, mais
avec un calme apparent et une réserve extrême. Outre
un déjeuner splendide, on m'apporta un *mangal* (brasier),
une chandelle de suif qui me parut bien vulgaire pour
cette demeure chatoyante ; puis les objets nécessaires à la
toilette dans les idées du pays, un morceau de savon
détestable, du *henné* et du *rang* pour teindre les cheveux,
la barbe, les mains et les pieds. Ainsi réconforté et paré,
j'allai me promener au bazar suivi de quatre ferraschs,
dont je dus modérer le zèle, car ils accablaient de coups
de bâton et de coups de pied les individus assez mal-
avisés pour se trouver sur notre passage. Tel est, au reste,
l'usage de ces contrées. Peu de jours avant notre arrivée
un pauvre petit mendiant avait été indignement lapidé par
les ferraschs pour avoir osé tendre la main à quelque
passant de distinction. On écartait de ma route même les
vieillards, en les traînant par la barbe ou en leur appli-
quant de violents coups de poing sur le visage ; car il
faut à toute force dans ce pays que le passage d'un
gentleman, nadjib-adam, fasse événement et soit signalé
par des coups : c'est le seul moyen de témoigner du respect qu'il inspire. S'il en est ainsi de la dignité des malheureux humains, je n'ai pas besoin de dire que les ânes
et les chameaux assez malencontreux pour faire obstacle
à ma promenade furent bâtonnés à outrance. J'étais, en
vérité, tout étourdi de ce fracas et de cette grêle de coups
dont j'étais la cause innocente. Si, plus tard, je n'ai point
endurci mon cœur à ces usages barbares, ce n'est pas faute
d'avoir été sermonné par les anciens résidents de ce pays
sur leur nécessité pour soutenir *l'importance* européenne.

Le dîner fut remarquable par la profusion des *pilaws* de toute espèce, des ragoûts, des poissons, des rôtis et des *yoghourts* ou lait caillé. Sorbets, confitures, compotes, grenades et melons délicieux, rien ne fut épargné. De nombreux et immenses plateaux furent introduits par la fenêtre, la porte n'étant pas assez large pour leur livrer passage. Les fenêtres en Perse sont, pour le moins, quatre fois larges comme les nôtres, et les portes la moitié plus étroites et plus basses. Les tapis étaient littéralement encombrés, et ce n'était pas sans peine qu'on pouvait se frayer un passage à travers cette avalanche gastronomique, que l'hospitalité persane verse sous les pas des voyageurs qui ont l'heureuse chance de visiter Zendjan.

J'ai un ancien ami en Russie, un négociant persan, Hadji Mohammed, vieillard respectable, qui, pendant les effets de ses pilules d'opium, *ophion*, comme il l'appelait, m'avait entre mille choses longuement vanté Zendjan. Et en cela il avait dit vrai. Quant au reste des récits merveilleux dont il ne cessait de me charmer pendant de longues soirées que je restais ébahi à écouter son langage fleuri, ils se trouvèrent tous être enfants de son imagination. Ayant quitté la Perse dans sa première jeunesse, depuis une trentaine d'années, et se proposant toujours d'y retourner, elle avait pris chaque jour un aspect plus séduisant à ses yeux, par cette vertu magique du désir qui embellit tout.

Le nuit venue et mon rideau ouvert, je jouis tout à mon aise d'un coup d'œil véritablement féerique. Dans la loge en face de la mienne demeurait le docteur Capher, environné comme moi de tout le luxe oriental ; et la lumière de sa modeste chandelle, reflétée par des milliers de miroirs en prisme, faisait au loin étinceler les dorures et éclairait confusément les peintures bizarres des murs et des plafonds. Mais j'aurais beau entasser les descriptions, je ne donnerais qu'une idée imparfaite de ce séjour digne de la princesse Lalla-Rookh. Pour tout dire en un mot, je doute que son jeune amant Feramorze l'ait reçue dans un meilleur appartement à Bokhara.

Nous allions nous mettre au lit lorsqu'on vint nous offrir d'aller au bain, faveur dont les Persans sont très-avares envers les chrétiens. Nous remerciâmes à cause de l'heure avancée, et nous préférâmes le repos, devant le lendemain être en route de grand matin. Enfin cette belle journée orientale était à son terme. Nous nous endormîmes sur les somptueux tapis du Khorassan, au bruit de l'eau jaillissante de la fontaine et du vent qui sifflait à travers les petits vitraux mal joints de nos fenêtres et les faisait trembler. Ce cliquetis, particulier aux appartements persans, devient assez familier, par l'habitude, pour que le sommeil n'en soit point interrompu.

Le premier village où nous nous arrêtâmes en quittant Zendjan est nommé, si je ne me trompe, Khourroumdéré. Deux femmes vinrent au-devant de nous, portant des raisins et des *nars* (grenades). J'essayai d'ouvrir leurs voiles, et je fus très-touché de voir qu'elles se prêtaient à mon désir avec humilité et complaisance. Je glissai quelques pièces d'argent dans leurs alkhalokhs, et elles me témoignèrent leur satisfaction en baissant les yeux et en souriant avec grâce. Je vis qu'elles étaient très-flattées de cette politesse. Quel charme n'y a-t-il pas dans cette candeur humble des femmes de l'Orient!

Depuis Zendjan, les villages sont moins clair-semés

et moins misérables; les arbres sont aussi plus nombreux, quoiqu'en général chétifs et rabougris. Quant aux
fruits, leur abondance est incroyable, ce qui n'empêche
pourtant pas les Persans de les aimer avec passion.

Pauvres Persans, ils ont si peu de jouissances dans
leur malheureux pays! Dévorés d'envie, ils passent leur
existence à se disputer les uns aux autres le peu de plaisirs qu'ils ont. Ils vivent dans une défiance continuelle,
car leurs passions non assouvies les portent à la violence
ou à l'astuce, selon leur force ou leur faiblesse. Qui
dirait en voyant ces hommes, à l'air si noble et parfois
si vénérable, aux manières si gracieuses, à la parole si
engageante, que les premiers éléments de leur éducation
ont été le mensonge et la trahison!

Mais les femmes? Quelle grâce dans leur démarche
cavalière, lorsque le frêle plancher craque sous leurs
pieds teints de henné! Que leur taille est cambrée et bien
prise dans leurs justaucorps si serrés, contrastant avec
leur pantalon plus ample qu'une jupe! Quelle masse de
cheveux d'ébène encadre leur charmant visage et tombe
sur leur sein basané que recouvre mal une gaze indis-
crète! Quelles paroles de miel sortent de leur bouche
délicieuse! Car la langue persane est la plus séduisante
du monde, et nulle part on ne voit des lèvres et des
dents plus fraîches. Mais si l'on veut bien se figurer les
charmes de ces enchanteresses, ce sont les *Mille et une
Nuits* qu'il faut consulter. Les vers qui s'y trouvent
intercalés en grand nombre dans les récits dépeignent
avec une naïveté frappante les appas des Orientales.
Cette naïveté a été parfaitement conservée dans les cinquante Nuits qu'a traduites M. Torrens, Irlandais fort

distingué qui occupait un grand poste dans l'Inde lorsque j'eus l'avantage de faire connaissance avec lui à Calcutta.

Pendant trois jours, à compter de ce moment, je fus dans l'impossibilité de prendre des notes; c'est dans cet intervalle que je visitai Cazbine, ou plutôt Gazbine; mais j'étais alors sous l'influence d'une indisposition décourageante et d'un profond ennui, effet naturel d'un voyage aussi long et aussi monotone.

Gazbine, cette ville si célèbre en Perse, dont on vante la position et l'étendue, qu'on compare à Hérat, qu'on préfère à Téhéran, et dans laquelle enfin il avait été question de transférer le siége du gouvernement, Gazbine me parut tout à fait indigne de sa haute renommée. Je n'y vis qu'une misère ignoble, qu'un site dénué de pittoresque, rien enfin de ce qu'il faudrait pour ranimer l'imagination fatiguée du voyageur.

Le gouverneur, le beghlerbeghi Tahmass-Kouli-Khan, vint au-devant de nous à cheval, son calian à la main, suivi d'une procession de domestiques en guenilles sur des rosses. A travers des passages couverts, des portes de diverses dimensions et des débris de murailles en terre glaise, il nous conduisit devant une maison délabrée, abandonnée depuis Nadir-Schah. L'envoyé ayant refusé de s'y loger, et ayant fait dresser des tentes dans la cour, je m'établis seul dans cette solitude, au milieu des fragments innombrables de vitraux de couleur et de peintures encore assez fraîches représentant des héros persans, des houris, etc.

Je me rendis bientôt au bazar, qui n'était pas riche en curiosités; puis au bain de Bahram-Mirza, lieutenant du schah à Gazbine. Ce bain est vaste, mais l'eau y est de mauvaise qualité, comme dans presque tous les bains persans que j'ai eu occasion de fréquenter.

Le jour suivant, nous reprîmes notre régime nomade, allant d'un village à l'autre, passant nos journées à cheval, toujours entourés d'une troupe d'indigènes. La conversation ne tarissait pas; car les Persans ne cessaient de faire assaut d'esprit autour de nous, selon leur habitude, et je faisais tous mes efforts pour comprendre leur langage harmonieux et fleuri. Je dois rendre justice ici à madame Du Hamel, femme de notre envoyé, qui nous fit honte à tous, car elle fut la première qui saisit les fils mystérieux de l'irani, — cette langue si différente de toutes les autres langues que nous connaissons, tant européennes qu'asiatiques, — le génie de ses phrases compliquées, son harmonie sonore et le chant gracieux de ses terminaisons prolongées. Quant au turc de l'Aderbaïdjan, elle le parlait déjà facilement, et j'en savais un peu aussi. Pour ce qui concerne M. Du Hamel, il parlait fort bien le turc de Constantinople, l'osmanly. Le soir, nous nous reposions, assis à terre et le calian à la main, dans les chaumières des paysans.

Nous visitâmes Soultanich, séjour d'été du défunt Feth-Ali-Schah, et nous demeurâmes une partie de la journée et de la nuit dans son palais. Nous fûmes installés dans une chambre sans portes ni fenêtres que notre mihmandar, en veine de conscience, parvint cependant à rendre à peu près habitable. Je crus devoir récompenser cette boutade de zèle en lui faisant présent d'un morceau de drap bleu de ciel, et d'un autre, couleur évêque, pour son fils. Les deux présents furent accueillis sans le moindre signe de

reconnaissance, ce qui paraît décidément être une politesse du pays.

Sur le mur de l'une des salles du palais de Soultanièh,
on voit les portraits des fils de Feth-Ali-Schah, et celui de
ce prince lui-même, représenté presque de grandeur naturelle, en costume de chasse, mais avec toutes ses pierreries et couronne en tête, et monté sur un cheval dont la
crinière, la queue, les jambes, le poitrail et le ventre
sont peints en rouge. C'est une distinction royale. Une
quantité innombrable de lions, de tigres, de daims, de
cerfs tombent sous ses coups; son cheval est lancé à
toute bride : tableau qui, du reste, paraît avoir plu à
celui qui en est le héros, car je le revis plus tard dans
presque tous les palais de la Perse.

Je ne dois point oublier, en fait de curiosités locales,
une ruine fort remarquable, située dans les environs de
Soultanièh. C'est une gigantesque et magnifique mosquée
construite en briques bleues et blanches lustrées. Cet
édifice est attribué au schah Khoudavenda, qui régnait
il y a quelque six cents ans.

Le 7 octobre, nous visitions les ruines de Soultanièh
même, et, entre autres encore, un palais de plaisance
de Feth-Ali-Schah. Deux des murs de la salle d'audience,
divan-khanèh, sont en verres de couleur, usage assez
ordinaire dans les constructions persanes; les deux autres
sont revêtus de peintures représentant des personnages
de la famille royale, entre autres le portrait, repoussant
de laideur, du roi eunuque, Aga-Mohammed-Khan, oncle
et prédécesseur de Feth-Ali-Schah, et celui de ce dernier
avec ses enfants. L'usurpateur Aga-Mohammed-Khan,
qui, si je ne me trompe, n'a jamais pris le titre de schah,

fut un monstre de cruauté. Jamais homme, dit-on, ne fut dévoré de passions plus terribles; elles lui faisaient commettre sans cesse des actes d'une infamie telle, que les récits en font frémir d'horreur et qu'on ose à peine y croire. Dans le portrait, son air de reptile immonde contraste d'une manière frappante avec sa parure royale.

Des glaces entremêlées de peintures et de dorures forment le plafond de la salle; les escaliers sont en briques vertes. Le même palais renferme un bain délicieux, et l'une de ses curiosités les plus remarquables consiste en une tour qui s'élève à côté de la salle d'audience. De là le regard embrasse toute la contrée, et je ne puis dire qu'il en soit réjoui, car de toutes parts c'est la même aridité grise et monotone.

Lorsque nous fûmes arrivés presque au but de notre voyage, nous fîmes notre dernière halte dans un village qu'on appelle Kent. *Kent* est le mot turc pour village. Ce lieu, rapproché de la capitale, était le plus pittoresque que nous eussions traversé. Situé au milieu des montagnes, entouré d'arbres à puissante végétation et sillonné de canaux d'irrigation où coule une eau limpide, le village de Kent compte de nombreux habitants. Le mouvement de ses rues et l'air d'animation qui annonce l'approche d'une grande ville contrastent singulièrement avec la morne solitude des lieux que j'ai essayé de décrire.

Le 8 novembre, de grand matin, nous nous mîmes en marche pour Téhéran, et nous n'étions pas sans quelque émotion de nous trouver tout près du but désiré de notre voyage. Déjà la ville nous apparaissait. Nous commencions à distinguer les premières maisons de Téhéran, à travers les vapeurs matinales, lorsque nous vîmes s'avancer rapidement vers nous un nombreux cortége qui escortait deux magnifiques étalons dont la splendide crinière et la queue flottante étaient peintes de couleur de feu. Ces nobles animaux étaient tout resplendissants d'or et de cachemires. Nous n'étions pas encore revenus de notre surprise et de notre admiration, que nous étions déjà séparés de nos montures et placés sur les deux chevaux d'apparat, M. Du Hamel et moi. Ce fut seulement alors qu'on nous expliqua que ces chevaux étaient un présent de S. M. Mohammed-Schah, — générosité peu coûteuse, du reste; présents à la mode persane, et qu'on ne manque pas de reprendre, lorsque l'effet de la munificence royale a été suffisamment apprécié.

Cependant nous étions étourdis de cris bruyants et de félicitations, exprimés en persan par l'exclamation *mou-barek*, que la foule poussait incessamment à nos côtés. Étonnés eux-mêmes de tout ce fracas, nos robustes coursiers s'élancèrent au galop et nous emportèrent vers le *centre du monde*, où nous fîmes notre entrée au milieu d'un tonnerre de grosses caisses et au son éclatant des trompettes des troupes régulières du schah.

TÉHÉRAN.

Après trois mois de séjour à Téhéran, j'étais fatigué
de cette ville et de toute la Perse. La vie y est d'une monotonie effrayante. Privé de la société des femmes, de
toutes les distractions des villes d'Europe, l'étranger ne
sait comment y employer ses journées.

Dans le quartier appelé Gazbine-Dervazé, moyennant
six toumans par mois, — le touman vaut un ducat russe
et 80 kopeks, c'est-à-dire 12 francs 50 centimes, — j'a-
vais loué une des plus jolies habitations qu'on puisse
trouver dans cette ville. A la vérité, l'air y circulait
presque aussi librement que dans la rue; mais le climat
était si doux et le temps si beau, que c'était à peine un
inconvénient.

La maison se composait de deux étages de plusieurs
pièces, chacun avec deux terrasses. Celles d'en haut do-
minaient la ville, qui, malgré son aspect fastidieux,
n'est pas dépourvue d'animation. Deux rangs de fenêtres, celles du bas, garnies seulement de volets en bois,
et celles du haut, ornées de vitraux de couleur, éclairaient la pièce principale, dont les murs étaient blancs
comme la neige. Je profitai des niches qui s'y trouvaient

pour y placer deux armures persanes à peu près complètes que je m'étais procurées avec des peines inimaginables; car on ne saurait se figurer les longues et ennuyeuses difficultés qui entravent ici toute espèce de transaction. Pour la moindre acquisition, on vous parle de cent toumans comme en Russie de cent roubles. L'exactitude est, d'ailleurs, une vertu inconnue ·aux Persans; et cela seul suffirait pour rendre le pays odieux aux étrangers. Si vous accusez un marchand de mauvaise foi, il vous répond gravement *que son cerveau a brûlé de chagrin*. Enfin, le mensonge est tellement enraciné dans les habitudes des Persans de cette classe, — et je pourrais ajouter de toutes les autres, — que s'il leur arrive, par hasard, de tenir parole, ils ne manquent pas de réclamer une récompense, comme s'ils avaient fait la chose la plus rare et la plus méritoire.

J'eus l'occasion de visiter avec le comte Simonitsch le trésor royal. Je ne décrirai point toutes les richesses dont ce trésor se compose; je me bornerai à citer les objets précieux qui attirèrent le plus particulièrement mon attention, c'est-à-dire le fameux diamant connu sous le nom d'*Océan de lumière*, Dariénour, que le schah porte au bras gauche dans les grandes solennités; une robe de soie jaune presque entièrement cousue en pavés de perles grossés comme des petits pois, que je reconnus pour le même vêtement dont est paré Feth-Ali-Schah sur un portrait de grandeur plus que naturelle que je possède en Russie, et qui est peint par un artiste de Téhéran. L'école de peinture persane est fort originale, et l'on ne peut s'y méprendre. J'en ai approfondi l'étude jusqu'à distinguer celle de Téhéran de celle d'Ispahan, qui est supérieure, comme à peu près tout ce qu'on y fait. A côté de cette ancienne et longue robe royale était, dans la même armoire sous verre, l'uniforme de parade du roi actuel Mohammed-Schah, imitation du costume militaire européen, fait de drap bleu, enrichi de diamants au collet et aux parements, avec des boutons en rubis et des épaulettes formées par d'énormes émeraudes auxquelles sont appendues des franges de grosses perles. Nous ne vîmes ni le calian de cérémonie ni la couronne; on nous dit que ces objets se conservaient au harem.

Après avoir passé en revue toutes les choses rares, mais assez mal assorties, que contenait ce trésor, nous nous rendîmes chez le second fils du roi, — l'aîné était à Tauris, — auquel le comte Simonitsch allait faire sa visite d'adieu. Nous trouvâmes le petit prince dans la salle d'audience, assis à terre sur un cachemire, et adossé à de gros traversins couverts de mousseline rose. C'était un petit garçon de quatre à cinq ans, frêle et maladif, d'une physionomie insignifiante, le visage pâle, les traits peu accentués, un peu aplatis, et les cheveux roux, c'est-à-dire peints en rouge foncé. Il était vêtu d'un caftan en châle doublé de fourrure, et portait sur son petit bonnet noir une aigrette en diamants. Nous nous assîmes sur le tapis en face de lui. Mirza-Massoud, ministre des affaires étrangères, et deux ou trois autres dignitaires présents à cette entrevue restèrent debout. « *Démâhi schoumà tschôgh est?* » c'est-à-dire : « Votre cerveau est-il bien sain? » lui demanda le comte Simonitsch.

Au reste, le royal enfant ne répondit point, et M. Simonitsch l'interrogea alors sur ce qu'il faisait. « Je n'en

sais rien, » dit le petit prince. Voyant qu'il n'était pas
en humeur de causer, nous nous disposions à nous retirer, quand, la langue d'Abbas-Mirza-Naïbi-Saltana se dé-
liant tout à coup, il nous demanda avec vivacité si nous
avions envie de monter à cheval, ce qu'il se proposait
de faire lui-même. En effet, un cheval sellé l'attendait
dans la cour près de son appartement. Nous répondîmes
affirmativement et nous nous retirâmes.

L'aîné des fils de Mohammed-Schah n'a que trois ans
de plus que son frère. Il porte le titre de *vali-ahd*, c'est-
à-dire héritier. Son visage plus caractérisé accuse plus
d'intelligence. Ses larges sourcils chargés de surmé, de
même que les cils de ses longs yeux, et ses cheveux,
que ses tantes et ses cousines teignent selon leur caprice
du rouge grenat au violet, sont très-épais et très-noirs,
à ce qu'on me dit. Lorsque je lui fus présenté à Tauris,
il était assis dans un fauteuil, les pieds appuyés sur un
tabouret et vêtu d'un khalat à fond jaune-serin, beaucoup trop grand pour lui, mais d'un dessin magnifique.
A son cou et sur sa tête étincelaient des présents de
l'empereur de Russie.

A la demande de la reine mère, j'eus l'honneur de
faire, d'après nature, le portrait de ce jeune prince en
habit de gala, et j'en fis trois copies finies à l'aquarelle
avec or, l'une pour la reine mère, l'autre pour Mohammed-Schah le père, et la troisième pour moi. Afin de
me conformer au goût de la cour de Perse, je fus dans
le cas de modifier ma manière habituelle en ajoutant des
couleurs plus vives et des détails plus fins dans les dessins que je fis. Ils me valurent de grandes politesses,
des attentions délicates et même des présents généreux.

Peu de jours après mon arrivée à Téhéran, je fus présenté à Hadji-Mirza-Agassi, premier ministre du schah. Introduit par des corridors sombres et étroits et par des portes basses, je pénétrai dans un appartement très-simple où je trouvai enfin le ministre. C'était un vieillard fort laid, mais très-élégamment vêtu de robes de châles de toute beauté. Il débuta naturellement par me demander « comment était mon cerveau » d'un air assez maussade qui paraissait appartenir à sa nature, comme indiquant que la chose était, au reste, de peu d'importance, et qu'il ne tenait guère à le savoir; et pendant que j'hésitais encore sur la réponse que je devais faire à cette interpellation qui m'étonnait toujours, il entama une dissertation sur la manière de fondre les canons. Ce goût pour les canons n'était encore chez le ministre qu'à l'état de passion malheureuse, car l'arsenal de Téhéran n'en renfermait que trois et quelques fusils cassés; — ce qui n'avait pas empêché l'envoyé de Perse à Londres d'affirmer au schah que son arsenal était infiniment plus riche que celui de Woolwich. Il est vrai de dire qu'en ce moment même Hadji-Mirza-Agassi s'occupait de faire fondre plusieurs bouches à feu d'un énorme calibre. Il poussait même la prédilection pour son cher arsenal jusqu'à vouloir être enterré dans la fonderie. Ce ministre belliqueux était pourtant derviche. Son origine était tatare. Avant d'être premier ministre, il avait été précepteur du schah actuel, qui continuait de lui accorder une grande confiance, quoiqu'il fût, dit-on, de la secte des Soufi, dont les principes de morale sont d'une élasticité peu rassurante.

Téhéran, je l'ai dit, m'avait causé plus d'un désappointement, et je ne tardai pas à regretter la peine que je m'étais donnée pour arriver dans ce centre du monde. Bref, je fus possédé du désir incessant de revoir mon pays, désir bien vivement senti par tous ceux de mes compatriotes qui partageaient mon exil. Les chants nationaux d'un bataillon de soldats russes qui se trouvait à Téhéran, mais sur le point de se mettre en marche pour rentrer en Russie, augmentaient notre mélancolie, nous arrivant quelquefois la nuit des terrasses d'un caravanséraï délabré, — comme tout l'est ici, — qu'occupaient mes sept cents compatriotes.

Le schah avait eu la bonté de me faire dire qu'il désirait que je fisse une esquisse de son auguste personne, et qu'il m'accorderait la faveur d'une séance à cet effet. Je me rendis à ses ordres, et je fus admis en sa présence un jour du mois de décembre, dans son palais situé sur la grande place, *méidan*. Le prince était assis à terre, sur un cachemire, dans la salle des réceptions privées. Mirza-Massoud, son ministre des affaires étrangères, et Mirza-Baba, son médecin, se tenaient debout auprès de lui; car, à l'exception des ambassadeurs, personne n'a le droit de s'asseoir devant le schah.

Au premier abord, la personne de Mohammed-Schah me parut assez commune : il était gros, ramassé et sans expression; mais je ne tardai pas à le trouver très-aimable et très-distingué dans ses manières. Il contempla, avec beaucoup d'attention, le portrait de l'Empereur, dont je lui fis hommage, et ordonna à Mirza-Massoud de le mettre sous verre. Comme je m'excusais de ne pas lui avoir apporté les lithographies de la garde impériale, que j'avais fait venir de Pétersbourg à son intention, sur ce qu'on m'avait dit qu'il les avait déjà, il me répondit qu'il en avait fait présent à son frère Kahraman-Mirza ; et là-dessus, Mirza-Massoud m'insinua qu'il fallait faire apporter ces dessins. Le schah me demanda alors, sans préambule au sujet de mon cerveau, ce que contenait le portefeuille que j'avais déposé près de moi. « Du papier blanc, répondis-je, sur lequel je voudrais faire le portrait de Votre Majesté, si elle daignait s'y prêter. » Il répondit très-gracieusement qu'il était tout prêt, et effectivement il posa en modèle intelligent pendant près de vingt minutes. Mais, avant de commencer, il eut l'extrême obligeance d'ordonner une chaise pour moi, faveur que je déclinai en pliant les genoux à terre, ne profitant de la chaise que pour y déposer des crayons et un canif, et disant très-humblement que l'honneur de m'asseoir à terre en présence du Kibleï-Alem, le centre de l'univers, était déjà trop grand pour moi. Cette phrase et toutes mes actions parurent convenir au roi ; car, durant toute la séance, il ne cessa de faire mon éloge en turc aux personnes qui étaient présentes, se doutant probablement que je comprenais un peu ce qu'il disait, ou supposant qu'on me le répéterait. — Le turc est la langue de la cour, les Cadjars, dynastie actuellement régnante, étant de race turque. — A ces éloges, les assistants ne cessaient de répondre : « *béli*, oui, » en faisant de profonds saluts. Plus tard des gens peu bienveillants, ou jaloux de mes succès, ou pour contenir dans de justes bornes ma vanité flattée, m'avertirent que Sa Majesté disait les mêmes choses à toutes les audiences qu'elle donnait aux étrangers.

Avant de me congédier, le roi examina différentes

ébauches de hauts personnages persans que j'avais es-
quissés tant d'après nature que de mémoire, entre autres
le portrait (de mémoire) de son premier ministre et favori, Hadji-Mirza-Agassi. Elle les reconnut tous, et
m'engagea à revenir lui demander séance lorsqu'il me
plairait. Je ne tardai pas à profiter de cette gracieuse
invitation.

Le jour du Baïram, qui équivaut chez les musulmans
à notre fête de Pâques, nous nous rendîmes au palais
pour complimenter le souverain. Après avoir reçu nos
félicitations, le schah alla se placer sur un trône de marbre blanc sculpté et doré, vaste estrade entourée de
balustres et soutenue par des dives et des péris, dans une
salle peu élevée au-dessus du sol et dont l'un des côtés,
presque entièrement ouvert, comme la scène d'un théâtre, laissait voir une vaste cour où se tenaient les princes
du sang, les hauts dignitaires, les mollahs, les khans,
les troupes régulières, la musique militaire et les otages
afgans. Cette salle du trône est la plus belle salle que
j'aie vue en Perse; et, en fait d'intérieur mauresque,
l'on ne peut guère trouver nulle part quelque chose de
plus élégant; voilà du moins l'effet qu'elle m'a produit,
surtout lorsque plus tard je l'examinai en détail et essayai
vainement d'en faire un croquis, tant la chose est compliquée. Le plafond, qui est élevé, se compose de plusieurs voûtes des plus gracieuses, mais dont il est difficile
de comprendre le plan général, car leurs lignes se per-
dent sous une infinité de fines peintures tout éclatantes
de couleurs et de dorures, représentant des fleurs, des
femmes et des cavaliers, et dans de capricieuses stalacti-

tes à facettes de cristal, d'or et de diverses couleurs, au milieu desquelles l'œil ébloui s'égare.

Au fond de la salle, derrière le trône, le mur est presque entièrement occupé par une vaste fenêtre en ogive, dont les vitraux coloriés et découpés en dentelle d'une finesse extrême forment des fleurs de mille espèces. Les verres sont incrustés dans un encadrement en bois fin et léger comme une toile d'araignée. Les deux murs latéraux, coupés de niches en ogives, sont chargés, comme les voûtes, de peintures et de dorures que recouvre un vernis luisant. Sur leur base, qui est, comme le trône, en marbre blanc, sont peintes à l'huile des plantes étranges et gracieuses. J'ai dit de marbre, mais il y a une certaine transparence et une finesse dans cette pierre qui pourraient faire supposer que c'est une espèce d'albâtre.

Les portes des murs latéraux et du fond, petites, basses et étroites, sont en mosaïque de divers bois, d'ivoire peint et au naturel, de cuivre, de plomb et de nacre. Le quatrième mur, comme j'ai dit, n'existe pas dans cet appartement. De minces colonnettes en cristal, ou plutôt garnies de miroirs, soutiennent le plafond, et un rideau s'y trouve, qui ce jour-là était ouvert et laissait voir la cour pleine d'un monde paré.

Placé dans une pièce contiguë à la salle du trône, je jouissais du spectacle qu'offrait la cour, mais, à mon grand regret, je ne voyais pas la personne du roi. Je remarquai que ceux des assistants à qui Mohammed-Schah adressait la parole lui répondaient sans quitter leur place et en criant de toute leur force. Bientôt un poëte sortit des rangs, et déclama, dans cette belle, originale et harmonieuse langue persane, des vers en l'honneur de son auguste maître.

Pendant presque toute la durée de cette cérémonie, mes oreilles furent étourdies et mes nerfs impitoyablement déchirés par les sons d'une musique, je dirais inouïe si je ne l'avais beaucoup trop entendue, et dont le bruit s'échappait d'un réduit (espèce de balcon) peu éloigné de la cour où le *sélam* (lever) avait lieu. Là, quelques malheureux musiciens persans soufflaient à outrance dans des trompettes énormes, frappaient à tour de bras sur des timbales et grinçaient de la cornemuse, et cela sans frein, sans mesure, sans aucun ton appréciable : véritable charivari grotesque et barbare. Chaque matin au lever du soleil et chaque soir à son coucher l'astre resplendissant est salué par le même concert, exécuté à la même place par les mêmes artistes. Ce qui m'étonne, c'est que le schah, qui paraît un homme de goût, puisse supporter une pareille chose avec cette patience.

Vers la fin de janvier, Mirza-Baba, le médecin du roi, vint me prévenir de la part de Sa Majesté qu'elle était prête à poser de nouveau. Bien que je ne fusse pas tout à fait content de son portrait à l'aquarelle que je venais de terminer, je chargeai le docteur de le présenter.

Deux jours après, il revint, accompagné cette fois de Mirza-Ali, fils du ministre des affaires étrangères, et m'annonça que Sa Majesté désirait que je fisse le portrait de son fils âgé de quatre ans, mais sans précipitation et en me conformant exactement à la mesure qu'elle avait tracée elle-même, probablement pour utiliser quelque vieux cadre qui se trouvait vide au palais. Le lendemain était le jour indiqué pour la séance. Mirza-Ali me dit en confidence et en français que le schah, ayant trouvé son portrait peu ressemblant, m'attendait le surlendemain pour faire un nouveau croquis de lui; mais le plaisir qu'aurait dû me faire cette invitation fut un peu gâté par l'inquiétude que me donnait le mauvais succès de mes premières tentatives.

Il avait été convenu que le docteur Mirza - Baba m'accompagnerait chez le fils cadet du schah. Le lendemain donc, je me rendis chez ce médecin, suivi de mes domestiques, comme c'est la coutume; mais, à mon grand étonnement, on les consigna à l'entrée de la cour. J'eus bientôt le mot de l'énigme, en apercevant le docteur entouré de ses femmes, qui étaient fort jeunes et fort jolies, et ne parurent nullement effarouchées; car, tandis que le bon médecin me serrait affectueusement la main, elles se retirèrent lentement de différents côtés et allèrent se placer sous des portes, pour se conformer à l'usage, mais de manière à voir et à être vues.

Les Persanes et surtout les Schiraziennes sont très-basanées, avec des cheveux noirs et touffus, toujours teints de henné ainsi que leurs mains et leurs pieds nus. Elles se tracent autour des yeux, à la racine des cils, une ligne noire ou bleuâtre avec du surmé. Leurs traits ont un cachet particulier qu'il est difficile de décrire, et dans lequel il me paraît que se mêle un peu le type mongol. Ces femmes sont très-bien faites, élancées et pleines de grâce dans leurs mouvements. Elles portent une chemise rouge ou bleue, d'ordinaire en gaze transparente, — *pirahèn* en persan, — un large pantalon, — *schalvar* en turc et *zirdjamè* en persan, — et une jaquette fort étroite, — *alkhalokh* en persan et *beschmet* en turc, — tenant à peine sur les épaules et collant à la taille et sur les bras, mais laissant la poitrine et l'estomac à découvert. Elles ont les épaules si serrées dans cette veste qu'elles sont forcées de les tenir en arrière et de se cambrer, ce qui m'a paru ajouter du charme à leur maintien. Leur langage sonore et doux est plein de grâce. L'usage fréquent du calian n'altère pas la fraîcheur de leur bouche. Les Persanes ont les dents d'une extrême blancheur et les lèvres d'un vif incarnat.

Mais je reviens à ma visite chez le médecin. Nous nous assîmes à terre, je remerciai l'aimable docteur du plaisir qu'il venait de me procurer d'entrevoir des dames persanes; mais il ne fit pas semblant de m'entendre et ordonna à deux petits garçons d'apporter le calian et le déjeuner. Le repas, fort modeste, consistait en un plat de riz à l'eau, — *tschelov*, — un ragoût de courges et une soupe de mouton, etc. Après le déjeuner, le docteur tira d'une niche une cuiller en bois artistement travaillée, qu'il me pria d'ajouter à ma collection d'objets persans; puis il appela une jeune fille de petite taille, mais très-fraîche et très-jolie, vêtue simplement d'un alkhalokh et d'un schalvar, et prenant de sa main un bonnet de cachemire bleu brodé de soie blanche, il me le donna disant que sa fille m'en faisait hommage.

En sortant, et au moment de monter à cheval, nous fûmes entourés par une foule de malades, hommes, femmes, mendiants, derviches, et dans le nombre, — chose assez rare, — une femme derviche, auxquels Mirza-Baba distribua généreusement des conseils et des recettes. Nous nous dirigeâmes ensuite vers le palais, où nous trouvâmes le petit Mirza-Naïbi-Saltana paré de grosses pierres pré-

cieuses et adossé à d'énormes coussins. Cet enfant flegma-
tique essaya, pendant la séance, de griffonner quelque
chose sur du papier, et pria à plusieurs reprises son gouverneur de lui dessiner une perdrix. Le lendemain de
grand matin, je retournai prendre une seconde séance;
cette fois j'étais en uniforme, car je devais paraître
devant le schah. Tout en dessinant et en fumant un
calian après l'autre, j'attendais les ordres de Sa Majesté;
mais il y eut vraisemblablement inexactitude dans leur
exécution, car l'heure était fort avancée lorsqu'on vint
en hâte me chercher de sa part. Emportant avec moi
tout mon bagage d'artiste, sans oublier le portrait du
jeune prince, je me rendis à la cour d'attente, près de
l'appartement royal. Quelques généraux en nouveau
costume et un vieil eunuque blanc d'un aspect abominable attendaient le schah, qui, après m'avoir demandé
à plusieurs reprises, venait, me dit-on, de se rendre à la
prière. Quoique désolé de ce contre-temps, je ne laissai
pas que de me placer de manière à être aperçu du prince,
afin qu'il ne doutât point que je né me fusse rendu à
ses ordres. Mohammed-Schah parut bientôt dans un costume demi-moderne, très-disgracieux et très-laid. Sa
grosse tête, sa démarche incertaine, causée par une goutte
invétérée, qui provenait, m'a-t-on dit, de sa grand'mère,
et qui le tourmentait sans cesse, quoiqu'il n'eût encore
que trente-trois ans, enfin une obésité gênante et la dif-
formité d'un de ses pieds, qui l'oblige à boiter, contribuaient à lui donner un aspect triste et peu agréable. Sa
figure, visiblement soucieuse en sortant, prit son expression habituelle de bonté dès qu'il m'aperçut, et, la politesse dominant en lui la souffrance, il se tourna vers

moi d'un air riant : « *Gaidj oldy*, il s'est fait tard, » me dit-il en langue turque ; « il faudra remettre notre séance à un autre jour ; » puis il s'informa de ma santé et continua son chemin, en recommandant à ses gens de me porter du sucre et un *djeïran*, espèce de cerf.

J'avais chargé un employé persan de remettre au schah le portrait du petit prince ; mais il était trop préoccupé de sa marche pénible pour l'examiner. Il se contenta d'ordonner qu'on le laissât au palais, et ayant grimpé sur un cheval rohan de race turcomane, ressemblant à un mulet, et dont la tête supportait un plumet, emblème de la royauté, il s'éloigna lentement au son de ses deux musiques. Devant lui allaient ses coureurs bizarrement accoutrés de bonnets à plumes et d'habits parsemés de pièces de monnaie d'or et d'argent, symbole peut-être de la richesse de la cour de Perse.

Je me mis en route à mon tour, suivi de domestiques du schah, dont les uns, munis d'un immense plateau, portaient triomphalement plusieurs pains de sucre, tandis que d'autres tenaient, non sans peine, le djeïran et une certaine quantité de perdrix. Je leur fis remettre une récompense de 8 toumans, à peu près 100 francs, qu'ils reçurent, selon l'usage du pays, d'un air fort révolté et exigeant beaucoup plus, mais sans succès.

En rentrant chez moi, j'y trouvai un marchand arménien un peu moins coquin que ses confrères persans. Il m'apportait un sipèhr (bouclier) en acier d'un joli travail, orné d'inscriptions et d'arabesques incrustées en or qu'il me dit appartenir au prince Mohammed-Véli-Mirza, et dont il me demanda une somme que je comptai sans hésiter. C'était 36 toumans. Ce n'était pas cher.

Ce Mohammed-Véli-Mirza, un des nombreux fils de Feth-Ali-Schah, avait été, si je ne me trompe, gouverneur de Schiraz. Sa réputation dans ce pays, ainsi que celle de son frère Keïkhobade-Mirza, et enfin de presque tous ses frères, était tellement établie, que l'Arménien me pria de ne point considérer le marché comme définitif, jusqu'à ce qu'il eût remis la somme entre les mains du prince, de crainte qu'il ne vînt à se dédire.

« Vous savez, me dit-il, que ces *schahzadès* ne s'en font aucun scrupule, qu'ils sont tous *tamamkharab*, c'est-à-dire des gens tarés, » *kharab* signifiant précisément une chose mauvaise, gâtée, en ruine.

Heureusement, toutefois, les craintes du prudent Arménien ne se réalisèrent pas. Mohammed-Véli-Mirza se contenta, par miracle, du prix qu'il avait d'abord demandé, et le sipèhr vint enrichir ma collection.

Quelques jours après, je reçus une députation du prince Keïkhobade-Mirza, qui m'apportait un bouclier semblable en cadeau de sa part. Pénétré de reconnaissance, je m'empressai de me rendre chez ce généreux seigneur. Je trouvai la pauvreté dans son habitation. Son air était noble et distingué, sa figure très-belle, quoiqu'il louchât. Le portrait de son royal père, feu Feth-Ali-Schah, se trouvait dans la chambre, et il y avait une ressemblance assez frappante entre le père et le fils. Le portrait en pied de mon aimable hôte y était aussi, dans le costume d'apparat des princes du sang et tenant un bouclier. Keïkhobade-Mirza, qui me faisait un accueil gracieux et cordial dont j'étais touché, surtout à cause de la pauvreté qui régnait chez lui, m'indiqua ce dernier portrait en me disant que du temps de son père, comme je pouvais le voir, il était son *sélictar*, porteur du bouclier royal, et qu’alors il se trouvait dans une position brillante, mais que maintenant je le voyais déchu; qu’il m’avait envoyé le bouclier dont il avait hérité et qui était représenté dans ce tableau, sachant que je cherchais des armes au bazar. Je me confondis en remercîments, quoique cela dénote en Perse un homme de peu d’importance, et que mon valet de chambre persan qui m’accompagnait me fit des signes pour m’arrêter. « C’est une bagatelle, me dit le prince, et j’espère trouver quelques autres objets plus dignes de vous, car mon seul désir est de vous être agréable. »

Le lendemain, arriva de sa part son nazir, intendant, pour me demander trois cents toumans, — trois mille six cents francs, — et comme je ne m’empressai pas de les donner, il fit reprendre son bouclier.

Un jour il vint me voir, et demanda pourquoi je le lui avais rendu. « Mais vous l’avez envoyé reprendre par votre nazir, » lui répondis-je. « Mon nazir est un menteur et un coquin, » me dit-il en sa présence, tandis que l’autre souriait d’un air ambigu. « Donnez-moi cent toumans, » continua-t-il, « et je vous renverrai le bouclier, qui est à vous, du reste; je vous ai prié de l’accepter, comme tout ce que je possède. » L’affaire en resta là.

Jusqu’ici, du moins, Téhéran avait eu pour moi le mérite d’une température sereine, d’un air doux, d’un ciel presque toujours pur; la neige vint m’enlever cette dernière illusion. Pendant plusieurs semaines Téhéran, ses plaines, ses vallées et ses montagnes furent ensevelies sous un épais linceul blanc. Les rues étaient à peine praticables en ville, et la plus petite excursion au dehors un projet téméraire [1]. Les journées, déjà si longues auparavant, me parurent dès lors interminables. — Que serais-je devenu pendant cet hiver, si je n'avais eu pour ressource la société aimable, la conversation spirituelle et vive de M. Ivanovski, un attaché de notre ambassade en Perse, avec lequel je me liai et passai mon temps! Puis enfin le dégel arriva, et tout le pays, submergé pendant la débâcle, redevint praticable.

L'ennui et le désenchantement, qui s'étaient emparés de moi pendant ces longs jours d'inaction forcée, m'avaient fait soupirer après mon retour en Russie. Je résolus de quitter Téhéran au commencement de février, de parcourir en vingt jours l'espace qui sépare cette capitale de Tauris, et de m'arrêter deux semaines dans cette ville, afin d'arriver à Tiflis au commencement du mois d'avril. J'espérais qu'à cette époque la route du Caucase serait praticable; presque décidé, dans le cas contraire, à laisser ma voiture en route et à me contenter des ressources de la poste. Je n'avais pas négligé de porter en ligne de compte une petite quarantaine de huit jours entre Tauris et Tiflis, au bord de l'Arass (Arax), ce triste fleuve qui fait rêver au Styx, et dont le lit s'étend au milieu d'une plaine aride et pierreuse.

---

[1] Même par le beau temps, les chemins sont fort mauvais partout. Le terrain de la Perse a cela de particulier qu'il est tout perforé de trous pareils à des trappes, où la jambe des chevaux se brise comme du verre, ainsi qu'il arriva devant moi à un charmant jeune étalon qui piaffait gaiement. On comprend, quand on les voit, l'histoire de ce roi de l'antiquité, Bahram-Gour, qui, poursuivant l'onagre avec passion, disparut soudain dans un de ces trous, lui et son cheval, sans qu'on ait jamais pu les retrouver.

Le 31 janvier, je me rendis une dernière fois au palais, pour dessiner encore un portrait du schah et prendre congé de lui. Sa Majesté me combla de prévenances, de compliments et de paroles flatteuses, puis, se faisant apporter mes dessins, elle m'engagea à les corriger d'après nature. Je m'établis devant le schah et modifiai, tant bien que mal, les parties qu'il trouvait défectueuses. Je fis moi-même remarquer au souverain que je lui avais fait les cheveux trop longs, et que ce défaut ne pouvait malheureusement pas être corrigé; mais il répondit que cela était de peu d'importance, et parut poliment être enchanté de mon travail.

Je profitai de sa complaisance pour le prier de vouloir bien poser encore, afin de faire l'essai d'un nouveau croquis au crayon. Il se prêta à cette fantaisie avec une grâce charmante et prit les attitudes que je désirais. Il m'offrit d'abord de poser de profil; mais comme je lui objectais que ce serait moins intéressant : « Bien, bien, me répondit-il, comme vous voudrez; vous vous y entendez mieux que moi. » Et il se remit à causer avec les courtisans rangés à l'autre bout de la chambre, en faisant, comme la première fois, selon les règles de la politesse persane, et en langue turque, mon éloge dans les termes les plus exagérés; — faisant remarquer, entre autres choses, qu'il était bien difficile de faire exactement la ressemblance avec autant de vitesse; — probablement pour me rassurer en voyant que je me pressais beaucoup, et afin de me mettre à mon aise. Toutes réflexions auxquelles les courtisans se contentaient toujours de répondre : « *Béli, béli,* oui, oui, » d'un ton monotone et sans expression.

Le schah parut très-surpris en apprenant que je devais partir de Téhéran le lendemain ou le surlendemain. Il s'informa des motifs qui m'avaient décidé à quitter sitôt la Perse. Je répondis que j'étais pressé de rejoindre ma famille et mes amis pour leur faire part de toutes les bontés dont m'avait comblé Sa Majesté. — A ces deux derniers mots, l'interprète substitua le *centre du monde.* — J'ajoutai que j'avais conçu le projet de revenir à Téhéran l'année suivante avec mon frère, ce qui, comme de raison, parut faire beaucoup de plaisir au prince. « Revenez vite, me dit-il, vous serez les très-bien venus à ma cour. » S'adressant ensuite à Mirza-Massoud, son ministre des affaires étrangères, qui m'avait accompagné : « J'ai beaucoup connu de Francs, dit-il, mais aucun ne m'a jamais plu autant que celui-ci. » Cette phrase, il est vrai, perd un peu son effet, quand on sait que le bon prince la répète immanquablement à tous les étrangers qui se présentent. Puis il demanda au ministre des affaires étrangères si les cadeaux qu'il m'avait destinés étaient prêts, en recommandant qu'ils ne valussent pas moins de trois cents toumans. Je pris alors congé de Sa Majesté en me retirant le plus à reculons qu'il me fut possible, tandis qu'elle m'accompagnait de son sourire et de ses paroles bienveillantes.

Le lendemain, en me rendant à l'ambassade russe, je rencontrai quatre domestiques du roi qui conduisaient lentement et cérémonieusement un grand cheval boiteux de poil bai. Avant qu'on m'eût abordé pour me le dire, je devinai qu'il m'était destiné. Je n'avais pas encore eu le temps de prendre un air de circonstance, lorsque mon palefrenier, qui marchait près de mon cheval, se mit à injurier les gens du schah dans les termes les plus vifs, en refusant d'admettre une pareille rosse dans mon écurie. Malgré mon opposition à une action aussi grossière et mes exclamations en mauvais turc, les Persans retournèrent aux écuries du palais, où ils choisirent un autre cheval, et ils me l'amenèrent directement à l'ambassade. Mon palefrenier n'était pas plus disposé à recevoir celui-ci que le premier, non plus qu'à écouter mes observations et celles d'un drogman de l'ambassade que j'avais appelé à mon secours pour déclarer que j'acceptais le présent royal avec respect; tout était vain, la discussion allait toujours son train; mon écuyer voulait faire son devoir malgré moi-même, ne s'interrompant que pour me faire entendre qu'il agissait dans mes intérêts; et les domestiques du schah, interdits des observations d'un serviteur si dévoué, s'en retournèrent encore une fois avec leur cheval pour en référer au premier ministre, qui jugerait dans sa haute sagesse si l'animal était digne ou non de m'être offert. Un mélange de finesse et d'astuce avec une naïveté souvent enfantine m'a paru remarquable dans le caractère des Persans.

Hadji-Mirza-Agassi trouva que le coursier n'était pas dénué de·valeur, et me fit prier de leur pardonner si, dans le moment, on ne pouvait m'en offrir un meilleur, ajoutant qu'à mon retour en Perse on m'en ferait donner un superbe Je reçus en outre, de la part de Sa Majesté, deux très-jolis châles, évalués 1000 roubles, et l'ordre du Soleil, enrichi de diamants, avec le firman officiel.

Ce fut le 3 février, à midi, que je quittai Téhéran, après avoir pris congé du digne colonel Du Hamel, et suivi de cinq domestiques, montés sur des chevaux de louage et en conduisant deux autres à la main. L'un, présent du roi, était blanc et avait la queue peinte en rouge ; l'autre, acheté par moi 1,200 francs, était de la race turcomane qu'on nomme *téké* ; c'était un étalon bai, sans crinière, fort beau et grand, mais un peu vieux [1]. Je ne me rappelle pas très-bien quel était le cheval que je montais moi-même ce jour-là. Si je ne me trompe, c'était un cheval *yabou*, c'est-à-dire sans race, dont un seigneur persan de mes amis m'avait fait cadeau, bien malgré moi, car je l'avais renvoyé trois fois à son écurie, et pour lequel il m'avait, en définitive, extorqué quinze toumans, deux fois son prix.

Il tombait un peu de pluie, accompagnée d'une neige très-fine. La marche était pénible, car souvent le chemin disparaissait, et il fallait traverser au hasard des gués et des ponts étroits, sans garde-fous, et élevés au-dessus de ravins profonds.

C'est ainsi que nous cheminions vers Souléïmanièh, où nous arrivâmes sans accident et d'où nous repartîmes le lendemain.

Trois jours après j'étais à Gazbine, installé dans la

[1] J'amenai ce *téké*, nommé Latchine, à Pétersbourg, où il fut très-admiré, et, plus tard, il reproduisit sa race dans un de nos haras. Cet étalon, d'une beauté remarquable, avait été fameux en Perse dans son jeune âge, et à six ans, il avait été acheté, pour les écuries du roi de Perse, 600 toumans (7,200 francs), ce qui est un prix énorme dans le pays. C'était un plaisir de voyager sur cet aimable animal, car il galopait de son plein gré du matin jusqu'au soir avec une vivacité toujours renaissante. On parcourait ainsi des distances considérables, et il était très-doux en Perse, où l'on ne fait généralement usage que d'étalons ; mais arrivé en Russie, où l'on se sert de juments, il fut intraitable.

maison d'un certain Schérif-Khan, et traité, en son absence, par ses quatre fils, tous habillés de même, et dont le plus âgé n'avait pas onze ans.

Au milieu des ruines de cette ville, car presque toutes les villes persanes sont d'abominables ruines de murailles de boue, c'était une bonne fortune de trouver une chambre et une cheminée. L'un des murs de la pièce dans laquelle on me conduisit était en verres de couleur de très-petite dimension et entremêlés régulièrement de petits carreaux en bois, car le verre est rare et coûteux en Perse. Toutefois, comme la plupart de ces vitraux étaient brisés et que le vent s'engouffrait dans les trous et les fissures, malgré le feu de la cheminée, j'étais à demi gelé et presque étouffé par la fumée. On mit fin à ce supplice en bouchant les trous et en clouant des feutres sur les portes.

Conduits par une espèce de domestique qui remplissait près d'eux les fonctions de gouverneur, les enfants de la maison vinrent me faire une visite et s'assirent par terre. Le second, âgé de dix ans, qui devait à la noblesse de sa mère d'être héritier des titres et biens paternels, s'informa en entrant de l'état de ma santé; et comme je lui demandais s'il était de bonne humeur, il me répondit d'un petit air très-guindé qu'en ma présence tout le monde devait être satisfait. Je lui offris ensuite des brioches, en le priant de me dire s'il les trouvait de son goût. « Tout ce que vous offrez est très-bon, dit-il, » tout ce que vous mangez ne peut être qu'excellent. » J'avais un bonnet sur la tête, un autre était posé sur la table. Je l'interrogeai sur la valeur qu'il attribuait à ces objets et sur celui des deux auquel il aurait donné la préférence. « Tous les deux sont superbes, répondit-il, mais celui que vous préférez est certainement le meilleur. »

Après un échantillon aussi piquant de la civilité du pays, on conçoit que je ne fus pas fâché de mettre un terme à la conférence en me débarrassant de cet enfant si bien élevé. J'eus soin toutefois d'envoyer une tasse de thé à sa mère, que le gouverneur m'avait dit être jeune et jolie, et qui habitait la même maison avec trois autres femmes de Schérif-Khan, et elle le trouva tellement de son goût, qu'elle m'en fit demander une livre.

De Gazbine à Siadohoun, le trajet ne fut pas fort long. J'en partis dans un costume qui semblait défier les frimas.

J'éprouvai bientôt que ces précautions loin d'être superflues n'étaient pas même suffisantes. En effet, comme à mesure que nous avancions le terrain allait toujours en s'élevant, le froid devenait d'heure en heure plus intense. N'ayant auprès de moi qu'un seul domestique arménien, le palefrenier, et séparé de mes bagages, j'étais transi, et nulle habitation, où je pusse trouver un abri, ne s'offrait à ma vue. A la fin un voyageur m'indiqua une chaumière. J'y courus sans m'arrêter. Les habitants me reçurent à merveille. On s'empressa autour de moi, on alluma du feu, on m'apprêta un calian et du lait chaud. Une heure après ma suite m'avait rejoint; et m'étant restauré et réchauffé, après avoir bien récompensé l'hospitalité de ces bonnes gens, je me remis en marche, accompagné du voyageur qui m'avait indiqué cette cabane, et qui suivait le même chemin que moi.

Il ne me restait qu'un *farsakh* et demi à parcourir pour atteindre le village où mon mihmandar devait m'avoir préparé un logement pour la nuit. Ce village, appelé Khourroumdéré, situé dans un bas-fond, et couronné d'arbres à la séve riche et puissante, est l'un des plus pittoresques de ces contrées. Au milieu d'un désert de neige, j'y tombai tout d'un coup par un ravin inaperçu, et je me trouvai dans une longue rue ombragée d'arbres. La vallée verdoyante que ce village occupe est tellement étroite, que je devrais plutôt l'appeler une fente du terrain, et elle est protégée contre tous les vents au milieu de cette plaine élevée où il fait un froid de loup. Les habitants, du moins, aimaient à se le persuader; car dans la maison où je m'installai les portes des chambres étaient à peine jointes, et des trous pratiqués dans les murs y remplaçaient les fenêtres; de sorte que, malgré un grand feu flambant dans la cheminée, malgré les feutres avec lesquels on avait essayé de boucher les trous, malgré mon excellente pelisse, je ne pus me garantir ni du vent ni du froid. Les bougies s'éteignaient, et la fumée remplissait la chambre.

Les maîtres de la maison étalèrent devant moi des raisins excellents et des noix, et le moins âgé des paysans me demanda d'un air inquiet et embarrassé, — car il croyait commettre un grand crime, — s'il fallait m'apporter du vin. Je lui répondis affirmativement, et lui remis une bouteille vide dans laquelle on me servit une sorte de liqueur rouge assez mauvaise, et qui n'avait pas le moindre rapport avec le vin.

Le lendemain, je reçus la fâcheuse nouvelle qu'il était impossible de continuer notre voyage, le vent étant devenu tout à coup si violent et la neige si abondante, que tout vestige de chemin frayé avait disparu. Ce contre-temps m'inspira une grande résolution. Je me décidai à abandonner ma suite, mes chevaux et mes bagages, et à faire le reste de la route en *tschapar*, c'est-à-dire en courrier sur des chevaux de poste, de concert avec l'un de mes domestiques, mon écuyer arménien, le meilleur, le plus alerte, le plus intelligent de ceux que j'eusse à mon service, en fait de gens du pays. En quatre jours je pouvais être rendu de la sorte à Tauris, au lieu de quinze et plus qu'il m'en faudrait en allant du train ordinaire avec mon attirail de marche. Je n'ai pas dit qu'ayant trouvé des difficultés très-grandes pour faire passer en Perse les équipages à roues, j'avais laissé ma voiture à Tauris, dans l'espoir d'y retrouver des cochers et des chevaux à louer jusqu'à Tiflis, où commence la poste d'attelage. Mais les peines que j'eus à traverser le Caucase en hiver sont inimaginables. Pour des trajets qu'on fait en une heure l'été, il fallait souvent une journée entière. Ma dormeuse, traînée par dix ou douze chevaux et quelques paires de bœufs, et soutenue par trente et quarante hommes, courait à tout instant le risque d'être précipitée dans les abîmes. Moi-même j'allais dans un tout étroit et bas traîneau en écorce d'arbre, tiré par six chevaux, mes jambes traçant un sillon sur la neige, où les chevaux s'enfonçaient, qui s'effondrait même sous mon frêle équipage, et où je sautais parfois jusqu'aux genoux, y cheminant avec peine, lorsqu'il y avait chance d'être précipité dans quelque gouffre. Ajoutez à cela que depuis Tiflis j'avais pour compagnon de voyage un homme fort aimable et distingué, mais qui ne faisait que me parler de son projet arrêté de se suicider bientôt, en me montrant certains pistolets très-longs qu'il s'était fait faire tout exprès dans cette intention. Tel était son dégoût de vivre, qu'il contemplait avec envie les abîmes béants. C'était un jeune homme de trente et un ans, plein de santé, de vigueur, d'activité, de courage et d'esprit; mais, étrange phénomène de notre nature toujours si mystérieuse! rongé d'un désespoir incessant.

Nous préférâmes bientôt voyager à cheval, sur des chevaux de Cosaques de la ligne; mais mon compagnon, trouvant que j'allais trop lentement au gré de son impatience, ne tarda pas à prendre congé de moi et partit en telègue, malgré un bras démis dans une de nos culbutes en traîneau. Plus tard, peu de semaines après, j'eus la douleur de trouver un jour cet homme sans vie, et, comme il me l'avait prédit, avec un trou noir à chacune de ses tempes. Il était encore assis sur son lit et tenait dans sa main l'un des deux pistolets que je connaissais. Combien ne l'avais-je pas prié de combattre son idée fatale! Mais les passions sont implacables. Une nuit donc il avait satisfait sa soif inextinguible de la mort. Je trouvai l'autre pistolet sur une chaise, de même que son modeste petit narguilé de voyage. Je me rappelai que, dans les moments où son âme était plus oppressée, il trouvait un peu de soulagement à aspirer profondément le toumbak. Le chagrin que j'éprouvais ne me permit pas de penser dans le moment à prendre possession de ce triste objet, ce qui, je crois, aurait été facile à obtenir. Mais à quoi bon aussi avoir un souvenir si pénible? Le malheureux était revêtu de sa robe de chambre boukhare à flammes rouges et blanches. Son noble visage était très-pâle et exprimait un calme dédain. On n'y voyait aucune contraction. — Son uniforme cosaque était là soigneusement plié, car il en avait un grand soin et était strict pour sa tenue. Son alkhalokh afghan était accroché au mur. Ses papiers avaient été brûlés. Quelques jours avant cet événement, je l'avais rencontré pour la dernière fois au théâtre, à la représentation de *la Norma*, qu'il m'eut l'air d'écouter avidement comme pour essayer de se rattacher aux plaisirs de la vie. Cependant au sortir, dans le foyer, je vis encore plus de mélancolie que de coutume sur ses traits, quoique sa haute taille fût toujours soigneusement serrée comme à l'ordinaire, et que j'eusse même fait la remarque que je ne l'avais pas encore vu aussi élégant que ce jour-là. « J'espère, » lui dis-je, « que vous avez abandonné votre fatal projet. — Non, » répondit-il, « je suis toujours fermement décidé à l'exécuter, mais j'ai encore quelques affaires qui me retiennent. » Là-dessus, un jour qu'il faisait très-beau, quoique certain de le déranger, mais voulant faire violence à sa tristesse, j'allai chez lui pour l'entraîner au Jardin d'Été. Je trouvai sa modeste chambre fermée, et ce ne fut qu'après avoir vainement frappé pendant longtemps, que je me déterminai à chercher du monde pour enfoncer la porte, je ne dirai pas avec le pressentiment, mais avec la presque certitude du spectacle qui s'offrit à moi.

Le 11 février, je laissai donc mon Allemand, mon Russe, mes Persans, mes chevaux, mes bagages et les mulets que j'avais loués à Gazbine, attendre sans moi le retour du beau temps pour traverser les hautes plaines de Soultanièh, et je commençai de grand matin, par une neige épaisse et un vent glacial, mon voyage aventureux. A une heure de l'après-midi, j'avais franchi les six farsakhs ou agatschs[1], qui me séparaient de Soultanièh, le lieu le plus élevé et le plus froid de toute la Perse en fait de plaines, — car il faut en excepter les pics des montagnes, — et l'un des séjours de plaisance du schah pendant les chaleurs. J'entrai dans une écurie où l'on ne tarda pas à m'apporter un calian, du lait caillé et du pain bis. Après m'être quelque temps entretenu avec les habitants, tous, jeunes et vieux, très-empressés à me servir, je repartis pour Zendjan, où j'arrivai fort avant dans la nuit, ayant parcouru au galop une distance un peu plus longue que celle du matin, et m'étant un peu égaré, en outre, grâce aux neiges qui couvraient les sentiers. J'étais même plusieurs fois tombé avec mon cheval. J'étais si horriblement fatigué, que les gens de la poste durent venir au-devant de moi pour me soutenir et m'aider à monter sur une sorte de plateforme située dans l'écurie et chauffée par une cheminée, où les hommes se tiennent habituellement. L'odeur des chevaux et celle de la fumée y sont d'excellents préservatifs contre la propagation des insectes, et je pus y dormir paisiblement sans en être inquiété.

Le 12, j'atteignis Miana. Je continuai ensuite ma route vers Tourkmantschaï, dont le maître de poste, aimable vieillard, m'offrit un excellent déjeuner préparé par ses femmes. Cette course rapide, ce voyage à vol d'oiseau, à travers de pauvres villages et des vallées

---

[1] Farsakh est le mot persan et agatsch le mot turc pour la même distance, environ sept kilomètres.

toutes blanches de neige, les accidents imprévus, les nuits passées dans des écuries et des gîtes abominables, cette privation des commodités les plus ordinaires de la vie, avaient cependant pour moi des charmes singuliers; et quand j'arrivai le 13 à Tauris, chez notre digne consul M. Anitschkoff, qui me reçut avec une cordialité parfaite, je ne pus que m'applaudir du parti que j'avais pris pour atteindre aussi promptement l'un des buts de mon voyage. Cependant je ressentis pendant quinze jours de la fatigue dans les os. Mais, en récompense, ce voyage forcé de quatre jours me guérit tout à fait de certains rhumatismes à la tête dont j'avais constamment souffert depuis mon enfance.

Sur les confins de la Perse et de la Russie, au bord de l'Arax, est la quarantaine de Djulfa, dont le directeur à cette époque était assez enclin à boire, et ce goût un peu trop prononcé lui faisait souvent commettre dans son service des fautes qui lui valaient des réprimandes sévères de la part de son chef immédiat, notre consul à Tauris. Si j'en parle avec cette liberté, c'est que le pauvre homme n'a plus aujourd'hui à rendre compte qu'à Dieu de ses peccadilles en ce monde.

Un jour, je trouvai notre consul fort en colère de ce que son subordonné lui avait envoyé un poisson, ce qui est une rareté en Perse. Lui ayant témoigné ma surprise de son indignation pour une chose si peu grave, « Comment, » me dit-il, en me montrant l'objet de sa colère que la poste venait d'apporter, « cet homme, que je tolère à peine, se permet de m'envoyer un poisson dans l'espoir que son présent pourra m'engager à fermer les yeux sur sa conduite ! Non, je ne le souffrirai pas! » Et malgré mes observations, prenant la chose au sérieux, il renvoya le poisson.

Ce qui donnait du comique à la scène, c'est que ce poisson tentateur — que je n'aurai pas l'indiscrétion de nommer — par une coïncidence bizarre s'appelait précisément comme celui qui avait voulu en faire un instrument de corruption.

Quelques jours après cette conversation, j'arrivais à Djulfa, mal résigné à y subir ma quarantaine. Ayant demandé à voir le directeur, on me répondit qu'il n'était pas visible, qu'il était malade et prenait un bain de vapeur, que lorsqu'il en sortirait il viendrait me parler. Et comme j'insistais, je finis par savoir que c'était pour se dégriser et être en état de paraître devant moi qu'il s'était mis dans ce bain de vapeur.

Cette explication ne me consola pas. C'était une perte de temps qui, vraisemblablement, ne me compterait pas pour ma quarantaine. Tout en faisant cette réflexion pénible, je jetai un regard ennuyé autour de moi. Quelle désolation! sur les bords gris et arides de l'Arax il n'y avait que trois baraques, couleur de boue; l'une était la maison du directeur, l'autre son harem et la troisième son bain. Où donc allait-on me faire subir la quarantaine?

La réponse à cette question m'arriva en la personne d'un employé subalterne qui m'introduisit dans un souterrain sombre et étouffant. C'était le meilleur logement qu'on eût à m'offrir. Mon cœur se serra. Je me hâtai de revenir au grand air, et ce ne fut qu'alors que je remarquai des marchandises entassées, et quelques malheureux Arméniens décharnés et à l'air consterné, qui avaient surgi de dessous terre, ou qui m'avaient été cachés par quelque accident de ce terrain crevassé, et qui, voyant arriver de nouveaux compagnons d'infortune, avaient lentement secoué leur torpeur pour se traîner jusqu'à nous.

Qu'on juge de mon effroi, lorsque j'appris qu'ils languissaient là depuis vingt jours, et qu'il leur en restait encore autant à y languir !

Une demi-heure s'était passée, et les employés avaient un air d'inquiétude que je ne m'expliquais pas, mais que je n'étais que trop disposé à partager, lorsque je vis apparaître un gros homme rouge en uniforme, les cheveux ébouriffés, qui, d'un pas mal assuré, mais rapide, s'avançait évidemment vers moi. Il n'y avait pas à s'y méprendre, c'était le directeur de ce purgatoire; j'allais entendre prononcer mon arrêt. — Et quel arrêt ! — Il n'avait pas de quoi me loger !... Au moment où je frémissais à l'idée d'être obligé de rentrer sous terre où de dormir à la belle étoile, mon homme, avec beaucoup d'embarras et d'excuses sur le manque absolu d'emplacement pour me recevoir comme il aurait voulu, me proposa, d'une voix timide et en protestant de la sincérité de tous ses regrets, me proposa, dis-je, de ne pas faire de quarantaine, m'assurant que je lui rendrais un vrai service de vouloir bien continuer ma route.

Il paraissait avoir si grand'peur d'un refus, que je ne crus pas devoir insister, et je m'empressai de lui donner la satisfaction dont il osait à peine concevoir l'espérance.

Plus tard, arrivé à Tiflis, je reçus la nouvelle qu'il était mort peu de jours après mon passage. Je me félicitai d'autant plus de m'être rendu à ses désirs. Si je les avais contrariés, je me serais peut-être accusé d'avoir contribué à abréger ses jours.

De Tauris à Tiflis je n'allai plus si vite, et partout la neige me présenta des obstacles. Tiflis me parut un paradis que je m'empressai pourtant de quitter, à cause du désir poignant qui me poussait à retourner dans mon pays. Je ne reconnus plus le magnifique Caucase que j'avais traversé avec enthousiasme l'automne précédent, tant l'hiver l'avait changé. Ses sombres forêts, ses abîmes sauvages, ses vallées grandioses, tout était plein de neige. Passé les gorges des montagnes, je dus encore aller au pas, à cause d'une escorte d'infanterie qu'il me fallut prendre dans les plaines boisées infestées par les Tscherkess, et jusqu'à Moscou je trouvai les chemins à peine praticables.

FIN.

TABLE DES MATIÈRES.

FIN DE LA TABLE.

EXTRAIT

DU

CATALOGUE DE VICTOR LECOU

10, RUE DU BOULOI, A PARIS.

FORMAT IN-18 ANGLAIS.

PREMIÈRE SÉRIE.

A 3 fr. 50 c. le volume.

PUBLICATIONS NOUVELLES.

BALZAC (H. DE).	Théâtre.	1 vol.
CHAMPFLEURY.	Contes domestiques.	1 vol.
—	Contes de printemps. Les Aventures de mademoiselle Mariette.	1 vol.
—	Contes d'été. Le Trio des Chenizelles, — les Souffrances du professeur Delteil , — les Ragotins.	1 vol.
CASTELLANE (Cte DE).	Souvenirs de la vie militaire en Afrique.	1 vol.
CHAMFORT.	Œuvres.	1 vol.
CLAIRVILLE.	Chansons et Poésies.	1 vol.
CRÉTINEAU JOLY.	Scènes d'Italie et de Vendée.	1 vol.

Contes extraordinaires, par EDGARD ALLAN POE, auteur américain, traduit par CH. BAUDELAIRE (sous presse). 1 vol.

Cet auteur est en même temps le Balzac et l'Hoffmann des États-Unis.

Coureur des Bois (le) ou les Chercheurs d'or, par GABRIEL FERRY (L. DE BELLEMARE). 2 vol.

Costal l'Indien, mœurs mexicaines à l'époque de l'indépendance du Mexique, par GABRIEL FERRY (L. DE BELLEMARE). 1 vol.

Case de l'oncle Tom (la), par Mme BEECHER STOWE, traduction de M. LÉON PILATTE, seconde édition. 1 vol.

Esclave blanc (l'), par HILDRETH, roman américain, traduit par MM. de WAILLY et MORNAND. 1 vol.

DU CAMP (MAXIME).	Le Livre posthume.	1 vol.
DROZ (JOSEPH).	L'Art d'être heureux, 7e édition.	1 vol.
—	Économie politique, 3e édition.	1 vol.
FÉVAL (PAUL).	Les Parvenus.	1 vol.
GÉRARD DE NERVAL.	Les Illuminés, récits et portraits.	1 vol.
—	Lorely, souvenirs d'Allemagne.	1 vol.
GAUTIER (THÉOPHILE).	Un trio de romans.	1 vol.
—	Caprices et Zigzags.	1 vol.
—	Italia, voyage à Venise, Milan, Padoue, etc.	1 vol.
GOZLAN (LÉON).	Mœurs théâtrales.	1 vol.
—	De Neuf heures à Minuit.	1 vol.
—	Contes et Nouvelles. Les Méandres.	1 vol.
G. DE ST-FARGEAU.	Histoire littéraire française et étrangère.	1 vol.
GRESSET.	Œuvres, édition illustrée.	1 vol.
HEINE (HENRI).	Reisebilder, tableaux de voyages.	1 vol.
HOUSSAYE (ARSÈNE).	Galerie de portraits du XVIIIe siècle.	2 vol.
—	Histoire de la peinture française.	1 vol.
—	Philosophes et Comédiennes.	1 vol.
—	Poésies complètes, 3e édition.	1 vol.
—	Les Filles d'Ève.	1 vol.
HUGO (VICTOR).	Œuvres complètes, nouvelle édition, revue et augmentée.	

EN VENTE :

—	Notre-Dame de Paris.	1 vol.
—	Théâtre.	1 vol.
—	Poésies.	1 vol.

Il paraîtra un volume chaque mois.

HOLLARD.	De l'Homme et des Races humaines.	1 vol.
HOMÈRE.	L'Iliade et l'Odyssée, trad. de GIGUET.	1 vol.
KARR (ALPHONSE).	Les Guêpes. Mœurs contemporaines.	4 vol.
—	Romans.	1 vol.
—	Contes et Nouvelles.	1 vol.
—	Clovis Gosselin.	1 vol.
LECLERCQ (THÉODORE).	Proverbes dramatiques, nouvelle édit., augmentée de proverbes inédits, avec préfaces de MM. SAINTE-BEUVE et MÉRIMÉE.	4 vol.

MONTEIL (ALEXIS).	Histoire des Français des divers États, nouvelle édition, revue et augmentée d'une notice sur la vie de l'auteur par M. JULES JANIN.	5 vol.
	Une table analytique a été faite spécialement pour cette édition par M. BRUGUIÈRE.	
MONTAIGNE.	Essais, précédés d'une lettre à M. Villemain, par CHRISTIAN, nouvelle édition.	1 vol.
MÉRY.	Mélodies poétiques.	1 vol.
—	Contes et Nouvelles.	1 vol.
—	Nouvelles nouvelles (sous presse).	1 vol.
MONSELET.	Monsieur de Cupidon. Nouvelles.	1 vol.
MORNAND.	La Vie des eaux, avec notes sur la valeur curative des eaux, par le Dr ROUBAUD.	1 vol.
NODIER (CHARLES).	Histoire du roi de Bohême et de ses sept châteaux, édition illustrée.	1 vol.
D'ORSAY (la comtesse).	L'Ombre du bonheur.	1 vol.
PAULIN LIMAYRAC.	Coups de plume sincères.	1 vol.
PFEFFEL.	Fables et Poésies, traduites en vers par M. PAUL LEHR.	1 vol.
PITRE CHEVALIER.	Les Révolutions d'autrefois.	1 vol.
ROQUEPLAN (NESTOR).	Regain. La Vie parisienne.	1 vol.
SAINTINE.	Récits dans la Tourelle.	1 vol.
Salmis de Nouvelles,	par GAUTIER, MAXIME DUCAMP, etc.	1 vol.
SCUDO.	Critique et littérature musicales.	1 vol.
SOLTYKOFF (le prince).	Voyages dans l'Inde et en Perse (carte).	1 vol.
STAHL (P.-J.).	Contes philosophiques et Études de mœurs (les Hommes et les Bêtes).	1 vol.
Tableau de Paris,	par MERCIER, avec notice sur la vie et les ouvrages de l'auteur, par G. DESNOIRESTERRES.	1 vol.
TOPFFER (R.).	Œuvres, nouvelle édition autorisée par Mme veuve TOPFFER.	
—	Le Presbytère.	1 vol.
—	Les Nouvelles genevoises.	1 vol.
—	Rosa et Gertrude, avec notice de Ste-Beuve.	
—	Réflexions et menus propos d'un peintre genevois, avec notice de Albert Aubert.	1 vol.

Suite de la série à 3 fr. 50 c. le volume.

BASTIAT.	**Harmonies économiques.**	1 vol.
BLANQUI.	**Histoire de l'Économie politique.**	2 vol.
BYRON (lord).	**Œuvres complètes**, édition définitive. Traduction BENJAMIN LAROCHE.	4 vol.
GARNIER.	**Éléments de l'Économie politique.**	1 vol.
LAMARTINE.	**Œuvres.**	8 vol.

Chaque volume se vend séparément :

MÉDITATIONS POÉTIQUES.	2 vol.	LA CHUTE D'UN ANGE.	1 vol.
HARMONIES POÉTIQUES.	1 vol.	RECUEILLEMENTS POÉTIQUES.	1 vol.
JOCELYN.	1 vol.	VOYAGE EN ORIENT.	2 vol.

MOREAU DE JONNÈS.	**Éléments de statistique.**	1 vol.
REYBAUD (LOUIS).	**Études sur les réformateurs socialistes modernes.** (Ouvrage qui a obtenu le grand prix Monthyon.)	2 vol.
SUDRE (ALFRED).	**Histoire du Communisme**, ou Réfutation des utopies socialistes. (Ouvrage qui a obtenu le grand prix Monthyon.)	1 vol.

DEUXIÈME SÉRIE.

A 3 fr. le volume.

BOUILLY (J.-N.).	**Œuvres.** Nouvelle édition, ornée de grav.	8 vol.

LES JEUNES FEMMES.	1 vol.	CONTES AUX ENFANTS DE FRANCE.	1 vol.
CONSEILS A MA FILLE.	1 vol.	CAUSERIES ET NOUVELLES CAUSERIES.	1 vol.
CONTES A MA FILLE.	1 vol.		
CONTES A MES PETITES AMIES.	1 vol.	ENCOURAGEMENTS DE LA JEUNESSE.	1 vol.
CONTES POPULAIRES.	1 vol.		

D'HAUSSONVILLE.	**Histoire de la politique extérieure du gouvernement français, 1830-1848.**	2 vol.
GENOUDE.	**La Raison du Christianisme**, ou preuves de la vérité de la religion. 4e édition, revue et augmentée.	6 vol.
GENLIS (Madame de).	**Mademoiselle de la Vallière.**	1 vol.
DANTE.	**La Divine Comédie**, traduction de PIER-ANGELO FIORENTINO. (Nouvelle édition.)	1 vol.

TROISIÈME SÉRIE.

A 2 fr. le volume.

COLLECTION NOUVELLE.

ŒUVRES COMPLÈTES DE GEORGE SAND.

NOUVELLE ÉDITION REVUE, CORRIGÉE ET AUGMENTÉE DE PRÉFACES NOUVELLES.

Les ouvrages suivants sont en vente. — Il paraît un volume chaque mois.

Valentine. — Cora.		1 vol.
Le Meunier d'Angibault.		1 vol.
Jeanne.		1 vol.
Indiana. — Melchior.		1 vol.
François le Champi. — Les Mosaïstes.		1 vol.
La Mare au Diable. — André. — La Fauvette du Docteur. — Les Noces de campagne.		1 vol.
La Petite Fadette. — La Marquise. — Mouny Robin. — Monsieur Rousset. — Les Sauvages.		1 vol.
Mauprat. — Métella.		1 vol.
Le Compagnon du tour de France.		1 vol.
Le Péché de monsieur Antoine. — Pauline. — L'Orco.		2 vol.
DELESSERT.	**Voyage aux villes maudites (carte).**	1 vol.
FLORIAN.	**Fables, Églogues et Contes en vers.**	1 vol.
LA FONTAINE.	**Fables et Morceaux choisis.**	1 vol.
Le Langage des fleurs, orné de 18 gravures coloriées.		1 vol.
LERNE (E. DE).	**Contes et Nouvelles.**	1 vol.
LAMENNAIS.	**Les Évangiles.**	1 vol.
SAINT AUGUSTIN.	**Les Confessions (avec texte latin).**	1 vol.
La Sainte Bible.	Traduite par M. DE GENOUDE.	2 vol.
LEBLANC D'HACHLUYA.	**Histoire de l'Islamisme.**	1 vol.
MOFRAS (CHARLES).	**Promenades en France, en Suisse,** etc.	1 vol.
HORACE.	**Œuvres complètes,** trad. par GOUPY.	1 vol.
ROBERTSON.	**Histoire de l'Amérique,** traduction SUARD.	2 vol.
—	**Histoire de Charles-Quint,** trad. SUARD.	2 vol.
GENLIS (Mme de).	**Le Siége de la Rochelle.**	1 vol.
SWIFT (S.).	**Voyages de Gulliver,** nouvelle édition.	1 vol.

FORMAT IN-24.

NOUVELLE COLLECTION
DES MORALISTES ANCIENS

Publiée sous la direction de M. Lefèvre.

17 vol. imprimés avec grand luxe, à 1 fr. 50 c.

La collection complète reliée en demi-chagrin, tranche dorée, 45 fr.

MOISE, DAVID, SALOMON, etc. Morale de la Bible.	1 vol.
MANOU, législateur de l'Inde. Ses Lois morales.	1 vol.
ZOROASTRE. Ses Lois morales.	1 vol.
JÉSUS-CHRIST ET SES APOTRES.	2 vol.
MAHOMET. Lois morales, religieuses et civiles.	2 vol.
* SOCRATE. Entretiens mémorables.	2 vol.
* PLATON. Pensées sur la Religion, la Morale et la Politique, traduit du grec par M. VICTOR LE CLERC.	1 vol.
* — Phédon, ou de l'immortalité de l'âme, traduction de DACIER.	1 vol.
* MORALISTES GRECS : Épictète, les sept SAGES DE LA GRÈCE.	1 vol.
MARC-AURÈLE-ANTONIN. Ses Pensées, trad. de DACIER.	2 vol.
CICÉRON. Des Devoirs, traduction de GALLON-LA-BASTIDE.	1 vol.
CONFUCIUS ET MENCIUS, Livres classiques de philosophie morale et politique de la Chine.	1 vol.
CHOU-KING. Le Livre sacré de la Chine.	1 vol.

Chaque volume se vend séparément, excepté ceux marqués d'une *, dont il ne reste que peu d'exemplaires, réservés aux collections complètes.

BIBLIOTHÈQUE DE POCHE.

CURIOSITÉS LITTÉRAIRES.	1 vol.	3 fr.; net 2 fr.
CURIOSITÉS BIBLIOGRAPHIQUES.	1 vol.	3 fr.; net 2 fr.
CURIOSITÉS BIOGRAPHIQUES.	1 vol.	3 fr.; net 2 fr.
CURIOSITÉS DES TRADITIONS.	1 vol.	3 fr.; net 2 fr.

GRAZIELLA,

Par A. DE LAMARTINE. 1 vol. édition diamant.   1 fr.

OUVRAGES ILLUSTRÉS.

NOUVEAUX

VOYAGES EN ZIGZAG

A la Grande Chartreuse, au Mont-Blanc, dans les vallées d'Herenz, de Zermatt, au Grimsel et dans les États sardes.

PAR R. TOPFFER.

Splendidement illustrés de 48 gravures sur bois tirées à part et de 316 sujets dans le texte dessinés d'après les dessins originaux de TOPFFER par MM. CALAME, KARL GIRARDET, D'AUBIGNY, DE BAR, BERTALL, STOPP, GAGNET, VEYRASSAT, et gravés par nos meilleurs artistes. Un splendide volume grand in-8 jésus, imprimé par PLON frères.

Cet ouvrage, entièrement inédit, formera 64 livraisons à 25 centimes. — La première paraîtra le 1er avril prochain.

Prix du volume complet.   16 fr.

MOLIÈRE.

Œuvres complètes, précédées d'une notice sur la vie et les ouvrages de l'auteur, par M. SAINTE-BEUVE, illustrées de 800 dessins par TONY JOHANNOT. Nouvelle édition. 1 magnifique volume grand in-8 jésus, imprimé par PLON frères.   12 fr. 75 c.

HISTOIRE DE LA RESTAURATION.
(1814-1830.)

PAR A. DE LAMARTINE.

Nouvelle édition illustrée de 32 portraits-vignettes gravés sur acier. 8 vol. in-8 cavalier, format des Girondins.   50 fr.

DON QUICHOTTE.

Traduction nouvelle, précédée d'une notice sur la vie et les ouvrages de l'auteur, par LOUIS VIARDOT. Édition revue et corrigée, richement illustrée de 800 dessins par TONY JOHANNOT. 1 vol. grand in-8 jésus, imprimé par PLON frères.   12 fr.

Le Catalogue général sera envoyé franco à toute personne qui en
fera la demande par lettre affranchie.

EXTRAIT

DU

CATALOGUE DE VICTOR LECOU

10, RUE DU BOULOI, A PARIS.

PREMIÈRE PARTIE.

FORMAT IN-18 ANGLAIS.

PREMIÈRE SÉRIE.

A 3 fr. 50 c. le volume.

PUBLICATIONS NOUVELLES.

BALZAC (H. DE).	**Théâtre.**	1 vol.
CHAMPFLEURY.	**Contes domestiques.**	1 vol.
—	**Contes de printemps.** Les Aventures de mademoiselle Mariette.	1 vol.
—	**Contes d'été** (paraîtra en juin).	1 vol.
CASTELLANE (Cte DE).	**Souvenirs de la vie militaire en Afrique.**	1 vol.
CHAMFORT.	**Œuvres.**	1 vol.
CRÉTINEAU JOLY.	**Scènes d'Italie et de Vendée.**	1 vol.

Contes extraordinaires, par EDGARD ALLAN POE, auteur américain, traduit par CH. BAUDELAIRE (sous presse). 1 vol.

  Cet auteur est en même temps le Balzac et l'Hoffmann des États-Unis.

Coureur des Bois (le) ou les Chercheurs d'or, par GABRIEL FERRY (L. DE BELLEMARE). 2 vol.

Costal l'Indien, mœurs mexicaines à l'époque de l'indépendance du Mexique, par GABRIEL FERRY (L. DE BELLEMARE). 1 vol.

Case de l'oncle Tom (la), par Mme BEECHER STOWE, traduction de M. LÉON PILATTE, seconde édition. 1 vol.

Esclave blanc (l'), par HILDRETH, roman américain, traduit par MM. de WAILLY et MORNAND. 1 vol.

DU CAMP (MAXIME).	**Le Livre posthume.**	1 vol.
DROZ (JOSEPH).	**L'Art d'être heureux**, 7e édition.	1 vol.
—	**Économie politique**, 3e édition.	1 vol.
FÉVAL (PAUL).	**Les Parvenus.**	1 vol.
GÉRARD DE NERVAL.	**Les Illuminés**, récits et portraits.	1 vol.
—	**Lorely**, souvenirs d'Allemagne.	1 vol.
GAUTIER (THÉOPHILE).	**Un trio de romans.**	1 vol.
—	**Caprices et Zigzags.**	1 vol.
—	**Italia**, voyage à Venise, Milan, Padoue, etc.	1 vol.
GOZLAN (LÉON).	**Mœurs théâtrales.**	1 vol.
—	**De Neuf heures à Minuit.**	1 vol.
—	**Contes et Nouvelles.** Les Méandres.	1 vol.
G. DE St-FARGEAU.	**Histoire littéraire française et étrangère.**	1 vol.
GRESSET.	**Œuvres**, édition illustrée.	1 vol.
HEINE (HENRI).	**Reisebilder**, tableaux de voyages.	1 vol.
HOUSSAYE (ARSÈNE).	**Philosophes et Comédiennes.**	1 vol.
—	**Poésies complètes**, 3e édition.	1 vol.
—	**Les Filles d'Ève.**	1 vol.
—	**Romans, Contes et Voyages.**	2 vol.
HUGO (VICTOR).	**Œuvres complètes**, nouvelle édition, revue et augmentée.	
	EN VENTE :	
—	**Notre-Dame de Paris.**	1 vol.
—	**Théâtre.**	1 vol.
	Il paraîtra un volume chaque mois.	
HOLLARD.	**De l'Homme et des Races humaines.**	1 vol.
HOMÈRE.	**L'Iliade et l'Odyssée**, trad. de GIGUET.	1 vol.
KARR (ALPHONSE).	**Les Guêpes.** Mœurs contemporaines.	4 vol.
—	**Romans.**	1 vol.
—	**Contes et Nouvelles.**	1 vol.
—	**Clovis Gosselin.**	1 vol.
LECLERCQ (THÉODORE).	**Proverbes dramatiques**, nouvelle édit., augmentée de proverbes inédits, avec préfaces de MM. SAINTE-BEUVE et MÉRIMÉE.	4 vol.

MONTEIL (ALEXIS).	Histoire des Français des divers États, nouvelle édition, revue et augmentée d'une notice sur la vie de l'auteur par M. JULES JANIN.	5 vol.
	Une table analytique a été faite spécialement pour cette édition par M. BRUGUIÈRE.	
MONTAIGNE.	Essais, précédés d'une lettre à M. Villemain, par CHRISTIAN, nouvelle édition.	1 vol.
MÉRY.	Mélodies poétiques.	1 vol.
—	Contes et Nouvelles.	1 vol.
—	Nouvelles nouvelles (sous presse).	1 vol.
MONSELET.	Monsieur de Cupidon. Nouvelles.	1 vol.
MORNAND.	La Vie des eaux, avec notes sur la valeur curative des eaux, par le Dr HOFFMANN.	1 vol.
NODIER (CHARLES).	Histoire du roi de Bohême et de ses sept châteaux, édition illustrée.	1 vol.
D'ORSAY (la comtesse).	L'Ombre du bonheur.	1 vol.
PFEFFEL.	Fables et Poésies, traduites en vers par M. PAUL LEHR.	1 vol.
PITRE CHEVALIER.	Les Révolutions d'autrefois.	1 vol.
ROQUEPLAN (NESTOR).	Regain. La Vie parisienne.	1 vol.
SAINTINE.	Récits dans la Tourelle.	1 vol.
Salmis de Nouvelles,	par GAUTIER DUCAMP, etc.	1 vol.
SCUDO.	Critique et littérature musicales.	1 vol.
SOLTYKOFF (le prince).	Voyages dans l'Inde et en Perse.	1 vol.
STAHL (P.-J.).	Contes philosophiques et Études de mœurs (les Hommes et les Bêtes).	1 vol.
Tableau de Paris, par	MERCIER, avec notice sur la vie et les ouvrages de l'auteur, par G. DESNOIRESTERRES.	1 vol.
TOPFFER (R.).	Œuvres, nouvelle édition autorisée par Mme veuve TOPFFER.	
—	Le Presbytère.	1 vol.
—	Les Nouvelles genevoises.	1 vol.
—	Rosa et Gertrude, avec notice de Ste-Beuve.	
—	Réflexions et menus propos d'un peintre genevois, avec notice de Albert Aubert.	1 vol.

Suite de la série à 3 fr. 50 c. le volume.

BASTIAT.	**Harmonies** économiques.	1 vol.
BLANQUI.	**Histoire** de l'Économie politique.	2 vol.
BYRON (lord).	**Œuvres complètes**, édition définitive. Traduction BENJAMIN LAROCHE.	4 vol.
GARNIER.	**Éléments** de l'Économie politique.	1 vol.
LAMARTINE.	**Œuvres.**	8 vol.

Chaque volume se vend séparément :

MÉDITATIONS POÉTIQUES.	2 vol.	LA CHUTE D'UN ANGE.	1 vol.
HARMONIES POÉTIQUES.	1 vol.	RECUEILLEMENTS POÉTIQUES.	1 vol.
JOCELYN.	1 vol.	VOYAGE EN ORIENT.	2 vol.

MOREAU DE JONNÈS.	**Éléments** de statistique.	1 vol.
REYBAUD (LOUIS).	**Études** sur les réformateurs socialistes modernes. (Ouvrage qui a obtenu le grand prix Monthyon.)	2 vol.
SUDRE (ALFRED).	**Histoire du Communisme**, ou Réfutation des utopies socialistes. (Ouvrage qui a obtenu le grand prix Monthyon.)	1 vol.

DEUXIÈME SÉRIE.

A 3 fr. le volume.

BOUILLY (J.-N.).	**Œuvres.** Nouvelle édition, ornée de grav.	8 vol.

LES JEUNES FEMMES.	1 vol.	CONTES AUX ENFANTS DE FRANCE.	1 vol.
CONSEILS A MA FILLE.	1 vol.	CAUSERIES ET NOUVELLES CAUSERIES.	1 vol.
CONTES A MA FILLE.	1 vol.		
CONTES A MES PETITES AMIES.	1 vol.	ENCOURAGEMENTS DE LA JEUNESSE.	1 vol.
CONTES POPULAIRES.	1 vol.		

D'HAUSSONVILLE.	**Histoire** de la politique extérieure du gouvernement français, 1830-1848.	2 vol.
GENOUDE.	**La Raison du Christianisme**, ou preuves de la vérité de la religion. 4e édition, revue et augmentée.	6 vol.
GENLIS (Madame de).	**Mademoiselle de la Vallière.**	1 vol.
DANTE.	**La Divine Comédie**, traduction de PIER-ANGELO FIORENTINO. (Nouvelle édition.)	1 vol.

TROISIÈME SÉRIE.

A 2 fr. le volume.

COLLECTION NOUVELLE.

ŒUVRES COMPLÈTES DE GEORGE SAND.

NOUVELLE ÉDITION REVUE, CORRIGÉE ET AUGMENTÉE DE PRÉFACES NOUVELLES.

Les ouvrages suivants sont en vente. — Il paraît un volume chaque mois.

Valentine. — Cora.		1 vol.
Le Meunier d'Angibault.		1 vol.
Jeanne.		1 vol.
Indiana. — Melchior.		1 vol.
François le Champi. — Les Mosaïstes.		1 vol.
La Mare au Diable. — André. — La Fauvette du Docteur. — Les Noces de campagne.		1 vol.
La Petite Fadette. — La Marquise. — Mouny Robin. — Monsieur Rousset. — Les Sauvages.		1 vol.
Mauprat. — Métella.		1 vol.
Le Compagnon du tour de France.		1 vol.
Le Péché de monsieur Antoine. — Pauline. — L'Orco.		2 vol.
DELESSERT.	Voyage aux villes maudites (carte).	1 vol.
FLORIAN.	Fables, Églogues et Contes en vers.	1 vol.
LA FONTAINE.	Fables et Morceaux choisis.	1 vol.
Le Langage des fleurs, orné de 18 gravures coloriées.		1 vol.
LERNE (E. DE).	Contes et Nouvelles.	1 vol.
LAMENNAIS.	Les Évangiles.	1 vol.
SAINT AUGUSTIN.	Les Confessions (avec texte latin).	1 vol.
La Sainte Bible.	Traduite par M. DE GENOUDE.	2 vol.
LEBLANC D'HACHLUYA.	Histoire de l'Islamisme.	1 vol.
MOFRAS (CHARLES).	Promenades en France, en Suisse, etc.	1 vol.
DEPPING.	Histoire des expéditions maritimes des Normands.	1 vol.
HORACE.	Œuvres complètes, trad. par GOUPY.	1 vol.
ROBERTSON.	Histoire de l'Amérique, traduction SUARD.	2 vol.
—	Histoire de Charles-Quint, trad. SUARD.	2 vol.

DEUXIÈME PARTIE.

FORMAT IN-24.

NOUVELLE COLLECTION
DES MORALISTES ANCIENS

Publiée sous la direction de M. Lefèvre.

17 vol. in-18 imprimés avec grand luxe, à 1 fr. 50 c.

La collection complète reliée en demi-chagrin, tranche dorée, 45 fr.

MOISE, DAVID, SALOMON, etc. **Morale de la Bible.**	1 vol.
MANOU, législateur de l'**Inde**. Ses **Lois** morales.	1 vol.
ZOROASTRE. Ses **Lois** morales.	1 vol.
JÉSUS-CHRIST ET SES APOTRES.	2 vol.
MAHOMET. **Lois** morales, religieuses et civiles.	2 vol.
* **SOCRATE**. **Entretiens** mémorables.	2 vol.
* **PLATON**. **Pensées** sur la Religion, la Morale et la Politique, traduit du grec par M. Victor le Clerc.	1 vol.
* — **Phédon**, ou de l'immortalité de l'âme, traduction de Dacier.	1 vol.
* **MORALISTES GRECS** : Épictète, les sept Sages de la Grèce.	1 vol.
MARC-AURÈLE–ANTONIN. Ses **Pensées**, trad. de Dacier.	2 vol.
CICÉRON. Des Devoirs, traduction de Gallon-la-Bastide.	1 vol.
CONFUCIUS ET MENCIUS, Livres classiques de philosophie morale et politique de la **Chine**.	1 vol.
CHOU-KING. **Le Livre** sacré de la **Chine**.	1 vol.

Chaque volume se vend séparément, excepté ceux marqués d'une *, dont il ne reste que peu d'exemplaires, réservés aux collections complètes.

BIBLIOTHÈQUE DE POCHE.

CURIOSITÉS LITTÉRAIRES.	1 vol.	3 fr.; net 2 fr.
CURIOSITÉS BIBLIOGRAPHIQUES.	1 vol.	3 fr.; net 2 fr.
CURIOSITÉS BIOGRAPHIQUES.	1 vol.	3 fr.; net 2 fr.
CURIOSITÉS DES TRADITIONS.	1 vol.	3 fr.; net 2 fr.

GRAZIELLA,

Par A. de Lamartine. 1 vol. édition diamant.   1 fr.

TROISIÈME PARTIE.

OUVRAGES ILLUSTRÉS.

NOUVEAUX
VOYAGES EN ZIGZAG

A la Grande Chartreuse, au Mont-Blanc, dans les vallées d'Hérenz, de Zermatt, au Grimsel et dans les États sardes.

PAR R. TOPFFER.

Splendidement illustrés de 48 gravures sur bois tirées à part et de 316 sujets dans le texte dessinés d'après les dessins originaux de TOPFFER par MM. CALAME, KARL GIRARDET, D'AUBIGNY, DE BAR, BERTALL, STOPP, GAGNET, VEYRASSAT, et gravés par nos meilleurs artistes. Un splendide volume grand in-8 jésus, imprimé par PLON frères.

Cet ouvrage, entièrement inédit, formera 64 livraisons à 25 centimes. — La première paraîtra le 1er avril prochain.

Prix du volume complet. 16 fr.

MOLIÈRE.

Œuvres complètes, précédées d'une notice sur la vie et les ouvrages de l'auteur, par M. SAINTE-BEUVE, illustrées de 800 dessins par TONY JOHANNOT. Nouvelle édition. 1 magnifique volume grand in-8 jésus, imprimé par PLON frères.

Cet ouvrage formera 51 livraisons à 25 centimes. — La première paraîtra le 1er avril.

Prix du volume complet. 12 fr. 75 c.

HISTOIRE DE LA RESTAURATION.
(1814-1830.)

PAR A. DE LAMARTINE.

Nouvelle édition illustrée de 32 portraits-vignettes gravés sur acier. 8 vol. in-8 cavalier, format des Girondins. 50 fr.

Cet ouvrage paraît en 100 livraisons à 50 centimes.

Il en paraît une chaque semaine depuis le 15 février.

DON QUICHOTTE.

Traduction nouvelle, précédée d'une notice sur la vie et les ouvrages de l'auteur, par Louis Viardot. Édition revue et corrigée, richement illustrée de 800 dessins par Tony Johannot. 1 vol. grand in-8 jésus, imprimé par Plon frères. 12 fr.

CORINNE,

Par madame de Stael. Nouvelle édition richement illustrée de bois dans le texte. 1. magnifique vol. grand in-8 jésus, imprimé avec luxe par Plon frères. 10 fr. »» »

LA PHRÉNOLOGIE,
LE GESTE ET LA PHYSIONOMIE,

Démontrés par 120 portraits, sujets et compositions gravés sur acier, texte et dessins par H. Bruyères, beau-fils du docteur Spurzheim. 1 magnifique volume grand in-8 jésus, imprimé par Plon frères (Paris, Aubert). 30 fr. ; net 17 fr. 50 c.

LES BEAUTÉS DE LA FRANCE,

Par M. A. Girault de Saint-Fargeau. 1 magnifique vol. grand in-8 colombier, illustré de 34 gravures sur acier. 10 fr. »» »

HISTOIRE DES FRANÇAIS,

Par Théophile Lavallée. Édition ornée de 20 magnifiques nouvelles gravures sur acier, d'après MM. Gros, Paul Delaroche, Eugène Delacroix, Horace Vernet, Steuben, Scheffer, Winterhalter, etc. 2 vol. grand in-8. 30 fr.; net 17 fr. 50 c.

HISTOIRE MARITIME DE FRANCE,

Par Léon Guérin. Édition revue, corrigée et augmentée. 2 vol. grand in-8, illustrés de gravures et plans sur acier. 30 fr.; net 16 fr.
Reliure toile, tranche dorée. 5 fr. le vol.
— demi-chagrin, tranche dorée. 5 fr. le vol.

HISTOIRE ANECDOTIQUE DE NAPOLÉON,

Par Emile Marco Saint-Hilaire, illustrée par J. David. 1 vol. grand in-8. (Paris, Boizard.) 15 fr.; net 8 fr.

VOYAGE A MA FENÊTRE,

Par A. HOUSSAYE, illustré de 12 magnifiques gravures sur acier d'après Diaz, Tony Johannot, Roqueplan, et de vignettes dans le texte. 1 très-beau vol. grand in-8 jésus, impr. par Plon frères.　　　12 fr. »» »

VOYAGE AUTOUR DE MON JARDIN,

Par A. KARR. 1 vol. grand in-8 jésus, illustré de 150 gravures sur bois dans le texte, et de 14 sujets tirés à part, dont 8 dessins de fleurs magnifiquement coloriés.　　　16 fr. »» »

LES BORDS DU RHIN,

Par EUGÈNE GUINOT. 1 beau vol. grand in-8 jésus, illustré de 12 magnifiques gravures sur acier et de 2 cartes.　　　10 fr.; net 7 fr.

DROLERIES VÉGÉTALES

Par A. VARIN. 1 vol. grand in-8 jésus.　　　15 fr.; net 13 fr.

LES ÉTOILES,

Dernière féerie par J.-J. GRANDVILLE, texte par MÉRY; Astronomie des dames, par le comte FOELIX. 1 vol. grand in-8 jésus.　　　15 fr.; net 13 fr.

PERLES ET PARURES,

Fantaisie par GAVARNI; Romans et nouvelles, par MÉRY; Minéralogie des dames et Histoire de la mode, par le comte FOELIX.
PREMIÈRE SÉRIE : LES JOYAUX, 1 vol. in-8 jésus.　　　15 fr.; net 13 fr.
DEUXIÈME SÉRIE : LES PARURES, 1 vol. in-8 jésus.　　　15 fr.; net 13 fr.

MUSES ET FÉES,

Histoire des femmes mythologiques, par MÉRY et le comte FOELIX, dessins par G. STAAL. 1 vol. grand in-8 jésus.　　　12 fr.; net 10 fr.

BEAUTÉS DE L'OPÉRA,

Texte explicatif, par TH. GAUTIER, JULES JANIN, etc. 1 magnifique vol. grand in-8°, avec encadrements en couleur, vignettes sur bois dans le texte, et vignettes sur acier.　　　20 fr.; net 8 fr. »» »

PETITES MISÈRES DE LA VIE CONJUGALE,

Par H. BALZAC, illustrées par BERTALL. 1 vol. grand in-8, orné de 50 gravures tirées à part et d'environ 250 sujets dans le texte.　　　15 fr.; net 6 fr.

LES ANIMAUX PEINTS PAR EUX-MÊMES.

Vignettes par GRANDVILLE. 2 vol. gr. in-8.   30 fr.; net 16 fr.

LE DIABLE A PARIS,

Par GAVARNI. 2 vol. grand in-8 (Paris, *Hetzel*).   30 fr.; net 13 fr.

PAUL ET VIRGINIE,

SUIVI DE

LA CHAUMIÈRE INDIENNE,

Par BERNARDIN DE SAINT-PIERRE; nouvelle édition richement illustrée de 120 bois dans le texte et de 14 gravures sur chine tirées à part. 1 magnifique vol. grand in-8 jésus, imprimé avec luxe.   6 fr. »» »

WERTHER DE GŒTHE,

Traduit par P. LEROUX, accompagné d'un travail littéraire par GEORGE SAND. 1 beau vol. gr. in-8 jésus, illustré de 10 magnifiques eaux-fortes, épreuves sur chine avant la lettre.   6 fr. »» »

LE VICAIRE DE WAKEFIELD,

Par GOLDSMITH, traduit par CHARLES NODIER. Nouvelle édition illustrée de 10 vignettes sur acier, tirées sur chine, par TONY JOHANNOT. 1 vol. grand in-8 jésus.   6 fr. »» »

CONTES DE CHARLES NODIER.

Nouvelle édition, illustrée de 8 magnifiques eaux-fortes de TONY JOHANNOT sur chine avant la lettre. 1 vol. grand in-8 jésus.   6 fr. »» »

CHARLES Ier,

Sa cour, son peuple et son parlement, — 1630 à 1660; — par PHILARÈTE CHASLES. 1 magnifique vol. in-8, illustré de gravures sur acier et sur bois d'après les dessins de Van Dyck, Rubens et Cattermole. 15 fr.; net 6 fr. »» »

MERVEILLES DU GÉNIE DE L'HOMME,

DÉCOUVERTES, INVENTIONS,

Par AMÉDÉE DE BAST; ouvrage illustré par A. BEAUCÉ, J. DAVID, C. NANTEUIL. 1 vol. grand in-8 jésus.   12 fr.; net 6 fr. »» »

CHATEAUBRIAND.

Œuvres complètes, y compris l'Essai sur la littérature anglaise et la traduction du Paradis perdu. 5 vol. grand in-8, illustrés de 30 gravures sur acier.   60 fr.; net 40 fr.

LA VIERGE,

Histoire de la mère de Dieu et de son culte, par l'abbé ORSINI. Nouvelle édition, illustrée de gravures sur acier et de sujets dans le texte. 2 beaux vol. grand in-8 jésus.   24 fr.; net 20 fr.

SAINT VINCENT DE PAUL,

Histoire de sa vie, par l'abbé ORSINI. 1 magnifique vol. grand in-8 jésus, illustré de 10 splendides gravures sur acier, tirées sur chine avant la lettre d'après KARL GIRARDET, LELOIR, MEISSONNIER, STAAL, etc., etc., gravées par nos meilleurs artistes.   12 fr. »» »

LES SOIRÉES DE LA CHAUMIÈRE,

Où les leçons du vieux père, par DUCRAY-DUMINIL; édition illustrée de 16 belles lithographies par FRAGONARD. 2 vol. gr. in-8 jésus. 20 fr.; net 10 fr.

L'AMI DES ENFANTS DE BERQUIN.

Nouvelle édition, illustrée de dessins par PERRASIN, J.-C. DEMERVILLE, et de lithographies par FEROGIO. 1 vol. grand in-8 jésus.   10 fr.; net 8 fr. »» »

BERQUIN,

Histoire naturelle pour la jeunesse, illustrée de 12 belles lithographies coloriées, dont 6 sujets de fleurs, oiseaux et papillons, et de 150 bois dans le texte. 1 beau vol. grand in-8.   7 fr. 50 c.; net 6 fr.

FABLES DE LA FONTAINE,

Illustrées du portrait de l'auteur, de dix lithographies à deux teintes et de vignettes dans le texte. 1 beau vol. grand in-8.   6 fr.; net 5 fr. »» »

FABLES DE FLORIAN,

Illustrées de 8 bois tirés à part et de dessins sur bois dans le texte, par BATAILLE. 1 vol. grand in-8.   6 fr.; net 4 fr. 50 c.

CONTES DES FÉES DE CH. PERRAULT,

Illustrés de 15 lithographies tirées à part et de dessins sur bois par MM. GAVARNI, etc. 1 vol. grand in-8.   5 fr.; net 4 fr. »» »

COLLECTION ILLUSTRÉE.

Petit in-8 anglais.

PRIX DE CHAQUE VOLUME :

Broché.   3 fr.; net 2 fr. »» »

L'AMI DES ADOLESCENTS,

Par Berquin, illustré de bois dans le texte.   1 vol.

ASTRONOMIE POUR LA JEUNESSE,

Par Berquin, illustrée de bois dans le texte.   1 vol.

HISTOIRE NATURELLE POUR LA JEUNESSE,

Par Berquin, illustrée de bois dans le texte.   1 vol.

CONTES DES FÉES,

Par Ch. Perrault, 150 vignettes par Johannot, etc.   1 vol.

FABLES DE FLORIAN,

Illustrées d'un grand nombre de bois dans le texte.   1 vol.

FABLES DE LA FONTAINE,

Illustrées d'un grand nombre de vignettes dans le texte.   1 vol.

LE LIVRE DES JEUNES FILLES,

Par l'abbé de Savigny, 200 bois dans le texte.   1 vol.

LE LIVRE DES ÉCOLIERS,

Par l'abbé de Savigny, 400 vignettes.   1 vol.

LE LIVRE DES PETITS ENFANTS,

Par Balzac, etc., 90 vignettes par Séguin.   1 vol.

PAUL ET VIRGINIE,

Par Bernardin de Saint-Pierre; 100 vignettes par Bertall.   1 vol.

MYSTÈRES DU COLLÉGE,

Par d'Albanes, illustrés de 100 charmantes vignettes dans le texte.   1 vol.

LA PANTOUFLE DE CENDRILLON,

Par A. Houssaye, illustrée de 100 vignettes.   1 vol.

LA MYTHOLOGIE DE LA JEUNESSE,

Par L. Baudet; 120 vignettes par Séguin.   1 vol.

HISTOIRE DU VÉRITABLE GRIBOUILLE,

Par George Sand; 100 vignettes par Maurice Sand.   1 vol.

LA MÈRE MICHEL ET SON CHAT,

Par La Bédollière, vignettes par Bertall.   1 vol.

POLICHINELLE,

Par Octave Feuillet, vignettes par Bertall.   1 vol.

LES FÉES DE LA MER,

Par Alph. Karr, illustré par Lorentz.   1 vol.

LE ROYAUME DES ROSES,

Par Arsène Houssaye, illustré par Gérard Séguin.   1 vol.

LA BOUILLIE DE LA COMTESSE BERTHE,

Par Alexandre-Dumas, 150 vignettes par Bertall.   1 vol.

TRÉSOR DES FÈVES ET FLEUR DES POIS,

Par Ch. Nodier, 100 vignettes par Johannot.   1 vol.

MONSIEUR LE VENT ET MADAME LA PLUIE,

Par P. de Musset, 120 vignettes par Séguin.   1 vol.

LE PRINCE CHÈNEVIS ET SA JEUNE SOEUR,

Par L. Gozlan, 100 vignettes par Bertall.   1 vol.

LE PRINCE COQUELUCHE,

Par Édouard Ourliac, vignettes par Delmas.   1 vol.

AVENTURES DE TOM POUCE,

Par P.-J. Stahl, 120 vignettes par Bertall.   1 vol.

LES NAINS CÉLÈBRES,

Par A. d'Albanes et G. Fath, 100 vignettes.   1 vol.

CONTES DE LA MÈRE-GRAND,

Illustrés de 10 belles lithographies par Fragonard.   1 vol.

HISTOIRE D'UN CASSE-NOISETTE,

Par Alexandre Dumas, 220 vignettes par Bertall.   2 vol.

LE VICAIRE DE WAKEFIELD,

Traduit par Ch. Nodier, illustré de vignettes dans le texte.   2 vol.

CONTES ET LÉGENDES POPULAIRES DE L'ALLEMAGNE,

Par Musœus, traduits par Cerfbeer, 300 vignettes genre allemand.   2 vol.

PARIS A TABLE,

Par Briffault, vignettes par Bertall. 1 vol. broché.   3 fr.; net 1 fr. 50 c.

PARIS MARIÉ,

Par Balzac, vignettes par Gavarni. 1 vol. broché.   3 fr.; net 1 fr. 50 c.

DICTIONNAIRE

DU COMMERCE ET DES MARCHANDISES,

Contenant tout ce qui concerne le commerce, la navigation, les douanes, l'économie politique, les exportations et importations, les changes, usances, monnaies, poids et mesures de tous pays; publié par MM. BLANQUI, BURAT, CHEVALIER, CORTAMBERT, GARNIER, MAC CULLOCH, REYBAUD, etc., etc., sous la direction de M. GUILLAUMIN. 2 forts volumes grand in-8 à deux colonnes, avec atlas.   30 fr.

— Le même, relié en demi-chagrin ou veau.   40 fr.

LE TAILLEUR DE PIERRES DE SAINT-POINT,

RÉCIT VILLAGEOIS,

PAR A. DE LAMARTINE.

1 volume in-8 cavalier, illustré.   5 fr.; net 4 fr.

NOUVELLES CONFIDENCES,

PAR A. DE LAMARTINE.

1 beau vol. in-8.   5 fr.

HISTOIRE DE LA RESTAURATION

PAR A. DE LAMARTINE.

8 vol. in-8 cavalier, format de l'Histoire des Girondins. Prix du volume pour la France.   5 fr.

Il y a une édition spéciale pour l'étranger.

HISTOIRE DE DIX ANS

PAR LOUIS BLANC.

6e édition, illustrée de 25 grav. sur acier. 5 vol. in-8.   25 fr.

HISTOIRE DE HUIT ANS

PAR ÉLIAS REGNAULT,

Faisant suite à l'Histoire de dix ans. 3 vol. in-8 ornés de 15 gravures et portraits.   15 fr.

Paris. Typographie PLON frères, imprimeurs de l'Empereur, rue de Vaugirard, 36.

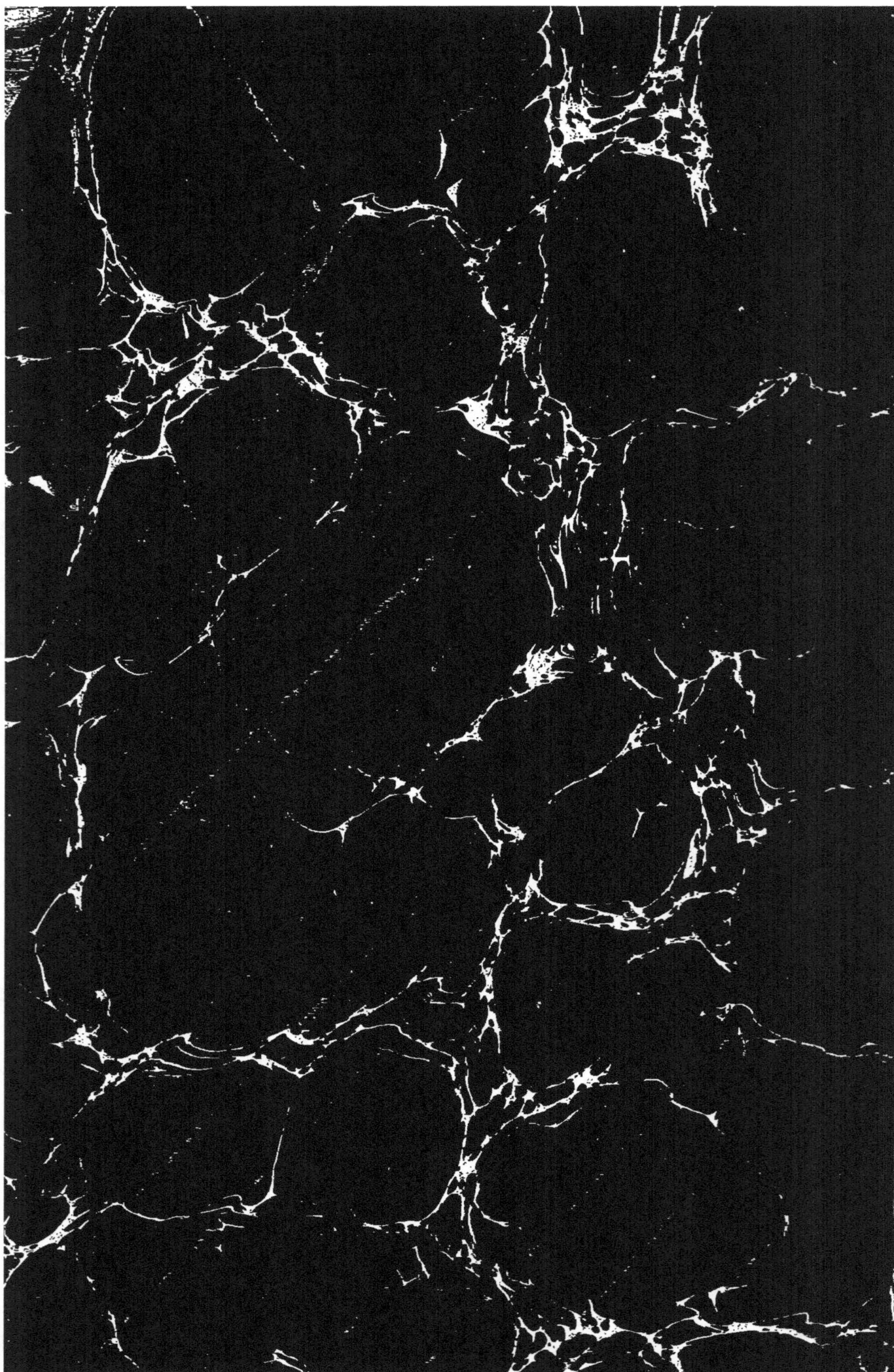